Grundlagen der Elektrotechnik

Theorie und Praxis mit Multisim

Herbert Bernstein

1. Auflage 2021

ISBN 978-3-89576-451-6
978-3-89576-452-3 (E-book)

Umschlaggestaltung: Elektor, Aachen
Redaktion: Eric Bogers
Satz und Aufmachung: Gulnara Insanbayeva, Eric Bogers, Saarbrücken
Druck: Ipskamp Printing, Niederlande

Inhaltsverzeichnis

Vorwort

Dieses Fachbuch soll dem in der Berufsausbildung oder -fortbildung stehenden Ingenieur, Techniker, Meister, Facharbeiter, Studenten und Schüler die Einarbeitung in die Elektrotechnik, insbesondere im Hinblick auf das darauf aufbauende Gebiet Elektronik, ermöglichen. Daneben ist es auch für alle Berufsgruppen gedacht, die ihre Grundkenntnisse auffrischen und vertiefen wollen. In diesem Fachbuch werden die Gebiete der Gleichstromtechnik, des elektrischen und magnetischen Feldes sowie der Wechselstromtechnik zusammenhängend dargestellt. Die Darbietung des Stoffes erfolgt unter dem besonderen Anliegen, den Leser von einfachen Sachverhalten schrittweise zu komplexeren Problemstellungen zu führen.

Die große Stofffülle erfordert mit Rücksicht auf den angestrebten Umfang des Buches eine straffe Darstellung. Dabei wird dem Grundsatz einer verständlichen Darbietung jedoch stets besondere Beachtung geschenkt.

Um dem Leser ein systematisches Arbeiten und einen schnellen Zugriff zu bestimmten Teilgebieten der Elektrotechnik zu ermöglichen, ist der Lehrstoff nach didaktischen Gesichtspunkten in acht Abschnitte übersichtlich und sinnvoll aufgegliedert worden.

Ihrer Bestimmung als Hilfsmittel für Unterricht und Selbststudium entspricht auch die Reihenfolge der Aufgaben. Sie sind grundsätzlich so gestellt, dass sie der Studierende ohne zusätzliche Hilfe lösen kann.

Alle Lösungen wurden als Größengleichungen, d. h. unter konsequenter Mitführung der jeweiligen Einheiten, geschrieben, wobei ausschließlich SI-Einheiten Verwendung fanden. Die angegebenen numerischen Ergebnisse wurden mit einem 12-stelligen Taschenrechner ermittelt, auch in solchen Fällen, wo der Kürze halber $\pi = 3{,}14$ angegeben ist. An den Stellen jedoch, wo Zwischenergebnisse angegeben sind, wurde mit diesen meist gerundeten Werten weitergerechnet.

Der Autor unterrichtete die Fächer Elektronik, Mathematik und Messtechnik an einer Technikerschule in München, führte bei der Industrie- und Handelskammer in München berufsbegleitende Lehrgänge für den Industriemeister/Elektrotechnik durch und war früher an der Elektroinnung für die Elektronikkurse nebenberuflich und am Haus metallischer Handwerke tätig.

Meiner Frau Brigitte danke ich für die Erstellung der Zeichnungen und der Ausarbeitung des Manuskripts.

Bei Fragen können Sie mich kontaktieren unter „Bernstein-Herbert@t-online.de".

München, Herbert Bernstein

1 • Physikalische Größen und ihre Einheiten

Physikalische Größen dienen der Beschreibung von Naturvorgängen und -zuständen. Beispiele für Größen sind Weg, Zeit, Temperatur, Masse, Geschwindigkeit, Kraft, elektrische Stromstärke usw. Für die eindeutige Darstellung von Größen benötigt man Einheiten und die Einheiten sind z. B. für den Weg Meter, Millimeter, Kilometer, Lichtjahr. Einheiten für die Zeit: Sekunde, Minute, Stunde, Tag, Woche, Monat, Jahr usw.

Bei der Angabe von Größen und Einheiten benutzt man Kurzzeichen (Symbole) – im Fall der Größen auch „Formelzeichen" genannt – , z. B.: *s* für Weg (Strecke, Länge), *t* für Zeit, *m* für Masse, *v* für Geschwindigkeit, *F* für Kraft, m für Meter, s für Sekunde, K für Kelvin, kg für Kilogramm, usw. Die Symbole für die Basiseinheiten sind genormt.

Eine Größe wird stets als Vielfaches ihrer Einheit angegeben, z. B.:

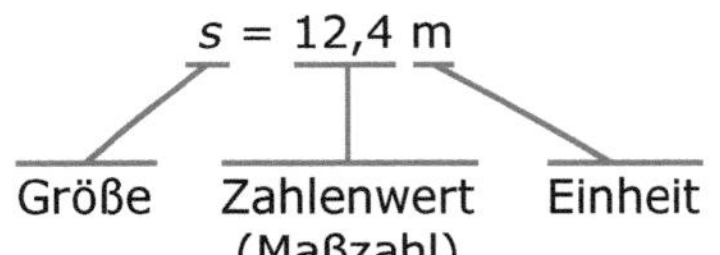

(Dies bezeichnet man auch als eine quantitative Angabe.)

Der Zahlenwert (die Maßzahl) gibt an, wie oft die Einheit (hier: Meter) in der Größe (hier: Strecke) enthalten ist. Beispiel: Die Einheit „Meter" ist in der Größe s (= Strecke) 12,4-mal enthalten. Oder: Die Größe s ist das 12,4-fache der Einheit „Meter".

Bei der Angabe einer physikalischen Größe handelt es sich stets um eine Gleichung! *Links* vom Gleichheitszeichen steht die physikalische Größe, *rechts* vom Gleichheitszeichen steht das Produkt aus Zahlenwert und Einheit. Weitere Beispiele für die quantitative Angabe von Größen: U = 12 V, I = 3 A, m = 5 kg, s = 3 m, t = 8 s.

Wie erkennt man, ob es sich bei dem jeweiligen Kurzzeichen (Symbol) um eine Größe oder um eine Einheit handelt? Das Zeichen *s* kann z. B. „Sekunde" oder auch „Strecke" bedeuten und *m* kann „Masse" oder „Meter" sein. Man muss sorgfältig zwischen Größe und Einheiten unterscheiden.

Wie man weiß, lassen sich Gleichungen nach gewissen Regeln umstellen. Dies gilt auch hier, z. B.:

$$t = 3\,\mathrm{s} \quad \rightarrow \quad \frac{t}{s} = 3$$

Diese Schreibweise ist unter anderem bei der Beschriftung von Achsen in Diagrammen sehr sinnvoll, weil man Schreibarbeit spart und an Übersicht gewinnt. Abb. 1.1 zeigt die Darstellungsmöglichkeiten eines Diagramms „Weg über Zeit".

Für die Achsenbezeichnung bei Diagrammen gilt: Die Größe steht *über* dem Bruchstrich –die Einheit steht *unter* dem Bruchstrich.

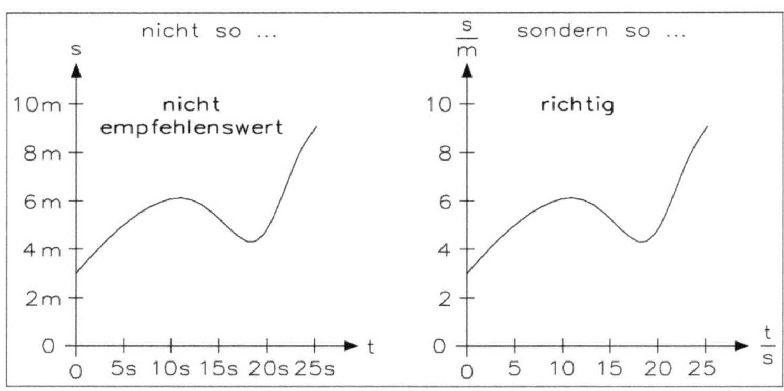

Abb. 1.1 • Darstellungsmöglichkeiten eines Diagramms „Weg über Zeit".

Abb. 1.2 zeigt Darstellungsweisen, die zur Verwechslungsgefahr von Einheiten und Größen führen.

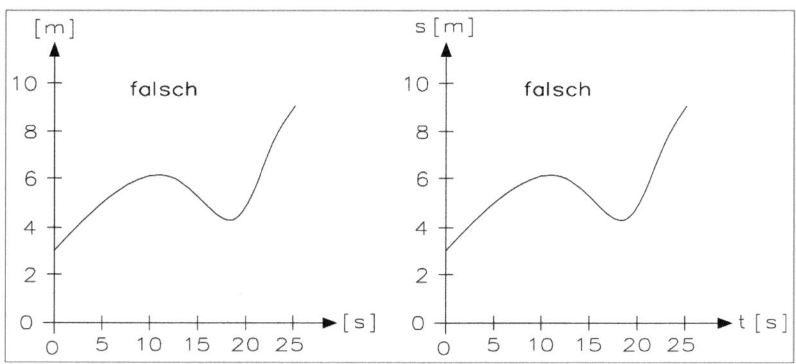

Abb. 1.2 • Darstellungsweisen, die zur Verwechslungsgefahr von Einheiten und Größen führen.

Die Einheit steht nie in eckigen Klammern! Der richtige Gebrauch der eckigen Klammer:

[...] heißt „Einheit von ..."

Mit anderen Worten: In der eckigen Klammer kann nur eine Größe stehen!

allgemein: $[y]$ = x bedeutet: „Einheit der Größe *y* ist x"

Beispiele: $[m]$ = kg bedeutet: „Einheiten von Masse gleich Kilogramm"
$[m]$ = g bedeutet...
$[m]$ = mg heißt...
$[t]$ = s heißt...
$[s]$ = m heißt...
$[s]$ = km heißt...;

Physikalische Größen lassen sich durch Gleichungen miteinander verknüpfen. Beispiele:

1. Geschwindigkeit = $\frac{\text{Weg}}{\text{Zeit}}$ $\qquad v = \frac{s}{t}$ $\qquad$ oder $\qquad v = \frac{\Delta s}{\Delta t}$

2. Arbeit = Leistung mal Zeit $\qquad W = P \cdot t$

3. Beschleunigung = $\frac{\text{Geschwindigkeit}}{\text{Zeit}}$ $\qquad a = \frac{v}{t}$ $\qquad$ oder $\qquad a = \frac{\Delta v}{\Delta t}$

(Anmerkung: Das Symbol „Δ" bedeutet soviel wie „Zuwachs", „Differenz" oder „nachher - vorher").

1.1 • Größengleichung und Zahlenwertgleichung

Für die Verknüpfung gibt es zwei Möglichkeiten:

Größengleichung: Kennzeichen der Größengleichung ist, dass es keine Vorschrift darüber gibt, in welchen Einheiten die Größen einzusetzen sind. Die Einheitenwahl ist völlig freigestellt!

Beispiel: $v = \frac{s}{t}$ mit den Werten $s = 360$ m und $t = 18$ s

$$\Rightarrow \quad v = \frac{360\ \text{m}}{18\ \text{s}} = \frac{360}{18}\frac{\text{m}}{\text{s}} = 20\ \frac{\text{m}}{\text{s}} \quad \text{(oder auch 20 m/s)}$$

Das Ergebnis wird ebenso richtig mit $s = 0{,}36$ km und $t = \frac{18}{3600}\ \text{h} = 0{,}005\ \text{h}$

$$\Rightarrow \quad v = \frac{0{,}36\ \text{km}}{0{,}005\ \text{h}} = \frac{0{,}36}{0{,}05}\frac{\text{km}}{\text{h}} = 72\ \frac{\text{km}}{\text{h}} \quad \text{(oder auch 72 km/h)}$$

Dasselbe Ergebnis erhält man auch, wenn man $v = 20\ \frac{m}{s}$ einsetzt:

$$1\ \text{m} = 0{,}001\ \text{km und } 1\ \text{s} = \frac{1}{3600}\ \text{h}$$

$$\Rightarrow \quad v = 20\ \frac{\text{m}}{\text{s}} = 20 \cdot \frac{0{,}001\ \text{km}}{(1/3600)\ \text{h}} = 20 \cdot 0{,}001 \cdot 3600\ \frac{\text{km}}{\text{h}} = 72\ \frac{\text{km}}{\text{h}}$$

Auch die Ergebnisse $v = 0{,}02\ \frac{\text{km}}{\text{s}}$ und $v = 72000\ \frac{\text{m}}{\text{h}} = 72 \cdot 10^3\ \frac{\text{m}}{\text{h}}$ sind möglich.

Bei der Größengleichung spielt es keine Rolle, in welchen Einheiten man die Größen einsetzt. Das Ergebnis ist immer richtig!

Zahlenwertgleichung: Bei der Zahlenwertgleichung ist genau vorgeschrieben, welche Einheiten den einzusetzenden Größen jeweils zugrunde gelegt sind. In die Gleichungen werden dann nur die zugehörigen Zahlenwerte eingesetzt. Dem Ergebnis ist ebenfalls eine vorgeschriebene Einheit zuzuordnen. Außerdem ist die Verwendung des jeweils richtigen Korrekturfaktors zu beachten.

Beispiel: $v = 3,6 \cdot \frac{s}{t}$ mit *s* in m; *t* in s; *v* in km/h

Mit $s = 360$ (in m) und $t = 18$ (in s) ergibt sich mit $v = 3,6 \cdot \frac{360}{18} = 72$ (in km/h)

zwar das richtige Ergebnis, doch ist diese Methode wegen der zu beachtenden Vorschriften sehr fehlerträchtig! Aus diesem Grunde wird nahezu ausnahmslos mit Größengleichungen gearbeitet (auch in Anlehnung an DIN 1313, die das Gleiche empfiehlt).

Bei der Anwendung und Bearbeitung von Größengleichungen sind – vereinbarungsgemäß – sämtliche Größen einschließlich ihrer Einheiten einzusetzen. Es gilt immer „Größe = Zahlenwert mal Einheit". Dies hat mehrere Vorteile: Die Einheiten sind gleichberechtigte Bestandteile der Gleichung und unterliegen - wie die Zahlenwerte auch - den üblichen Gesetzen der Mathematik. Die Einheiten können während des Rechengangs jederzeit in andere passend erscheinende Einheiten umgerechnet werden und die resultierende Ergebniseinheit kann zur Plausibilitätskontrolle herangezogen werden, was man stets nutzen sollte! Um die Übersichtlichkeit zu verbessern, kann es oft sinnvoll sein, die Zahlenwerte und die Einheiten in getrennten „Paketen" zu behandeln.

Beispiele:

1. An einem Widerstand R = 80 Ω fällt eine Spannung U = 60 V ab. Der Strom I beträgt

$$I = \frac{U}{R} = \frac{60\text{ V}}{80\ \Omega} = \frac{60\text{ V}}{80\,\frac{\text{V}}{\text{A}}} = \frac{60\text{ VA}}{80\text{ V}} = 0{,}75\text{ A}$$

2. Der elektrische Widerstand eines Kupferdrahtes mit dem Querschnitt A = 0,2 mm² wurde zu R = 10 Ω bestimmt. Spezifischer Widerstand laut Tabelle: ρ' = 17,8 · 10^{-9} Ωm. Die Länge des Drahtes ist zu berechnen mit

$$R = \frac{\rho' \cdot l}{A} \quad \Rightarrow \quad l = \frac{A \cdot R}{\rho'} = \frac{0{,}2\text{ mm}^2 \cdot 10\ \Omega}{17{,}8 \cdot 10^{-9}\ \Omega\text{m}} = \frac{0{,}2 \cdot 10^{-6} \cdot 10}{17{,}8 \cdot 10^{-9}}\,\frac{\text{m}^2\Omega}{\text{m}\Omega} = 112{,}36\text{ m}$$

Für kompliziertere Einheitenkombinationen empfiehlt es sich immer, eine eigene Einheitengleichung zu verwenden.

In der Lösung zum 1. Beispiel wird bei den Einheiten mit einem Doppelbruch gearbeitet. In Gleichungen mit Brüchen oder Doppelbrüchen steht das Gleichheitszeichen stets in Höhe des Bruchstrichs bzw. des Hauptbruchstrichs.

Besonders fehlerträchtig wird eine derartige Schreibweise bei Doppelbrüchen. Es ist z. B. ein entscheidender Unterschied, ob man schreibt:

$$x = \frac{a}{\frac{b}{c}} \qquad \text{Bedeutung: } x = \frac{a}{b/c} = \frac{a \cdot c}{b}$$

oder

$$x = \frac{\frac{a}{b}}{c} \qquad \text{Bedeutung: } x = \frac{a/b}{c} = \frac{a}{b \cdot c}$$

Um die Eindeutigkeit weiter zu erhöhen, kann es sinnvoll sein, den Hauptbruchstrich etwas stärker zu zeichnen.

An dieser Stelle sei auf eine weitere Fehlerquelle hingewiesen, die auf jeden Fall zu vermeiden ist. Beim Umgang mit Formeln oder Gleichungen. die in fortlaufender Folge in eine Zeile geschrieben werden, ist zwischen den einzelnen Aussagen in jedem Fall ein Trennsymbol (;) einzufügen, also z. B.

nicht so: $U = R \cdot I \;\; R = \frac{U}{I}$ (kann so interpretiert werden: $U = R^2 \cdot I = \frac{U}{I}$ (*was verkehrt ist*))

sondern so: $U = R \cdot I; \quad R = \frac{U}{I};$ oder auch so: $U = R \cdot I \rightarrow R = \frac{U}{I}$

Links vom Gleichheitszeichen steht stets dasselbe wie rechts vom Gleichheitszeichen.

Derartige Grundregeln sollten als Selbstverständlichkeit betrachtet werden! Sie sind unumgänglich für eine klare und eindeutige Kommunikation zwischen Meistern, Technikern und Ingenieuren. Man wird später noch weitere Regeln kennenlernen, die der Klarheit und Eindeutigkeit der Kommunikation dienen. Wenn man diese Regeln von Anfang an einhält, werden sie zur selbstverständlichen Gewohnheit werden.

1.2 • Internationales Einheitensystem (SI-System)

Man gelangt zur Dimension einer physikalischen Größe, indem man in ihrer Definitionsgleichung von speziellen Eigenschaften wie Vektor- oder Tensoreigenschaften (Begriff aus der Vektorenrechnung), numerischen Faktoren sowie Vorzeichen und gegebenenfalls bestehenden Sachbezügen absieht (DIN 1313). So haben z. B. die Größen Länge, Breite, Höhe, Radius, Durchmesser, Kurvenlänge alle die Dimension *Länge*. Sinngemäß gibt es voneinander unabhängige Basisdimensionen sowie daraus abgeleitete Dimensionen, welche zusammen ein Dimensionssystem bilden (DIN 1313). Im Rahmen eines Dimensionssystems kann dann ein Einheitensystem fundiert werden, z. B. das heute allgemein übliche SI-System. Ein Rückblick in die geschichtliche Entwicklung zeigt eine verwirrende Vielfalt von Einheitensystemen, die nebeneinander oder nacheinander gebräuchlich waren und im Laufe der Zeit durch die technische und wissenschaftliche Entwicklung immer wieder überholt wurden.

1830: Gauß und Weber definierten erstmalig sogenannte „absolute elektrische Einheiten", indem sie Größen wie Spannung, Strom und Widerstand auf das damals übliche CGS-System (centimetre – gram – second) mit den Grundgrößen Länge, Masse, Zeit und den Grundeinheiten Zentimeter, Gramm, Sekunde zurückführen.

1875: Siebzehn Staaten unterzeichnen die Meterkonvention und gründen damit die Generalkonferenz für Maß und Gewicht, die Empfehlungen für die Gesetzgebung der Unterzeichnerstaaten erarbeiten soll.

1881: Nach Vorarbeiten von Maxwell wird das sogenannte Quadrant-System international eingeführt, in dem erstmalig die Einheiten Ampere, Volt und Ohm „absolut" definiert, d. h. durch Einheiten des CGS-Systems ausgedrückt werden.

1889: Die erste Generalkonferenz für Maß und Gewicht schafft Prototypen für das Meter und das Kilogramm.

1893: Die Einheiten A, V und Ω werden innerhalb der damals unvermeidbaren Messunsicherheit (0,1 %) durch empirische Normale (Silberabscheidung, Quecksilbersäule) dargestellt. Man bezeichnet sie als „praktische" Einheiten im Gegensatz zu den nicht anschaulichen CGS-Einheiten.

1908: Auf einem internationalen Kongress in London wird ein neues elektrisches Einheitensystem mit den Grundgrößen Länge, Zeit, Widerstand, Stromstärke und den Grundeinheiten Meter, Sekunde, internationales Ohm und internationales Ampere festgelegt. Hierbei werden die elektrischen Einheiten Ω_{int} und A_{int} aus praktischen Gründen empirisch festgelegt (Silbervoltameter, Quecksilbernormal).

1948: Internationale Einführung des MKSA-Systems mit den Grundgrößen Länge, Masse, Zeit, elektrische Stromstärke und den Grundeinheiten Meter, Kilogramm, Sekunde, Ampere. Hierbei werden die elektrischen Einheiten wieder „absolut" definiert, d. h. durch Festlegung ihres Zusammenhangs mit den mechanischen Grundeinheiten. In diesem System gelingt es erstmalig, alle elektrischen Einheiten kohärent an die mechanischen Einheiten anzuschließen. Es wird vielfach auch als Giorgi-System bezeichnet, weil es auf einem grundlegenden Vorschlag von Giorgi beruht.

1954: Die zehnte Generalkonferenz für Maß und Gewicht begründet das „Internationale Einheitensystem" mit den Grundgrößen Länge, Masse, Zeit, elektrischer Stromstärke, Temperatur, Lichtstärke und den Grundeinheiten Meter, Kilogramm, Sekunde, Ampere, Kelvin und Candela.

1960: Die elfte Generalkonferenz für Maß und Gewicht legt für das „Internationale Einheitensystem" die Kurzbezeichnung SI fest (*Systeme International d'Unités*) und vereinheitlicht die Vorsätze zur Bezeichnung von dezimalen Vielfachen und Teilen der Einheiten.

1969: In der Bundesrepublik Deutschland wird durch das Gesetz über Einheiten im Messwesen das SI-System als verbindlich für den geschäftlichen und amtlichen Verkehr erklärt.

1971: Die vierzehnte Generalkonferenz für Maß und Gewicht nimmt in das SI-System als weitere Grundgröße die Stoffmenge mit der Grundeinheit Mol auf.

Das heute allgemein eingeführte, kurz als „SI-System" bezeichnete Internationale Einheitensystem ist aus den Erfahrungen einer über hundertjährigen Entwicklungsgeschichte hervorgegangen. Es basiert auf den Grundeinheiten nach Tabelle 1.1.

Tabelle 1.1 • SI-Basiseinheiten (nach DIN 1301).

Basisgröße	Basiseinheit	
	Name	**Zeichen**
Länge	der Meter	m
Masse	das Kilogramm	kg
Zeit	die Sekunde	s
elektrische Stromstärke	das Ampere	A
(thermodynamische) Temperatur	das Kelvin	K
Lichtstärke	die Candela	cd
Stoffmenge	das Mol	mol

Wegen der hohen Genauigkeitsanforderungen, die heute an die Festlegung von Basiseinheiten gestellt werden müssen, sind die Definitionen vielfach recht kompliziert. Sie sind nachfolgend kurz in der Formulierung nach DIN 1301 wiedergegeben.

- 1 Meter ist die Länge der Strecke, die Licht im Vakuum während der Dauer von (1/299 792 458) Sekunden durchläuft (17. Generalkonferenz für Maß und Gewicht, 1983).

- 1 Kilogramm ist die Masse des Internationalen Kilogrammprototyps (1. Generalkonferenz für Maß und Gewicht, 1889).

- 1 Sekunde ist das 9 192 631 770-fache der Periodendauer, der dem Übergang zwischen den beiden Hyperfeinstrukturniveaus des Grundzustandes von Atomen des Nuklids ^{133}Cs entsprechenden Strahlung zugrunde liegt (13. Generalkonferenz für Maß und Gewicht, 1967).

- 1 Ampere ist die Stärke eines zeitlich unveränderlichen elektrischen Stroms, der, durch zwei im Vakuum parallel im Abstand 1 m voneinander angeordnete, geradlinige, unendlich lange Leiter von vernachlässigbar kleinem, kreisförmigem Querschnitt fließend, zwischen diesen Leitern je 1 m Leiterlänge elektrodynamisch die Kraft $0{,}2 \times 10^{-6}$ N hervorrufen würde (9. Generalkonferenz für Maß und Gewicht, 1948).

- 1 Kelvin ist der 273,16-te Teil der thermodynamischen Temperatur des Tripelpunktes des Wassers (13. Generalkonferenz für Maß und Gewicht, 1967).

- 1 Candela ist die Lichtstärke in einer bestimmten Richtung einer Strahlungsquelle, die monochromatische Strahlung der Frequenz 540×10^{12} Hz oder 540 THz aussendet und deren Strahlstärke in dieser Richtung (1/683) Watt durch Steradiant beträgt (16. Generalkonferenz für Maß und Gewicht, 1979).

- 1 Mol ist die Stoffmenge eines Systems, das aus ebensoviel Einzelteilchen besteht, wie Atome in 12/1000 Kilogramm des Kohlenstoffnuklids ^{12}C enthalten sind. Bei Verwendung des Mol müssen die Einzelteilchen des Systems spezifiziert sein und können Atome, Moleküle, Ionen, Elektronen sowie andere Teilchen oder Gruppen solcher Teilchen genau angegebener Zusammensetzung sein (14. Generalkonferenz für Maß und Gewicht, 1971).

Tabelle 1.2 zeigt besonders wichtige abgeleitete SI-Einheiten.

Tabelle 1.2 • Besonders wichtige abgeleitete SI-Einheiten.

Größe	Name der SI-Einheit	Kurzzeichen	Beziehungen zu anderen SI-Einheiten
Frequenz	Hertz	Hz	1 Hz = 1/s
Kraft	Newton	N	1 N = 1 kg · m/s^2
Druck	Pascal	Pa	1 Pa = 1 N/m^2
Energie	Joule	J	1 J = 1 N · m
Leistung	Watt	W	1 W = 1 J/s
Elektrizitätsmenge	Coulomb	C	1 C= 1 A · s
Elektrische Spannung	Volt	V	1 V = 1 W/A
Elektrische Kapazität	Farad	F	1 F = 1 C/V
Elektrischer Widerstand	Ohm	Ω	1 Ω = 1 V/A
Elektrischer Leitwert	Siemens	S	1 S = 1/Ω
Magnetischer Fluss	Weber	Wb	1 Wb = 1 V · s
Magnetische Flussdichte	Tesla	T	1 T= 1 Wb/m^2
Induktivität	Henry	H	1 H = 1 Wb/A
Lichtstrom	Lumen	lm	1 lm = 1 cd · sr
Beleuchtungsstärke	Lux	lx	1 lx = 1 lm/m^2

Tabelle 1.3 zeigt Vorsätze für dezimale Vielfache und Teile von Einheiten.

Dezimale Vielfache und Teile von Einheiten können durch Vorsetzen der in Tabelle 1.3 wiedergegebenen Vorsätze oder Vorsatzzeichen vor den Namen oder das Zeichen der Einheit bezeichnet werden.

Ein Vorsatz ist keine selbstständige Abkürzung für eine Zehnerpotenz und bildet mit der direkt dahinterstehenden Einheit ein Ganzes. Ein Exponent bezieht sich auf das Ganze, z.B. 1 cm^2 = 1 (cm)^2 = 10^{-4} m^2 (und nicht: 10^{-2} m^2), 1 µs^{-1} = (10^{-6} s)$^{-1}$ = 10^6 s^{-1} = 1 MHz.

Die Festlegung, experimentelle Darstellung, Bewahrung und Weitergabe von Basiseinheiten sowie von praktisch besonders wichtigen abgeleiteten Einheiten erfordert einen beträcht-

Tabelle 1.3 • Vorsätze für dezimale Vielfache und Teile von Einheiten, nach DIN 1301.

Zehnerpotenz	Vorsatz	Vorsatzzeichen
10^{12}	Tera	T
10^{9}	Giga	G
10^{6}	Mega	M
10^{3}	Kilo	k
10^{2}	Hekto	h
10^{1}	Deka	da
10^{-1}	Dezi	d
10^{-2}	Zenti	c
10^{-3}	Milli	m
10^{-6}	Mikro	µ
10^{-9}	Nano	n
10^{-12}	Piko	p
10^{-15}	Femto	f
10^{-18}	Atto	a

lichen messtechnischen Aufwand. Für die Durchführung aller damit zusammenhängenden Forschungs-, Entwicklungs-, Koordinations- und Verwaltungsaufgaben unterhalten einige Staaten besondere Staatsinstitute. In der Bundesrepublik Deutschland ist dies die Physikalisch-Technische Bundesanstalt (PTB) in Braunschweig, in den USA das National Bureau of Standards (NBS), in Großbritannien das National Physical Laboratory (NPL).

Physikalische Größen können während eines Messvorgangs konstant sein, zeitlich veränderlich sein, ortsabhängig oder richtungsabhängig sein, und sie können schließlich durch eine Kombination solcher Merkmale charakterisiert sein.

1.3 • Grafische Darstellungen

Physikalische und technische Zusammenhänge lassen sich durch eine Beschreibung in Worten, durch eine Gleichung oder Formel, durch eine Wertetabelle oder durch ein Diagramm darstellen.

Bei den Diagrammen handelt es sich um grafische Darstellungen des rechtwinkligen Koordinatensystems. Hierfür werden Koordinatensysteme benötigt. Am meisten benutzt werden Koordinatensysteme mit einem rechtwinkligen Achsenkreuz. Abb. 1.3 zeigt ein derartiges Koordinatensystem.

Die waagerechte Achse wird als x-Achse oder Abszisse (Grundlinie) bezeichnet. Die y-Achse oder Ordinate (Lotachse) steht senkrecht auf der x-Achse. Die zwischen den Achsen liegenden Felder heißen Quadranten (Viertelkreis). Jeder Punkt in den vier Quadranten ist durch je einen x-Wert und einen y-Wert eindeutig bestimmt. In der Regel werden auf der

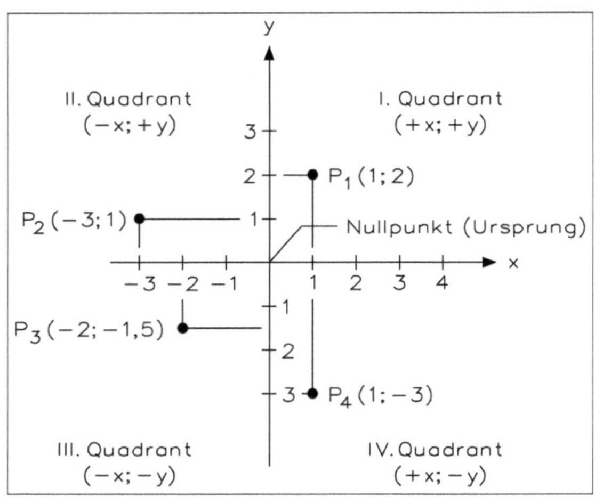

Abb. 1.3 • Rechtwinkliges Koordinatensystem.

x-Achse die unabhängige veränderliche Größe (die Ursache) und auf der y-Achse die davon abhängige Größe (Wirkung) aufgetragen.

Abb. 1.4 zeigt als Beispiel die grafische Darstellung der Gleichung y = 2x + 3 in einem rechtwinkligen Koordinatensystem. Werden beliebige Zahlen für x in die Gleichung eingesetzt und so können die dazugehörigen y-Werte berechnet werden. Alle so ermittelten Werte lassen sich in der Tabelle 1.4 zusammenfassen.

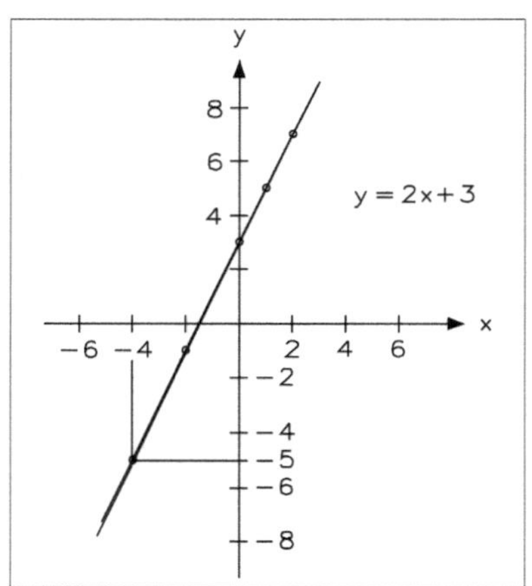

Abb. 1.4 • Grafische Darstellung der Gleichung y = 2x + 3.

Tabelle 1.4 • Werte für die Gleichung y = 2x + 3					
x	+2	+1	0	-1	-2
y	+7	+5	+3	+1	-1

Die Wertepaare der Wertetabelle ergeben Punkte im Koordinatensystem. Die Verbindung aller dieser Punkte ergibt die grafische Darstellung dieser Gleichung und die wird auch als Graph, Kurve oder Kennlinie bezeichnet. Bei dem Beispiel y =2x +3 ergibt der Graph eine

Gerade. Für alle auf dieser Geraden liegenden Punkte lassen sich die zugehörigen y-Werte zu beliebigen x-Werten ablesen, auch für Punkte, die nicht in der Wertetabelle angegeben sind.

Kann in einer Darstellung jedem beliebigen x-Wert genau ein y-Wert zugeordnet werden, so liegt eine eindeutige Zuordnung vor. Eine solche eindeutige Zuordnung wird als Funktion bezeichnet. Die allgemeine Schreibweise für die Darstellung einer Funktion in einem rechtwinkligen Koordinatensystem lautet:

$y = \mathrm{f}(x)$ (*y* gleich Funktion von *x*)

Ist der Graph einer Funktionsgleichung eine Gerade, so wird eine solche Funktion als lineare Funktion bezeichnet. Eine lineare Funktion liegt z. B. vor, wenn ein Auto mit konstanter Geschwindigkeit fährt. Es legt dann nämlich in jeder Zeiteinheit jeweils die gleiche Strecke zurück. Abb. 1.5 zeigt das Weg-Zeit-Diagramm für verschiedene Geschwindigkeiten.

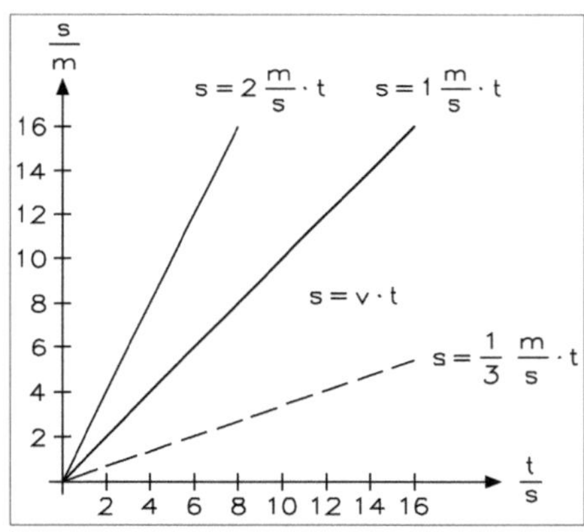

Abb. 1.5 • Weg-Zeit-Diagramm für verschiedene Geschwindigkeiten.

Da die Zeit und auch die Strecke nur positiv sein können, wird vom gesamten Koordinatensystem nur der 1. Quadrant gezeichnet. Die Steigung der Geraden hängt von der Geschwindigkeit ab. Die Steigung wird hier durch das Verhältnis $v = \Delta s/\Delta t$ angegeben.

Allgemein gültig entspricht die Formel

$$s = v \cdot t$$

der Formel

$$y = m \cdot x$$

Der Faktor *m* vor der Veränderlichen *x* gibt dann die Steigung der Geraden an. Je größer dieser Faktor *m* ist, desto steiler verläuft die Gerade im Diagramm.

In der Technik gibt es viele Zusammenhänge, die in einem quadratischen Verhältnis zueinander stehen. So steht z.B. die Fläche *A* eines Kreises in einem quadratischen Zusammenhang mit seinem Durchmesser *d*. In Abb. 1.6 ist diese Funktion grafisch dargestellt.

$$A = \frac{\pi}{4} \cdot d^2$$

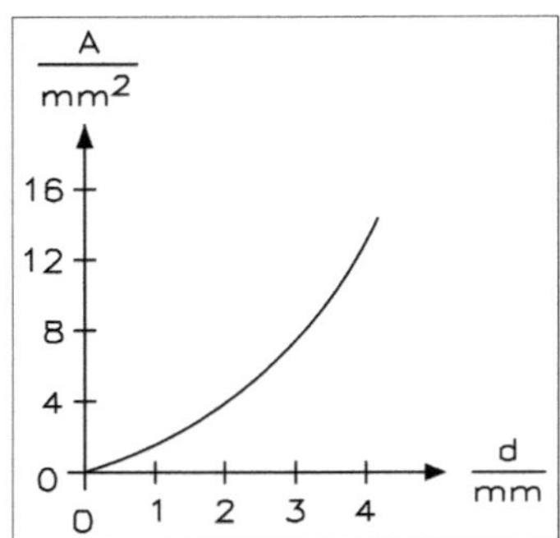

Abb. 1.6 • Kreisfläche *A* als Funktion des Durchmessers *d*.

Allgemein gültig wird

$$y = a \cdot x^2$$

geschrieben. Der Graph einer solchen Funktion wird als Parabel bezeichnet. Abb. 1.7 zeigt die Parabel

$$y = \frac{1}{2} \cdot x^2$$

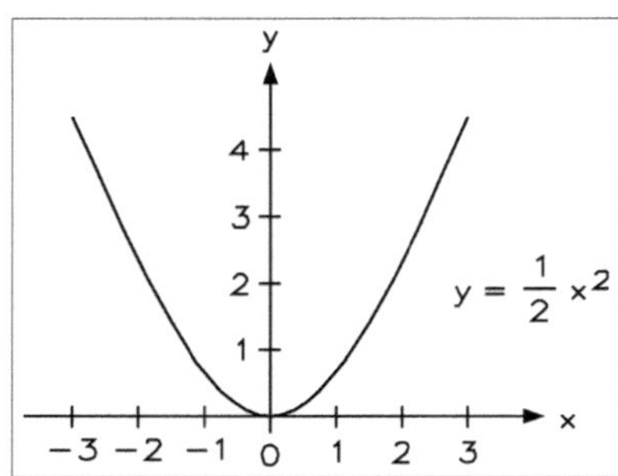

Abb. 1.7 • Parabel mit $y = \frac{1}{2} \cdot x^2$.

Stehen zwei Größen in einem umgekehrten Verhältnis zueinander, so lautet die Funktionsgleichung

$$y = \frac{1}{x}$$

Der Graph einer solchen Funktion wird Hyperbel genannt. In Abb. 1.8 ist eine Hyperbel dargestellt. Der Graph einer solchen Hyperbelfunktion schneidet die x- und y-Achsen erst im Unendlichen. Diese Eigenschaft wird mathematisch als asymptotische Annäherung bezeichnet.

Neben den linearen, quadratischen und Hyperbelfunktionen gibt es in der Technik noch eine unüberschaubare Anzahl weiterer Funktionen. Als weitere häufig auftretende Funktionen

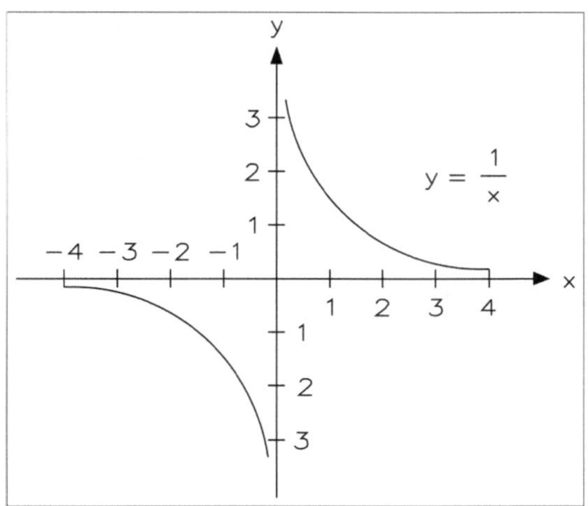

Abb. 1.8 • Hyperbel mit $y = \frac{1}{x}$.

sind noch die Wurzelfunktion, die Exponentialfunktion, die Logarithmusfunktion sowie die Sinus-, Cosinus- und Tangensfunktion vorhanden, wie Abb. 1.9 zeigt.

1.4 • Trigonometrie

In der Planimetrie wird gezeigt, wie man aus drei gegebenen Dreiecksstücken die übrigen Stücke zeichnerisch bestimmen kann. Naturgemäß ist eine Zeichnung immer ungenau und ihre Herstellung mit einem bestimmten Aufwand verbunden.

Der Lehrsatz des Pythagoras geht schon einen Schritt weiter, da man mit ihm aus zwei gegebenen Seiten eines rechtwinkeligen Dreiecks die dritte berechnen kann. Da dieser Lehrsatz die Winkel nicht verwendet, ist seine Anwendung eingeschränkt. Aus Seiten und Winkeln die übrigen Stücke eines Dreiecks zu berechnen, erlaubt die Trigonometrie (Dreiecksberechnung). Die Schwierigkeit, Seiten und Winkel, die mit verschiedenen Maßzahlen gemessen werden, miteinander zu verbinden, wird durch das Einführen der Winkelfunktionen beseitigt.

Bisher hat man die Größe eines Winkels in Geraden bemessen. Eine volle Schenkeldrehung entspricht dabei 360°.

Bei der Neugradteilung wird eine volle Umdrehung in 400 Teile (Neugrade *gon*) eingeteilt.

Das Bogenmaß ist die Länge des Bogens (arcus = arc), der zwischen den Schenkeln des Winkels α im Einheitskreis (r = 1) liegt.

Bezeichnung: arc $\alpha = \hat{a}$ (sprich: Bogen von Winkel alpha)

Abb. 1.10 zeigt die Definition bei Gradmaß und Bogenmaß.

$U = 2 \cdot \pi \qquad 2 \cdot \pi \triangleq 360°$

Name	Funktionsgleichung	Wertetabelle	Schaubild	Bemerkung
lineare Funktion Gerade	$y = mx+n$	$y = 2x+1$ x: −2, −1, 0, +1, +2, +3 y: −3, −1, 1, +3, +5, +7	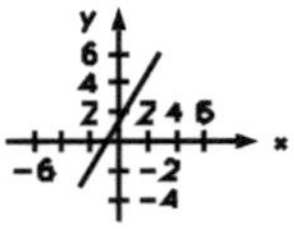	m = Steigung der Geraden n = Schnittpunkt der Geraden mit der y-Achse
quadratische Funktion Potenzfunktion Parabel	$y = x^2$	$y = x^2$ x: −2, −1, 0, +1, +2, +3 y: 4, 1, 0, 1, 4, 9	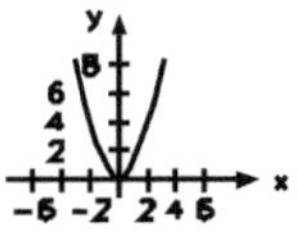	allgemein $y = ax^2+b$ a = Steigung der Parabel b = Schnittpunkt mit der y-Achse
Wurzelfunktion	$y = \pm\sqrt{x}$	$y = \pm\sqrt{x}$ x: 0, 1, 2, 4 y: 0, ±1, ±1,414, ±2	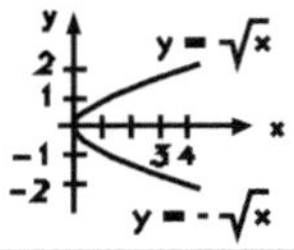	Umkehrfunktion der Potenzfunktion
Hyperbelfunktion	$y = \frac{1}{x}$	$y = \frac{1}{x}$ x: 2, −1, 0, 1, 2 y: −0,5, −1, ∞, 1, 0,5	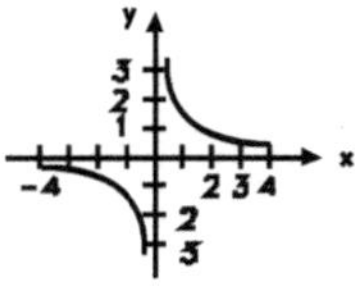	Die Äste erreichen nie die Koordinatenachsen, sondern sie nähern sich asymptotisch
Exponentialfunktion	$y = a^x$	$y = 2^x$ x: −2, −1, 0, 1, 2, 3 y: 0,25, 0,5, 1, 2, 4, 8	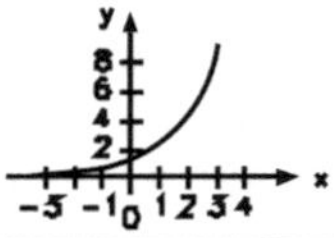	nähert sich asymptotisch der y-Achse
Logarithmusfunktion	$y = \log_a x$	$y = \log_2 x$ x: 0, 1, 2, 4, 8 y: −∞, 0, 1, 2, 3	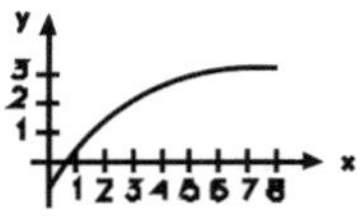	Umkehrfunktion der Exponentialfunktion
Sinusfunktion	$y = \sin x$	$y = \sin x$ x: 30°, 45°, 90°, 180°, 270° y: 0,5, 0,707, 1, 0, −1	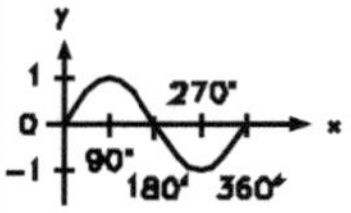	
Cosinusfunktion	$y = \cos x$	$y = \cos x$ x: 30°, 45°, 90°, 180°, 270° y: 0,866, 0,707, 0, −1, 0	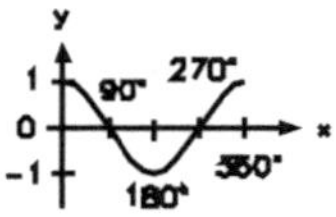	
Tangensfunktion	$y = \tan x$	$y = \tan x$ x: 0, 45°, 90°, 135°, 180° y: 0, 1, ∞, −1, 0	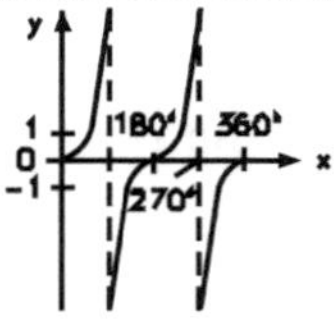	

Abb. 1.9 • Grundfunktionen von grafischen Darstellungen.

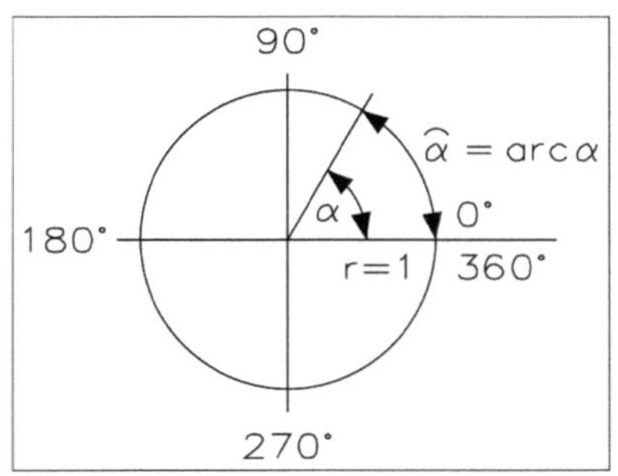

Abb. 1.10 • Definition für Gradmaß und Bogenmaß.

arc 360° = 2π = 6,28319
arc 180° = π = 3,14159
arc 90° = $\pi/2$ = 1,57080
arc 1° = $2\pi/360$ = $\pi/180$ = 0,01745

- Radiant (Bogenmaß): Die Winkeleinheit „Radiant" (rad) ergibt sich aus der Größe eines Zentriwinkels in einem beliebigen Kreis aus dem Verhältnis der Kreisbogenlänge zum Kreisradius. Für einen Vollwinkel gilt: 1 Vollwinkel = 2π rad.

- Grad (Altgrad): Der Grad ist der 360-ste Teil eines Vollwinkels: 1° = 1/360 Vollwinkel = $\pi/180$ rad. Der Grad wird unterteilt in Minute (') und Sekunde ("): 1° = 60' = 3600".

- Gon (Neugrad): Das Gon ist der 400-ste Teil eines Vollwinkels: 1 gon = 1/400 Vollwinkel = $\pi/200$ rad. Das Gon wird unterteilt durch Vorsätze: 1 cgon = 1/100 gon = 1 mgon oder 1/1000 gon = 0,001 gon.

Tabelle 1.5 zeigt die Umrechnungstabelle für Winkeleinheiten.

Tabelle 1.5 • Umrechnungstabelle für Winkeleinheiten.

	rad	Vollwinkel	gon	mgon	°	'	"
1 rad	1	0,159	63,66	$63{,}66 \cdot 10^3$	57,296	$3{,}438 \cdot 10^3$	$206{,}26 \cdot 10^3$
1 Vollwinkel	6,283	1	400	$400 \cdot 10^3$	360	$21{,}6 \cdot 10^3$	$1{,}296 \cdot 10^6$
1 gon	$15{,}7 \cdot 10^{-3}$	$2{,}5 \cdot 10^{-3}$	1	1000	0,9	54	3240
1°	$17{,}45 \cdot 10^{-3}$	$2{,}778 \cdot 10^{-3}$	1111	1111,11	1	60	3600
1'	$290{,}89 \cdot 10^{-6}$	$46{,}2 \cdot 10^{-6}$	$18{,}52 \cdot 10^{-3}$	18,52	$16{,}67 \cdot 10^{-3}$	1	60

Winkelunterteilungen:

1 Grad = 1° = 60' = 3600"
1 Minute = 1' = 1°/60 = 0,01667° = 60"
1 Sekunde = 1" = 1'/60 = 1°/3600 = 0,00028°

Abb. 1.11 zeigt die sechs Winkelarten der Trigonometrie.

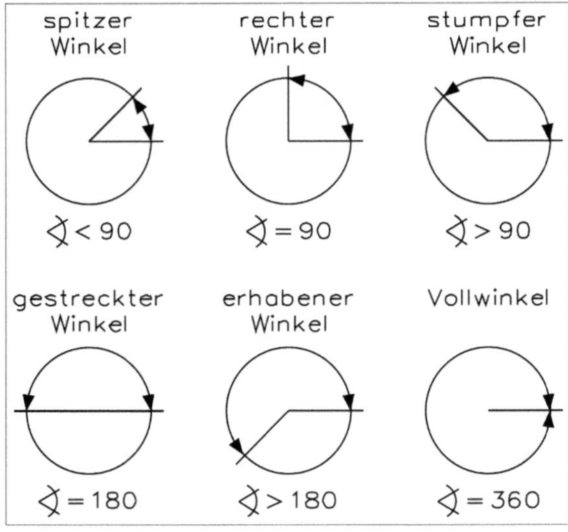

Abb. 1.11 • Winkelarten der Trigonometrie.

Die Bogenlänge *b* ist ein Teil des Kreisumfangs und ist dem Mittelpunktswinkel α verhältnisgleich. Abb. 1.12 zeigt die Bogenlänge.

$$\frac{b}{\alpha} = \frac{d \cdot \pi}{360} \quad \rightarrow \quad b = \frac{d \cdot \pi \cdot \alpha}{360} = \frac{r \cdot \pi \cdot \alpha}{180}$$

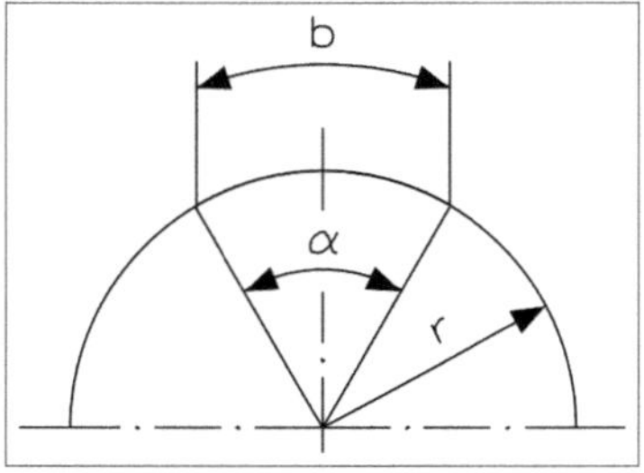

Abb 1.12 • Bogenlänge.

Berechne die Bogenlänge eines Winkels von 50° bei 80 mm Kreisdurchmesser:

$$b = \frac{r \cdot \pi \cdot \alpha}{180} = \frac{40\text{ mm} \cdot 3{,}14 \cdot 50^\circ}{180^\circ} = 34{,}9\text{ mm}$$

Als Bogenmaß bezeichnet man den Bogen eines Winkels im Einheitskreis **r** = 1. Dieses Bogenmaß wird als arc (arcus) bezeichnet. Der Bogen eines ganzen Einheitskreises, der dem Winkel 360° entspricht, ist so groß wie sein Umfang.

$$\text{arc } 360^\circ = d \cdot \pi = 2 \cdot 1 \cdot \pi = 2\pi$$

Der Bogen eines Halbkreises beträgt demzufolge π, eines Viertelkreises $\pi/2$.

Für den Mittelpunktswinkel 1° gilt:

$$\text{arc } 1^\circ = \frac{\pi}{180} = 0{,}01745$$

Abb. 1.13 zeigt den Bogen eines Halbkreises.

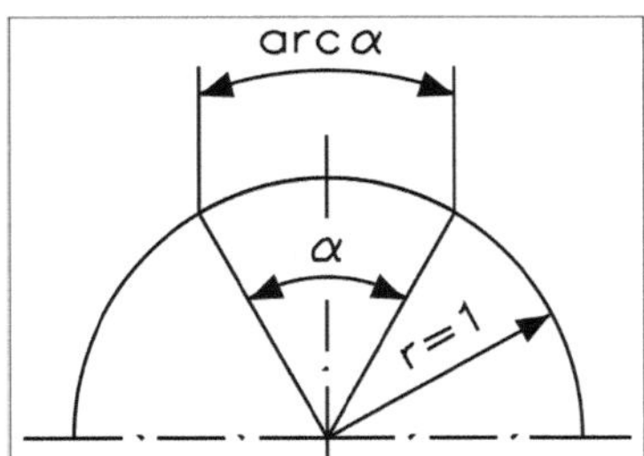

Abb. 1.13 • Bogen eines Halbkreises.

Für einen beliebigen Winkel α ist:

Bogenmaß: $\text{arc}\,\alpha = \alpha \cdot \frac{\pi}{180} = \alpha \cdot 0{,}01745$

Bogenlänge: $b = \text{arc}\,\alpha \cdot r$

Winkelmaß: $\alpha = \text{arc}\,\alpha \cdot 57{,}296$

Gesucht ist das Bogenmaß für α = 60°:

$$\text{arc}\,\alpha = \alpha \cdot 0{,}01745 = 60^\circ \cdot 0{,}01745 = 1{,}047$$

Berechne den Winkel zum Bogenmaß arc α = 0,6980:

$$\alpha = \text{arc}\,\alpha \cdot 57{,}296 = 0{,}6980 \cdot 57{,}296 = 40^\circ$$

1.5 • Satz des Pythagoras

Im rechtwinkligen Dreieck ist das Quadrat über der Hypotenuse gleich der Summe der Kathetenquadrate.

Hypotenusenquadrat = Σ Kathetenquadrate:

$c^2 = a^2 + b^2$ $\quad c = \sqrt{a^2 + b^2}$

$a^2 = c^2 - b^2$ $\quad a = \sqrt{c^2 - b^2}$

$b^2 = c^2 - a^2$ $\quad b = \sqrt{c^2 - a^2}$

Mit Hilfe dieser Gleichungen kann man aus zwei gegebenen Seiten die dritte berechnen.

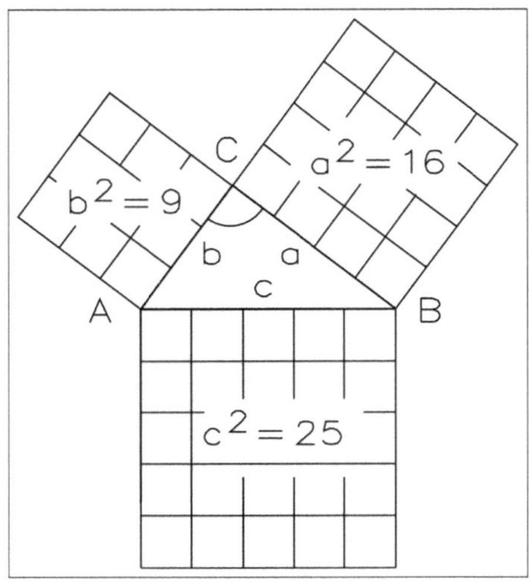

Abb. 1.14 • Satz des Pythagoras.

Abb. 1.14 zeigt den Satz des Pythagoras. Seite *a* und Seite *b* heißen die Katheten und schließen den rechten Winkel ein. Die Seite *c* liegt dem rechten Winkel gegenüber und heißt Hypotenuse.

Berechne *c* für *a* = 4 cm und *b* = 3 cm:

$$c = \sqrt{a^2 + b^2} = \sqrt{(4\text{ cm})^2 + (3\text{ cm})^2} = \sqrt{(25\text{ cm})^2} = 5\text{ cm}$$

Berechne *b* für *c* = 10 cm und *a* = 8 cm:

$$b = \sqrt{c^2 - a^2} = \sqrt{(10\text{ cm})^2 - (8\text{ cm})^2} = \sqrt{(36\text{ cm})^2} = 6\text{ cm}$$

1.6 • Winkelfunktionen im rechtwinkligen Dreieck

Die Winkelfunktionen im rechtwinkligen Dreieck sind in Abb. 1.15 dargestellt.

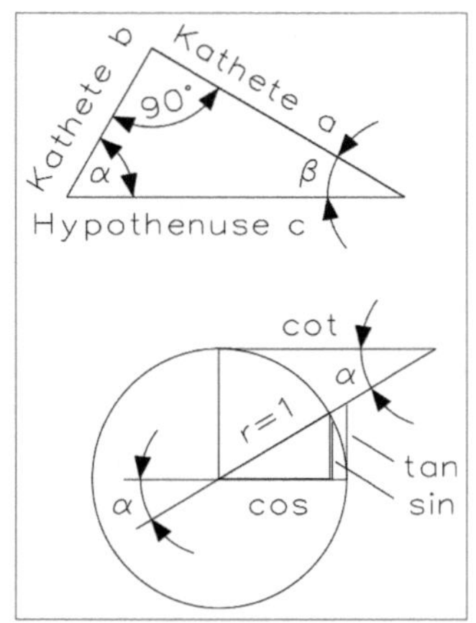

Abb. 1.15 • Winkelfunktionen im rechtwinkligen Dreieck.

Sinus $\sin = \frac{\text{Gegenkathete}}{\text{Hypotenuse}}$

Cosinus $\cos = \frac{\text{Ankathete}}{\text{Hypotenuse}}$

Tangens $\tan = \frac{\text{Gegenkathete}}{\text{Ankathete}}$

Cotangens $\cot = \frac{\text{Ankathete}}{\text{Gegenkathete}}$

$\sin\alpha = \frac{a}{c}$ $\sin\beta = \frac{b}{c}$ $\sin\alpha = \cos\beta$ $\sin\alpha = \cos(90° - \alpha)$

$\cos\alpha = \frac{b}{c}$ $\cos\beta = \frac{a}{c}$ $\cos\alpha = \sin\beta$ $\cos\alpha = \sin(90° - \alpha)$

$\tan\alpha = \frac{a}{b}$ $\tan\beta = \frac{b}{a}$ $\tan\alpha = \cot\beta$ $\tan\alpha = \cot(90° - \alpha)$

$\cot\alpha = \frac{b}{a}$ $\cot\beta = \frac{a}{b}$ $\cot\alpha = \tan\beta$ $\cot\alpha = \tan(90° - \alpha)$

$$a = c \cdot \sin\alpha = c \cdot \cos\beta = b \cdot \tan\alpha = b \cdot \cot\beta = \frac{b}{\tan\beta} = \frac{b}{\cot\alpha}$$

$$b = c \cdot \sin\beta = c \cdot \cos\alpha = a \cdot \tan\beta = a \cdot \cot\alpha = \frac{a}{\tan\alpha} = \frac{a}{\cot\beta}$$

$$c = \frac{a}{\sin\alpha} = \frac{b}{\sin\beta} = \frac{b}{\cos\alpha} = \frac{a}{\cos\beta}$$

$\tan\alpha \cdot \cot\alpha = 1$ $\sin^2\alpha + \cos^2\alpha = 1$

$\tan\alpha = \frac{\sin\alpha}{\cos\alpha}$ $\sin\alpha = \frac{\tan\alpha}{\sqrt{1 + \tan^2\alpha}}$

$\cot\alpha = \frac{\cos\alpha}{\sin\alpha}$ $\cos\alpha = \frac{1}{\sqrt{1 + \tan^2\alpha}}$

Abb. 1.16 zeigt die Vorzeichen der Winkelfunktionen in den Quadranten.

Tab. 1.6 zeigt die Vorzeichen der Winkelfunktionen in den Quadranten.

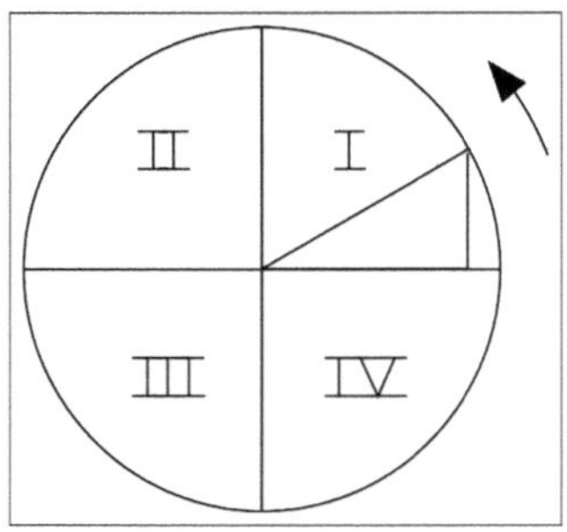

Abb. 1.16 • Vorzeichen der Winkelfunktionen.

Tabelle 1.6 • Vorzeichen der Winkelfunktionen in den Quadranten

Winkel	Quadrant	sin	cos	tan	cot	
0°...90°	I	+	+	+	+	α
90°...180°	II	+	–	–	–	$180^\circ - \alpha$
180°...270°	III	–	–	+	+	$180^\circ + \alpha$
270°...360°	IV	–	+	–	–	$360^\circ - \alpha$

Abb. 1.17 zeigt eine Sinus- und eine Cosinusfunktion der Winkelfunktionen, und Abb. 1.18 eine Tangens- und eine Cotangensfunktion der Winkelfunktionen.

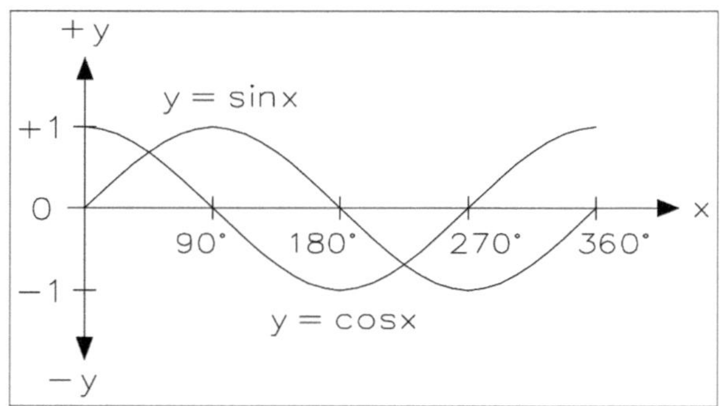

Abb. 1.17 • Sinus- und Cosinusfunktion.

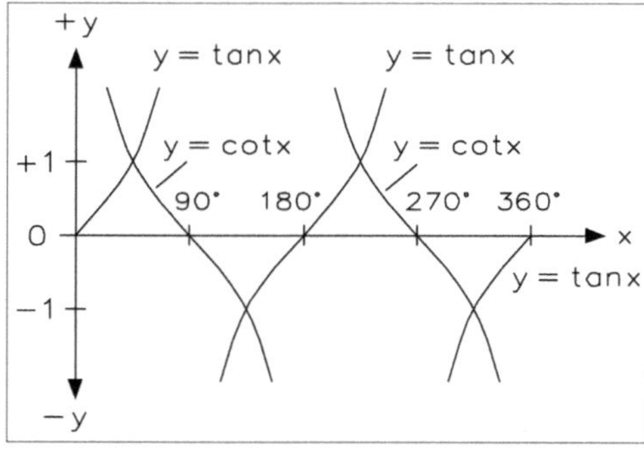

Abb.1.18 • Tangens-Cotangensfunktion.

$$\sin\alpha + \sin\beta = 2 \cdot \sin\frac{\alpha+\beta}{2} \cdot \cos\frac{\alpha-\beta}{2}$$

$$\cos\alpha + \cos\beta = 2 \cdot \cos\frac{\alpha+\beta}{2} \cdot \cos\frac{\alpha-\beta}{2}$$

$$\tan\alpha + \tan\beta = \frac{\sin(\alpha+\beta)}{\cos\alpha \cdot \cos\beta}$$

$$\sin\alpha \cdot \sin\beta = \frac{1}{2}\cos(\alpha-\beta) - \frac{1}{2}\cos(\alpha+\beta)$$

$$\cos\alpha \cdot \cos\beta = \frac{1}{2}\cos(\alpha-\beta) + \frac{1}{2}\cos(\alpha+\beta)$$

$$\tan\alpha \cdot \tan\beta = \frac{\tan\alpha + \tan\beta}{\cot\alpha + \cot\beta}$$

$$\cot\alpha \cdot \cot\beta = \frac{\cot\alpha + \cot\beta}{\tan\alpha + \tan\beta}$$

$$\sin 2\alpha = 2 \cdot \sin\alpha \cdot \cos\alpha$$

$$\cos 2\alpha = \cos^2\alpha - \sin^2\alpha$$

$$\tan 2\alpha = \frac{2\tan\alpha}{1 - \tan^2\alpha}$$

$$\cot 2\alpha = \frac{\cot^2\alpha - 1}{2 \cdot \cot\alpha}$$

$$\sin(\alpha \pm \beta) = \sin\alpha \cdot \cos\beta \pm \cos\alpha \cdot \sin\beta$$

$$\cos(\alpha \pm \beta) = \cos\alpha \cdot \cos\beta \mp \sin\alpha \cdot \sin\beta$$

$$\tan(\alpha \pm \beta) = \frac{\tan\alpha \pm \tan\beta}{1 \mp \tan\alpha \cdot \tan\beta}$$

$$\cot(\alpha \pm \beta) = \frac{\cot\alpha \cdot \cot\beta \mp 1}{\cot\alpha \pm \cot\alpha}$$

Tabelle 1.7 zeigt die Funktionen eines Winkels, ausgedrückt durch die anderen Funktionen des gleichen Winkels.

Tabelle 1.7: Funktionen eines Winkels.				
	sin	**cos**	**tan**	**cot**
$\sin\alpha =$	$\sin\alpha$	$\sqrt{1-\cos^2\alpha}$	$\frac{\tan\alpha}{\sqrt{1+\tan^2\alpha}}$	$\frac{1}{\sqrt{1+\cot^2\alpha}}$
$\cos\alpha =$	$\sqrt{1-\sin^2\alpha}$	$\cos\alpha$	$\frac{1}{\sqrt{1+\tan^2\alpha}}$	$\frac{\cot\alpha}{\sqrt{1+\cot^2\alpha}}$
$\tan\alpha =$	$\frac{\sin\alpha}{\sqrt{1-\sin^2\alpha}}$	$\frac{\sqrt{1-\cos^2\alpha}}{\cos\alpha}$	$\tan\alpha$	$\frac{1}{\cot\alpha}$
$\cot\alpha =$	$\frac{\sqrt{1-\sin^2\alpha}}{\sin\alpha}$	$\frac{\cos\alpha}{\sqrt{1-\cos^2\alpha}}$	$\frac{1}{\tan\alpha}$	$\cot\alpha$

2 • Elektrotechnische Größen im Gleichstromkreis

In diesem Kapitel werden die wichtigsten Größen des Gleichstromkreises (Strom I, Spannung U, Widerstand R) sowie deren Einheiten (Ampere, Volt, Ohm; kurz: A, V, Ω) behandelt und zueinander in Beziehung gebracht.

2.1 • Elektrische Ladung

Die Grundbausteine der Materie sind die Atome. Ein Atom besteht aus Atomkern und Elektronen. Die Elektronen umkreisen den Atomkern. Der Atomkern selbst besteht aus den sogenannten Protonen und den Neutronen. Das Elektron ist Träger der kleinstmöglichen negativen Ladungsmenge, der sogenannten Elementarladung. Das Proton ist Träger einer gleich großen entgegengesetzten Ladungsenergie und ist folglich Träger der positiven Elementarladung. Das Kurzzeichen für „Elementarladung" heißt „e" („Elektron"). Zwischen den Protonen und den Elektronen besteht eine – durch die entgegengesetzte Ladung bedingte – Anziehungskraft, die dafür sorgt, dass die Elektronen mehr oder weniger stark an den Atomkern gebunden sind. Elektrisch neutrale Atome sind dadurch gekennzeichnet, dass die Anzahl von Protonen und Elektronen jeweils gleich ist. Entzieht man einem Atom Elektronen, verbleibt eine positive Ladung als Überschuss, d. h. das Atom ist positiv geladen. Entsprechend ist ein Atom negativ geladen, wenn man ihm Elektronen zufügt. Metalle sind dadurch gekennzeichnet, dass die Elektronen der äußersten Schale (die sogenannten *Valenzelektronen*) nur relativ lose an das Atom gebunden sind, d. h. sie können sich relativ frei im Material bewegen. Dies ist der Grund dafür, dass Metalle gute elektrische Leiter sind. Die Elementarladung ist nicht weiter teilbar. Jede in Natur und Technik auftretende Ladungsmenge ist ein ganzzahliges Vielfaches dieser Elementarladung.

Die Kernbausteine sind Neutronen und Protonen. Letztere tragen die gleiche Elektrizitätsmenge wie die Elektronen. Da sich ihre elektrische Ladung jedoch umgekehrt verhält wie die des Elektrons, bezeichnet man sie als positiv. Diese positiven Protonen bestimmen zusammen mit den elektrischen neutralen Neutronen im Wesentlichen das Gewicht des Atoms.

Da die Elektronen mit großer Geschwindigkeit den Atomkern umkreisen, müssten sie durch die Fliehkraft aus ihrer Bahn geschleudert werden, wenn nicht die beiden entgegengesetzten Ladungen im Atom (Elektronen: negativ, Protonen: positiv) sich gegenseitig anziehen würden. Umgekehrt stoßen sich Körper mit gleichartiger elektrischer Ladung gegenseitig

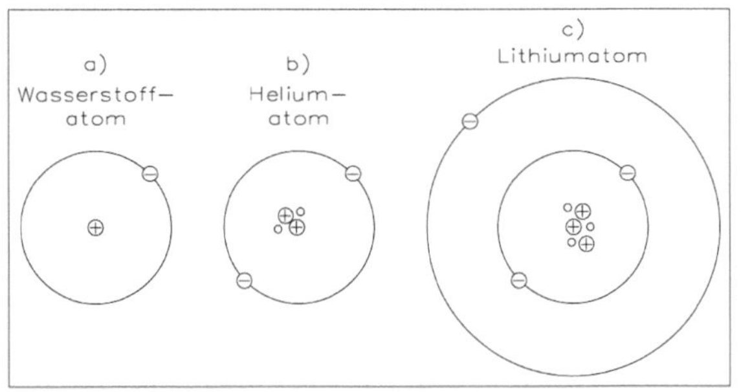

Abb. 2.1 • Schematische Darstellung einfacher Atome, a) Wasserstoffatom, b) Heliumatom, c) Lithiumatom.

ab. Diese Wirkung der Elektrizität führte schon im Altertum zu dem Begriff *Elektron* (elektron, griechisch: Bernstein). Die Griechen hatten festgestellt, dass geriebener Bernstein leichte Körper anzieht und anschließend wieder abstößt. Abb. 2.1 zeigt die schematische Darstellung einfacher Atome.

Man betrachte wieder das Atommodell. Die Fliehkraft eines Elektrons wird durch die gleichgroße (entgegengerichtete) elektrische Anziehungskraft eines Protons ausgeglichen. Die Zahl positiv geladener Protonen im Atomkern richtet sich nach der Zahl der ihn umkreisenden Elektronen. Enthält ein Atom genauso viele Protonen wie Elektronen, so wirkt es nach außen elektrisch neutral. Man kennt heute Grundstoffe, deren Atome bis zu 102 Elektronen, verteilt auf sieben Bahnen, besitzen, wobei diese negativen Ladungen durch entsprechend große positive Kernladungen (Protonen) ausgeglichen werden. Die einzelnen Bahnen kennzeichnen lediglich den mittleren Abstand der Elektronen vom Atomkern. Die Ebene einer solchen Bahn ändert sich fortlaufend. Damit ergibt sich das Modell einer Kugelschale, die aus vielen Ringen aufgebaut ist, wie Abb. 2.2 zeigt.

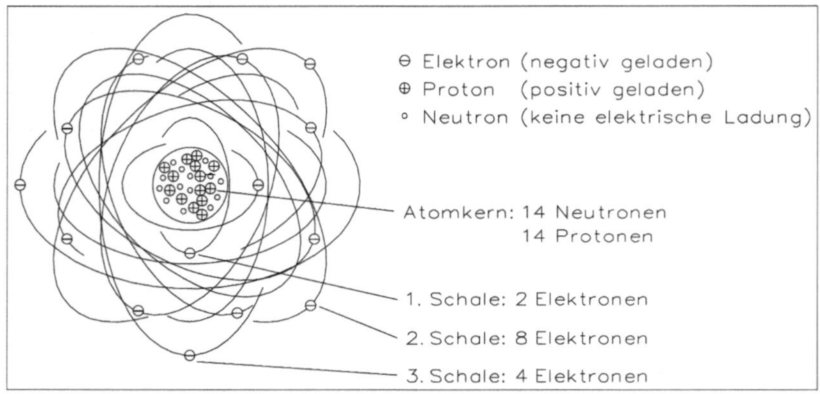

Abb. 2.2 • Aufbau eines Siliziumatoms (schematische Darstellung)

Der Kern eines Kupferatoms von Abb. 2.3 enthält 34 Neutronen und 29 Protonen. Auf vier Schalen verteilen sich 29 Elektronen, die durch elektrische Anziehungskräfte an den Kern gebunden sind. Ein Kupferwürfel von 1 cm Kantenlänge enthält eine sehr große Anzahl solcher Kupferatome und die Atome sind hier sehr dicht „zusammengepackt".

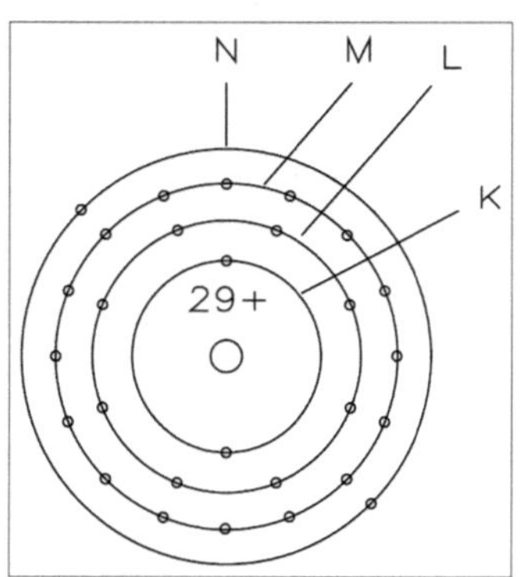

Abb. 2.3 • Aufbau eines Kupferatoms (schematische Darstellung).

Aus diesem Grund können die Elektronen auf den äußersten Schalen in den Anziehungsbereich benachbarter Atomkerne gelangen und dabei werden sie aus ihrer Bahn gedrängt. Sie befinden sich dann in fortlaufender unregelmäßiger Bewegung von einem Atom zum anderen und sind somit nicht mehr an einen bestimmten Atomkern gebunden, sondern nur noch an den gesamten Atomverband des Metalls Kupfer, wie Abb. 2.4 zeigt.

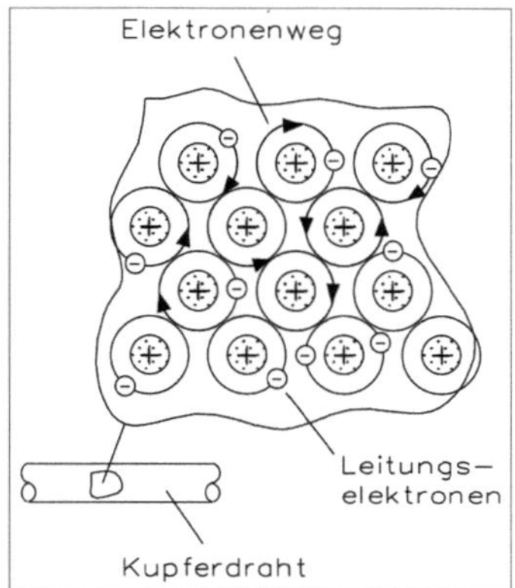

Abb. 2.4 • Leitungselektronen im Kupferdraht.

Durch elektrische Kräfte (Spannung) kann die Bewegung dieser Leitungselektronen in eine bestimmte Richtung gelenkt werden: Man erhält einen Elektronenstrom. Durch Zufuhr von Energie (elektrische, thermische, optische usw.) können Elektronen unter bestimmten Voraussetzungen auch aus dem Atomverband eines Stoffes herausgelöst werden. Die freien Elektronen finden z. B. in alten Fernseh-, Oszillografen- und Verstärkerröhren Anwendung.

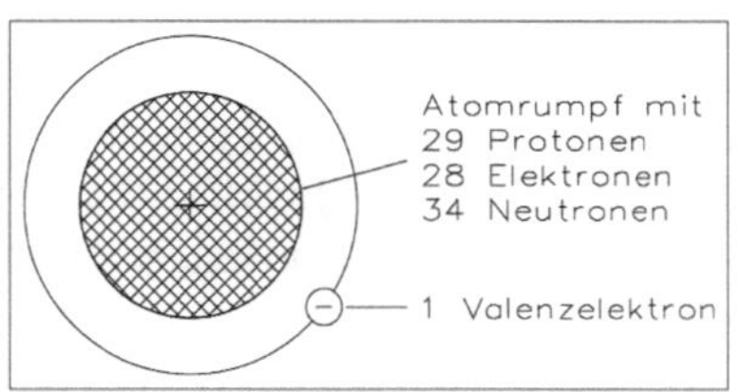

Abb. 2.5 • Kupferatom (schematische Darstellung).

Die Elektronen auf der äußersten Schale der Atome bestimmen neben dem elektrischen auch das chemische Verhalten eines Stoffes: Sie stellen die Verbindung zu Nachbaratomen anderer oder gleicher Grundstoffe her. Man bezeichnet diese an den Verbindungen beteiligten Elektronen als Valenz- oder Wertigkeitselektronen. Da an elektrischen Vorgängen nur Valenzelektronen beteiligt sind, kann man das Atommodell weiter vereinfachen. Es besteht danach aus den elektrisch wirksamen Elektronen der äußersten Schale und einem positiven Atomrumpf, der den Atomkern und die Elektronen der restlichen Schalen enthält. Im Modell Kupfer gehört zu jedem Atomrumpf ein Valenzelektron. Kupfer enthält folglich genauso viele freie Elektronen wie Atome. Durch besondere Maßnahmen, z. B. durch mechanische oder chemische Einwirkungen, lassen sich bei einem Atom ein oder mehrere Valenzelektronen abspalten oder hinzufügen. Dieses Atom ist dann nicht mehr elektrisch neutral und man bezeichnet es als Ion. Atome, denen Elektronen (negative Ladung) fehlen, sind positive Ionen, solche, die mehr Elektronen als Protonen besitzen, sind negative Ionen. Abb. 2.6 zeigt die Ionenbildung.

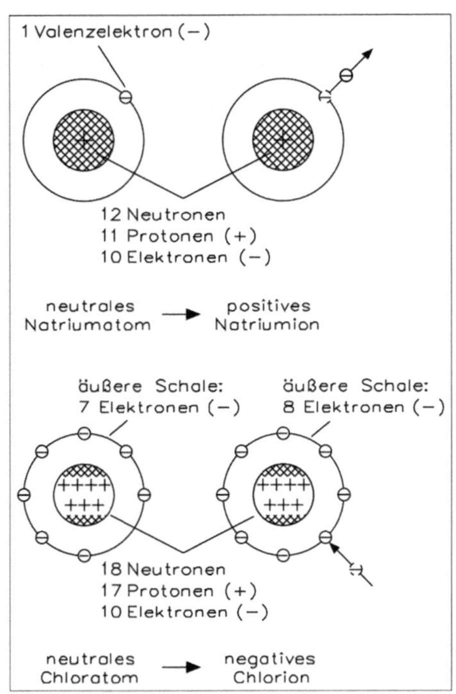

Abb. 2.6 • Ionenbildung.

In elektrisch leitenden Flüssigkeiten (Elektrolyten) und in gasgefüllten Röhren treten Ionen als elektrische Ladungsträger auf.

In Halbleitern (Dioden, Transistoren) wird schließlich eine dritte Art elektrischer Ladungsträger wirksam. Stellen im Atomverband mit fehlenden Elektronen (Löcher) wirken als positive Ladungsträger. Im Gegensatz zu den Ionen sind die Atomrümpfe in Halbleiterstoffen (Germanium, Silizium) jedoch nicht frei beweglich. Es gilt:

- Leitungselektronen sind elektrische Ladungsträger.
- Gleichnamige Ladungen stoßen einander ab.
- Ungleichnamige Ladungen ziehen einander an.

2.2 • Elektrische Ladungsmenge

Die kleinstmögliche Ladungsmenge ist die Elementarladung und Träger dieser Elementarladung ist das Elektron (Proton). Jede Ladungsmenge ist ein ganzzahlig Vielfaches der Elementarladung.

Das Kurzzeichen (Formelzeichen) für die Ladungsmenge ist Q. Die Einheit der Ladungsmenge ist das Coulomb mit dem Kurzzeichen C.

$$[Q] = \mathrm{C}$$

Eine andere Bezeichnung für „Coulomb" ist auch die „Amperesekunde" mit dem Kurzzeichen „As".

$1\ \text{C} = 1\ \text{As}$ $\qquad [Q] = \text{C} = \text{As}$

Der Betrag der Elementarladung beträgt:

$e = 1{,}602 \cdot 10^{-19}\ \text{As}$

Dieser Wert ergibt sich durch die bereits festgelegte Einheit „Ampere" entsprechend dem SI-System.

2.2.1 • Elektrischer Strom als Ladungstransport

Elektrischer Strom ist Ladungstransport. Die Stromstärke I ist definiert als transportierte Ladungsmenge pro Zeiteinheit:

$I = \frac{Q}{t}$ $\qquad$ Einheit der Stromstärke: $[I] = \text{A}$

Damit ergibt sich für die Einheit der Ladungsmenge: $[Q] = [I] \cdot [t] = \text{As} = \text{C}$

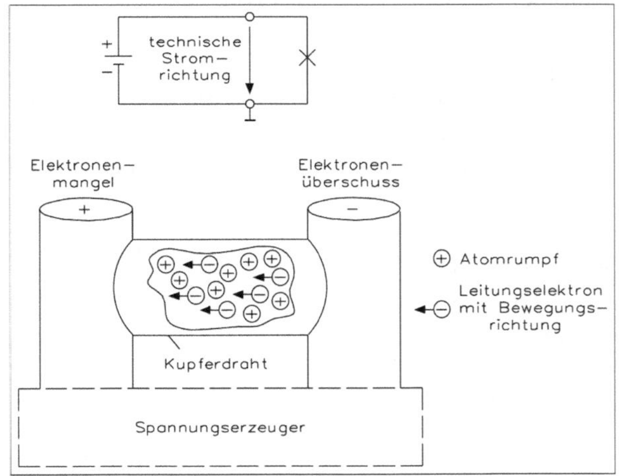

Abb. 2.7 • Stromfluss in einem geschlossenen Stromkreis.

Unter „transportierte Ladungsmenge" versteht man die während der Zeit t (bzw. Δt) durch Leiterquerschnitt A geflossene Ladungsmenge Q (bzw. ΔQ). Um einen Stromfluss zu erzeugen, sind eine Spannungsquelle und ein geschlossener Stromkreis notwendig, wie Abb. 2.7 zeigt. Die Spannungsquelle entspricht der Pumpe im Wasserkreislauf und ist in den meisten Fällen ein metallischer Leiter (Leitungen, Lampen, Motorwicklungen...), d. h. es werden negative Ladungen (Elektronen) transportiert. Als sogenannte technisch positive Stromrichtung wird nun diejenige Richtung definiert, in die sich positive Ladungsträger bewegen würden, wenn sie vorhanden (besser: frei beweglich) wären. Die technische Stromrichtung ist also der Richtung der Elektronenbewegung entgegengesetzt. Im Falle der Bewegung positiver Ionen (z. B. in ionisierten Gasen, elektrolytischen Flüssigkeiten, galvanischen Bädern, Metallschmelzen) sind die technische Stromrichtung und die Bewegungsrichtung der Ladungsträger identisch.

Unter der Stromdichte S versteht man die auf den Leiterquerschnitt A bezogene Stromstärke I:

$$S = \frac{I}{A}$$ mit S = Stromdichte in A/mm² und A = Leiterquerschnitt in mm²

Die Stromstärke in einem geschlossenen Stromkreis (ohne Verzweigungen) ist überall gleich groß. Abb. 2.8 zeigt die Stromdichte S im elektrischen Leiter.

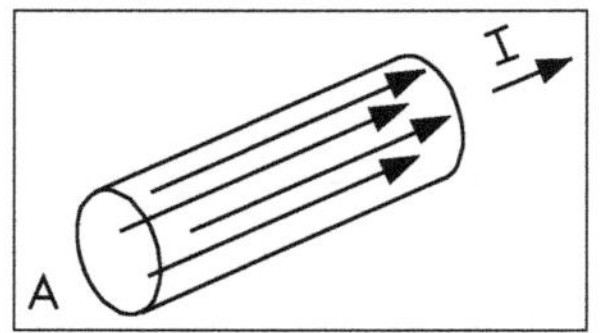

Abb. 2.8 • Stromdichte.

Ein Elektron trägt die kleinste elektrische Ladung, die als Elementarladung bezeichnet wird. An elektrischen und elektronischen Vorgängen sind meist viele Milliarden kleinster Ladungsträger (Elektronen) beteiligt. Es liegt daher nahe, eine große Zahl von Elementarladungen zu einem „handlichen" Maß zusammenzufassen. Man hat festgelegt: 6,3 Trillionen Elementarladungen = 1 Coulomb.

Im Gegensatz zu den Wassertröpfchen wird hier nicht die Masse der Elektronen betrachtet, sondern nur ihre elektrische Eigenschaft, die Ladung. Diese besitzt Mengencharakter, so dass die Elektrizitätsmenge gleichbedeutend mit elektrischer Ladung ist. Die Maßeinheit für die Elektrizitätsmenge ist das Coulomb.

Für die Einheit der Elektrizitätsmenge ergibt sich damit:

$$6{,}3 \cdot 10^{18} \text{ Elementarladungen} = 1 \text{ Coulomb}$$

Man vergleicht nun die Ladung eines Elektrons mit der Einheit der Elektrizitätsmenge (Coulomb) und erhält:

$$e = \frac{I}{6{,}3 \cdot 10^{18}} \text{ C} = 0{,}159 \cdot 10^{-18} \text{ C}$$

e ist das Formelzeichen (Kurzschreibweise) für die Elektrizitätsmenge eines Elektrons (Elementarladung) und C ist das Maßkurzzeichen für die Maßeinheit Coulomb.

2.2.2 • Stromstärke

Leuchtet eine elektrische Glühlampe auf, erkennt man den Stromfluss. Bei allen elektrischen Wirkungen handelt es sich um Fortbewegung elektrischer Ladungsträger. Oft sind im gleichen Gerät negative und positive Ladungsträger an den Leitungsvorgängen beteiligt. Normalerweise werden nur die Leitungselektronen in Metallen betrachtet.

Wenn sich Elektronen durch einen Draht bewegen, so kann die Stärke des Elektronenstroms verschieden groß sein. Die Stromstärke richtet sich nach der Zahl der Elektronen, die je Sekunde durch den Leiterquerschnitt fließen. Die Maßeinheit ist das Ampere und man misst die Stromstärke in Ampere, abgekürzt 1 A, wenn je Sekunde $6{,}3 \cdot 10^{18}$ Elektronen durch den Leiterquerschnitt fließen.

1 Ampere = $6{,}3 \cdot 10^{18}$ Elektronen je Sekunde

1 Ampere = 1 Coulomb je Sekunde

Die Zusammenhänge zwischen Stromstärke, Elektrizitätsmenge und Zeit sollen erläutert werden:

1. Verdreifacht man die in einer Sekunde durch den Leiterquerschnitt fließende Elektrizitätsmenge, erhält man die dreifache Stromstärke: Die Stromstärke wächst im gleichen Verhältnis mit der Elektrizitätsmenge bei gleichbleibender Zeit.

2. Verdoppelt man die Zeit für den Durchfluss von einem Coulomb, so verringert sich die dazu erforderliche Stromstärke auf die Hälfte des ursprünglichen Wertes: Bei gleichbleibender Elektrizitätsmenge verkleinert sich die Stromstärke im gleichen Verhältnis, wie die Zeit vergrößert wird. Die Stromstärke verhält sich umgekehrt wie die Zeit.

Abb. 2.9 zeigt die Elektrizitätsmenge in einem elektrischen Leiter.

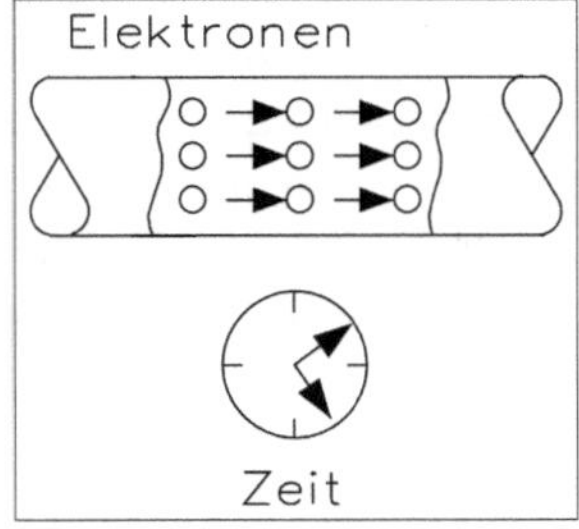

Abb. 2.9 • Elektrizitätsmenge in einem elektrischen Leiter.

Es gilt:

$Q = I \cdot t$ 1 C = 1 As = 1 A · s
Q = Elektrizitätsmenge in As
Elektronengeschwindigkeit v = 0,1 mm/s
Signalgeschwindigkeit c = 300 000 m/s (Lichtgeschwindigkeit)

Diese beiden Gesetzmäßigkeiten lassen sich kurz in einer Formel zusammenfassen:

$$\text{Stromstärke} = \frac{\text{Elektrizitätsmenge}}{\text{Zeit}}$$

Für die Kurzschreibweise physikalischer Größen (Stromstärke, Zeit usw.) verwendet man Formelzeichen. Die Maßeinheiten werden durch ein Maßkurzzeichen ausgedrückt. Die Formel lautet:

$$I = \frac{Q}{t}$$

I = Stromstärke in A (Ampere)
Q = Elektrizitätsmenge in C (Coulomb)
t = Zeit in s (Sekunden)

Die Elektrizitätsmenge Q wächst im gleichen Verhältnis, wie die Stromstärke I und die Zeit t vergrößert werden. Aus dieser Formel erhält man durch Umformen:

Elektrizitätsmenge = Stromstärke mal Zeit

$$Q = I \cdot t$$

Q = Elektrizitätsmenge in C
I = Stromstärke in A
t = Zeit in s

Als Maßeinheit für die Elektrizitätsmenge darf man statt C (Coulomb) auch A × s (Ampere mal Sekunden) wählen.

- Elektrischer Strom ist die Fortbewegung elektrischer Ladungsträger.

2.2.3 • Spannung

Elektrische Spannung entsteht, wenn man die positiven Ladungsträger und die negativen Ladungsträger (Elektronen), die in den elektrisch neutralen Atomen aller Stoffe vorhanden sind, voneinander trennt. Das geschieht in Spannungserzeugern, z. B. in einer Taschenlampenbatterie. Diese weist am Minuspol Elektronenüberschuss (negative Ladung) und am Pluspol Elektronenmangel (positive Ladung) auf. Die negativen Elektronen eines angeschlossenen Leiters werden daher vom Pluspol angezogen und vom Minuspol abgestoßen. Da im Leiter eine große Zahl von Leitungselektronen zur Verfügung steht, setzt sich diese Wirkung fort und ein Elektronenstrom fließt vom Minuspol zum Pluspol, wie Abb. 2.10 zeigt.

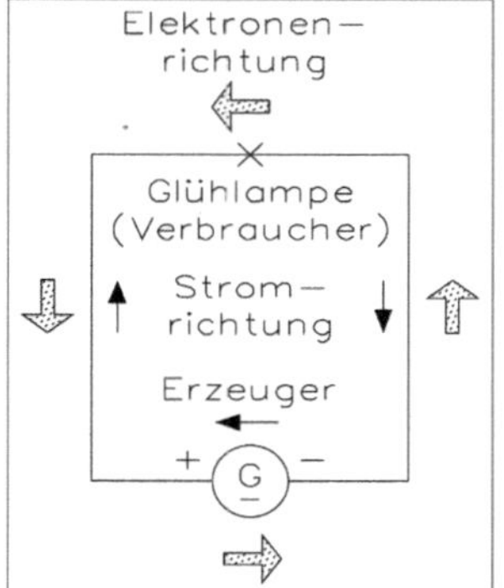

Abb. 2.10 • Technische und Elektronenrichtung der Stromrichtung.

Die elektrische Spannung ist die Ursache des Stroms. Die Stromrichtung hängt von der Polarität der Spannung und von der Art der am Stromfluss beteiligten Ladungsträger ab.

Positive Ionen in einer elektrisch leitenden Flüssigkeit bewegen sich beispielsweise vom Pluspol (Abstoßung) zum Minuspol (Anziehung), also in umgekehrter Richtung wie der Elektronenstrom in einem Leiter. Die positive Richtung des technischen Stroms ist durch Norm von plus nach minus festgelegt.

Entscheidend für das Auftreten einer Spannung sind unterschiedliche elektrische Ladungen an den Polen der Spannungserzeuger. Die Wirkung der Spannung entspricht einer Kraft, die elektrische Ladungsträger (z. B. Leitungselektronen) in Bewegung setzt. Daher nennt man Spannung dort, wo sie erzeugt wird, auch elektromotorische Kraft. Man erkennt, dass ohne Spannung (Ursache) kein Stromfluss (Wirkung) zustande kommen kann. Dagegen kann Spannung vorhanden sein, auch wenn kein Strom fließt, z. B. zwischen den Polen eines Spannungserzeugers.

Die Maßeinheit für die Spannung, d.h. für einen bestimmten Ladungsunterschied, ist das Volt und das Maßkurzzeichen heißt V. Das Formelzeichen (Kurzschreibweise für Spannung) lautet *U*.

Die elektrische Spannung ist die Ursache der Bewegung von Ladungsträgern, wie Abb. 2.11 zeigt.

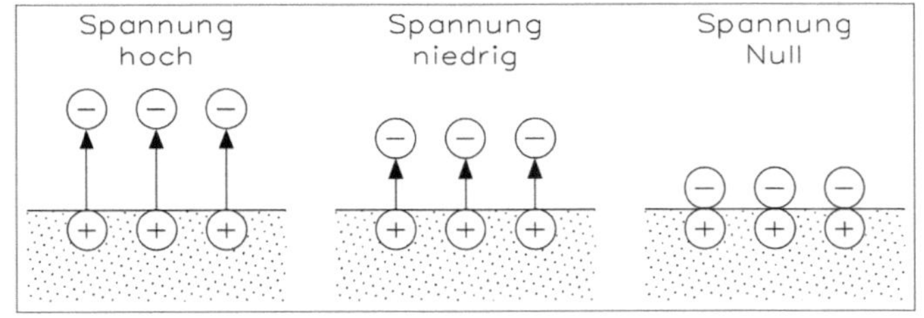

Abb. 2.11 • Elektrische Spannung als Ursache.

Es gilt:

$$U = \frac{W}{Q}$$ *W* = elektrische Arbeit in Ws oder VAs

2.2.4 • Geschwindigkeit von Strom und Spannung

Ein Kupferdraht von 1 m Länge und 1 mm^2 Querschnitt hat ein Volumen von 1 cm^3 und enthält etwa 10^{23} Leitungselektronen. Bei einer Stromstärke von 1,6 A würden je Sekunde etwa 10^{19} Elektronen durchfließen. Das sind etwa 1/10000 der im Leiter vorhandenen Ladungsträger. Wenn nun am Leiterende in einer Sekunde etwa 10^{19} Elektronen herausfließen, müssen die Elektronen im Leiter in der gleichen Zeit um etwa 1/10000 der gesamten Drahtlänge (l = 1 m = 1000 mm), also um etwa 0,1 mm weiterrücken. Das ergibt eine Geschwindigkeit von nur etwa 0,1 mm/s! Ein Elektron braucht bei dieser Geschwindigkeit für die Bewegung durch einen Draht von 1 m Länge etwa 10000 Sekunden und das sind ungefähr drei Stunden!

Aus der Praxis weiß man aber, dass z. B. eine eingeschaltete Tischlampe augenblicklich aufleuchtet, wenn man sie mit der Netzsteckdose verbindet. Die Spannung als Ursache des Stroms muss daher den oft einige Meter langen Weg von der Steckdose über das Anschlusskabel zur Lampe mit sehr großer Geschwindigkeit zurücklegen. Da die Elektronen im Leiter sehr zahlreich sind, „stoßen" sie sich beim Anlegen einer Spannung gegenseitig an. Diese Stoßwirkung (Spannungswirkung) pflanzt sich mit einer Geschwindigkeit fort, die sich der Lichtgeschwindigkeit ($3 \cdot 10^8$ m/s) nähern kann.

2.3 • Widerstand

Die Spannung *U* kann die Elektronen in einem Leiter nur dann in Bewegung setzen, wenn der Stromkreis geschlossen wird. Die Stromstärke hängt dabei von der wirksamen Spannung („Druck") und vom Widerstand ab, den der Leiter dem elektrischen Strom entgegensetzt. Diese „Bremswirkung" ist nun je nach Material, Länge und Querschnitt einer Leitung verschieden groß. Die Maßeinheit für den Widerstand ist das Ohm. Als Maßkurzzeichen wurde der Buchstabe Ω (Omega) aus dem griechischen Alphabet gewählt. Das Formelzeichen lautet *R*. Der Widerstand *R* ist umso größer

1. Je größer die Länge *l* eines Leiters ist,
2. Je kleiner der Querschnitt *A* ist,
3. Je größer der spezifische Widerstand ρ ist, d. h. je schlechter das betreffende Material bei sonst gleichen Bedingungen den Elektronenstrom leitet.

Abb. 2.12 zeigt den Leitungswiderstand.

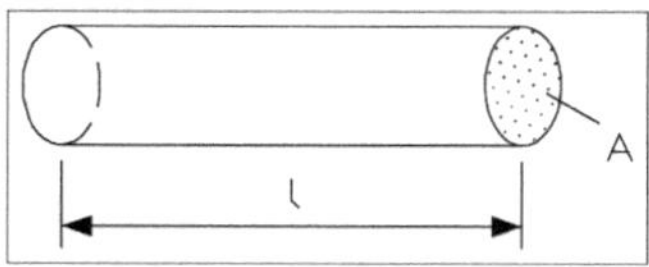

Abb. 2.12 • Leitungswiderstand.

$$R = \frac{l}{\gamma \cdot A}$$

$$R = \frac{\rho \cdot l}{A}$$

l = Leiterlänge
A = Leiterquerschnitt
γ = Leitfähigkeit in $m/(\Omega \cdot mm^2)$
ρ = spezifischer Widerstand in $(\Omega \cdot mm^2)/m$

Tabelle 2.1 • Spezifischer Widerstand und Leitfähigkeit.

Werkstoff	spezifischer Widerstand ρ	Leitfähigkeit
Silber	0,0164	61
Kupfer	0,01724	58
Aluminium	0,0278	36
Eisen	0,13	7,7
Konstantan	0,50	2,0

Mit der Gleichung lässt sich jeweils nach einer Größe auflösen und die Umformungen lauten:

$$\rho = \frac{R \cdot A}{l} \qquad l = \frac{R \cdot A}{\rho} \qquad A = \frac{\rho \cdot l}{R}$$

Der spezifische Widerstand ρ kennzeichnet das Material. Verschiedene Stoffe müssen unter gleichen Bedingungen miteinander verglichen werden: 1 m Länge, 1 mm² Querschnitt und 20 °C Temperatur sind die Bedingungen für den Vergleich des spezifischen Widerstandes von Drähten.

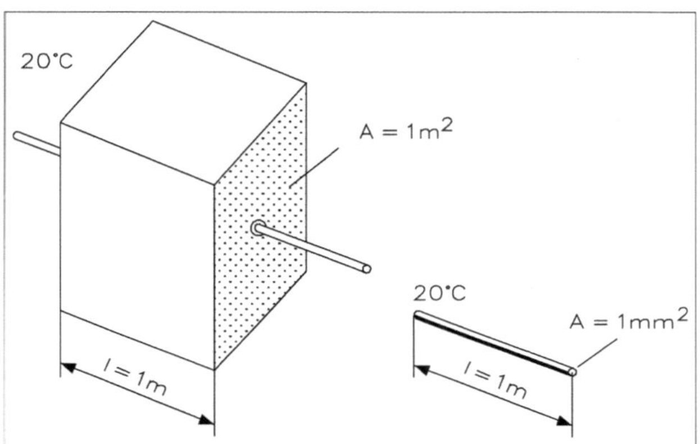

Abb. 2.13 • Spezifischer Widerstand ρ und ρ'.

Bei Halbleitern und Isolierstoffen handelt es sich meist nicht um drahtförmige Gebilde. Man gibt hier den spezifischen Widerstand für einen Würfel, aus dem betreffenden Material mit 1 m Kantenlänge ebenfalls bei 20 °C in Ω · m an, wie Abb. 2.13 zeigt. Die Beziehung zwischen den beiden Maßeinheiten lautet:

ρ = spezifischer Widerstand in $\frac{\Omega \cdot mm^2}{m}$

ρ' = spezifischer Widerstand in $\Omega \cdot m$

Ein $\Omega \cdot m$ ist demnach gleich $10^6 \cdot \frac{\Omega \cdot mm^2}{m}$.

Es ist einleuchtend, dass ein Würfel mit 1 m Länge und 1 m² Querschnitt einen wesentlich kleineren Widerstand hat als ein Draht mit 1 m Länge und 1 mm² Querschnitt aus dem gleichen Material. Bei der Berechnung des Widerstandes R mit dem spezifischen Widerstand ρ' (Maßeinheit: Ω · m) müssen die Länge *l* in m und der Querschnitt *A* in mm² eingesetzt werden.

Beispiel: Welchen Widerstandswert hat ein Kupferdraht von *l* = 80 m Länge und *A* = 1,5 mm² Querschnitt?

$$R = \frac{\rho \cdot l}{A} = \frac{0{,}01724 \, \frac{\Omega \cdot mm^2}{m} \cdot 80 \, m}{1{,}5 \, mm^2} = 0{,}919 \, \Omega$$

2.4 • Leitwert

Wenn man den Querschnitt eines Leiters vergrößert, so verringert sich dessen Widerstandswert, d. h. er leitet den Elektronenstrom besser. Ein kleiner Widerstand *R* entspricht einem hohen Leitwert *G*, der sich als Kehrwert des Widerstandswertes ergibt. Die Maßeinheit für den Leitwert ist das Siemens.

$$G = \frac{1}{R}$$ G = Leitwert in S (Siemens)

$$R = \frac{1}{G}$$ R = Widerstandswert in Ω (Ohm)

In einem Stromkreis mit großem Leitwert oder kleinem Widerstandswert wird der elektrische Strom gut geleitet.

Beispiel: Welcher Leitwert gehört zum Widerstandswert 2 Ω?

$$G = \frac{1}{R} = \frac{1}{2\,\Omega} = 0{,}5\ \text{S}$$

2.5 • Leiter, Halbleiter, Nichtleiter

Die Tatsache, dass der Widerstandswert *R* mit größer werdender Länge und mit kleiner werdendem Querschnitt zunimmt, ist allen Werkstoffen gemeinsam. Man kann sich das etwa folgendermaßen vorstellen: Neben den elektrischen Ladungsträgern ist meist eine große Zahl von Atomen (Atomrümpfe) vorhanden. In Metallen müssen sich die Leitungselektronen förmlich zwischen den Atomrümpfen „hindurchzwängen". Es leuchtet nun ein, dass diese „elektrische Reibung" in einem kurzen Drahtstück mit großem Querschnitt geringer ist als in einem langen Leiter mit kleinem Querschnitt.

Grundstoffe unterscheiden sich durch den Aufbau ihrer Atome. Valenzelektronen stellen die Verbindung zu gleichen oder verschiedenartigen Nachbaratomen her. Je nach Stoff ergibt sich eine unterschiedliche Zahl wirksamer elektrischer Ladungsträger (z. B. Leitungselektronen in Metallen) für ein bestimmtes Volumen. Die Zahl der wirksamen Ladungsträger je Volumeneinheit sowie deren Beweglichkeit zwischen den Atomrümpfen des Atomverbands bestimmen den spezifischen Widerstand (ρ oder ρ') eines Stoffes.

Die meisten Metalle sind gute Stromleiter, weil sie eine große Anzahl von Leitungselektronen je Volumeneinheit besitzen. Der spezifische Widerstand von Metallen ist deshalb klein. Zwischen verschiedenen Metallen bestehen jedoch erhebliche Unterschiede.

Kupfer wird wegen seines geringen spezifischen Widerstandes vorzugsweise als Leiter verwendet; daneben findet man oft Aluminium, Nickel, Platin, Gold, Tantal, Wolfram, Silber, Quecksilber und Zinn. In bestimmten Elektromotoren benötigt man Schleifbürsten aus kohlehaltigen Stoffen und in einfachen Mikrofonen werden Schalldruckänderungen mit Hilfe von Kohlegrieß in Widerstandsänderungen umgeformt. In der Elektrotechnik und in der Elektronik ist der Spannungsfall oft erwünscht und hier benutzt man die Widerstandswerkstoffe zum Verringern der elektrischen Stromstärke. Die entsprechenden Bauelemente fasst man unter dem Sammelbegriff **Widerstände** zusammen. Diese Widerstände werden, je nach Anforderung, aus bestimmten Metallen, aus Kohle oder aus Metalllegierungen hergestellt.

In Nichtleitern sind die Valenzelektronen durch starke Kräfte innerhalb des Atomaufbaus gebunden und es stehen nur sehr wenig Ladungsträger zur Verfügung, was einen hohen spezifischen Widerstand ergibt. Durch hohe Spannungen oder durch starke Erwärmung können diese Bindungen allerdings aufgebrochen werden. Nichtleiter werden meistens als Isolatoren bezeichnet und es handelt sich z. B. um Porzellan, Glas, Gummi, Kunststoffe, Teflon, PVC.

Je nach Zahl der wirksamen elektrischen Ladungsträger unterscheidet man Leiter und Nichtleiter. Es gibt nun Stoffe, deren elektrische Leitfähigkeit weder unter den Leitern noch unter den Nichtleitern eingeordnet werden kann. Sie werden, wie auch die aus ihnen gefertigten Bauelemente, als Halbleiter bezeichnet. Diese Halbleiter (Germanium, Silizium) sind in sehr reinem Zustand gute Isolatoren. Durch bestimmte Maßnahmen, z. B. durch gezielte Verunreinigungen oder Temperaturerhöhung, kann die Leitfähigkeit stark verändert werden. Die Eigenschaften von Halbleiterstoffen finden in Dioden und Transistoren vielfältige Anwendung.

2.6 • Temperatur und Widerstand

Der spezifische Widerstand ist jeweils für eine Temperatur von 20 °C angegeben. Die meisten Stoffe ändern ihren Widerstandswert, wenn man ihre Temperatur ändert. Tabelle 2.2 zeigt die Werte für den spezifischen Widerstand ρ, die Leitfähigkeit γ und den Temperaturbeiwert α.

Tabelle 2.2 • Spezifischer Widerstand, Leitfähigkeit und Temperaturbeiwert.

Werkstoff	spezifischer Widerstand ρ	Leitfähigkeit γ	Temperaturbeiwert α
Silber	0,0164	61	0,0038
Kupfer	0,01724	58	0,00393
Aluminium	0,0278	36	0,00403
Eisen	0,13	7,7	0,0065
Konstantan	0,5	2	±0,00001

Abb. 2.14 zeigt das Verhalten von Widerstand und Temperatur.

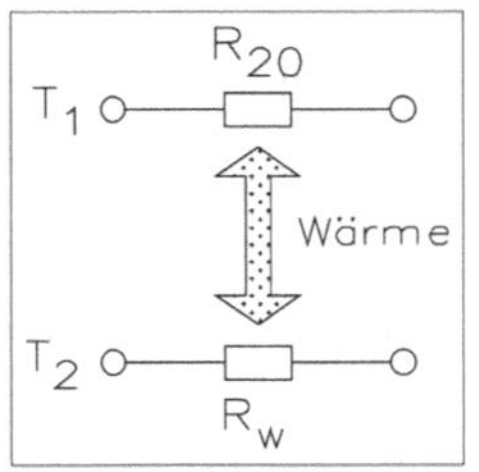

Abb. 2.14 • Widerstand und Temperatur.

$\Delta R = \alpha \cdot R_{20} \cdot \Delta\vartheta$

$R_w = R_{20} + \Delta R$

$R_w = R_{20} \cdot (1 + \alpha \cdot \Delta\vartheta)$

$\Delta\vartheta = T - 20 = \dfrac{R_w - R_{20}}{R_{20} \cdot \alpha}$

ΔR = Widerstandsänderung in Ω
α = Temperaturbeiwert in 1/K
R_{20} = Widerstandswert bei 20 °C
R_w = Warmwiderstand in Ω
T = Temperatur in °C oder K
$\Delta\vartheta$ = Temperaturänderung oberhalb 20 °C (also T - 20)

Beispiel: R_{20} = 100 Ω; $\Delta\vartheta$ = 50 K; α = 0,004 1/K; R_w = ?

$$R_w = 100\ \Omega \cdot (1 + 0{,}004 \frac{1}{K} \cdot 50\ K) = 120\ \Omega$$

Abb. 2.15 zeigt die Kennlinie eines Kaltleiters und eines Heißleiters.

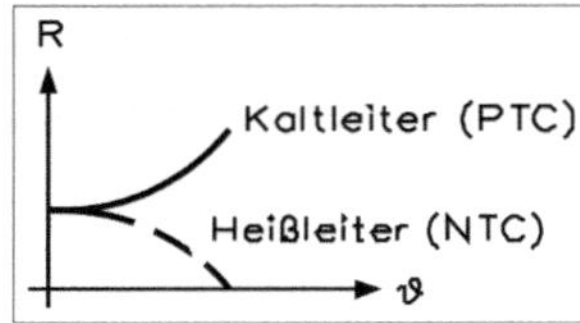

Abb. 2.15 • Kennlinie eines Kaltleiters und eines Heißleiters.

Erwärmt man Metalle, so gerät der Atomverband durch die Energiezufuhr etwas in Unruhe. Dadurch wird die Beweglichkeit der Leitungselektronen eingeschränkt. Der Widerstandswert der meisten Metalle steigt mit wachsender Temperatur. Bis zu einer Temperatur von etwa 200 °C ist die Widerstandsänderung proportional (verhältnisgleich) der Temperaturänderung. Bei den meisten Flüssigkeiten, Gasen und Halbleitern verringert sich der Widerstandswert mit zunehmender Temperatur.

Man kennzeichnet die Widerstandsänderung je Grad Temperaturänderung durch den Temperaturkoeffizienten α. °C ist die Maßeinheit für Temperaturdifferenzen zwischen zwei Temperaturpunkten auf der Celsius- oder auf der Kelvin-Skala. Prozentwerte für den Temperaturkoeffizienten erleichtern in vielen Fällen die Beurteilung der Widerstandsänderung in Abhängigkeit von der Temperaturänderung. Die meisten reinen Metalle haben einen positiven Temperaturkoeffizienten.

Beispiele:	Kupfer:	α_{Cu} = 0,0039 1/K = 0,39 %/K
	Aluminium:	α_{Al} = 0,00403 1/K = 0,403 %/K

Der Widerstandswert von Messwiderständen darf sich bei Temperaturschwankungen nur sehr wenig ändern. Die Änderung hat einen Einfluss auf die elektrischen Eigenschaften von Messgeräten, die durch die Temperatur beeinflusst würde. Sehr kleine Temperaturkoeffizienten für Widerstandswerkstoffe erreicht man durch Legieren bestimmter Metalle, z. B. Kupfer, Nickel und Mangan. Der Temperaturkoeffizient liegt je nach Anteil der Legierungsbestandteile zwischen –0,001 % und –0,005 % je K.

Fast alle Halbleiterstoffe weisen einen negativen Temperaturkoeffizienten auf. Dieser liegt für Germanium und Silizium zwischen –2% und –5 % je K.

Der Widerstandswert aller Stoffe ist mehr oder weniger von der Temperatur abhängig.

Neben der Umgebungsternperatur kann auch die Stromstärke den Widerstandswert eines Stoffes beeinflussen. Durch „elektrische Reibung" zwischen beweglichen Ladungsträgern und Atomrümpfen entsteht im stromdurchflossenen Stoff Wärme und damit eine Temperaturerhöhung, die den Widerstandswert je nach Stoffart erhöht oder verringert.

Während sich der Widerstandswert von reinen Metallen bei abnehmender Temperatur verringert, steigt der Widerstandswert von Halbleitern an. In der Umgebung des absoluten Nullpunktes (–273 °C = 0 K) weisen Metalle überhaupt keinen Widerstand mehr auf (Supraleitfähigkeit) und Halbleiterstoffe erreichen einen unendlich hohen Widerstandswert. In komplizierten Einrichtungen hat man schon Temperaturen erhalten, die sich in der Nähe des absoluten Nullpunktes befinden.

3 • Einfacher Stromkreis

Eine vereinbarte „Zeichensprache" gibt die Bauelemente nicht so wieder, wie sie in Wirklichkeit aussehen, sondern sie verwendet sogenannte Schaltzeichen (Symbole), die Aufschluss über die Wirkungsweise geben. Diese Schaltzeichen sind in den DIN-Normen einheitlich festgelegt. Man erhält eine übersichtliche und zeitsparende Kurzdarstellung, die beim Anfertigen und Prüfen elektronischer Einrichtungen wertvolle Dienste leistet. Jeder, der auf dem Gebiet der Elektronik etwas leisten will, muss die Sprache der Schaltzeichen beherrschen, denn sie ist ein unentbehrliches Verständigungsmittel.

In Schaltplänen werden die Schaltzeichen für die einzelnen Bauelemente meist durch waagrechte und senkrechte Striche miteinander verbunden. Diese Linien kennzeichnen elektrisch leitende Verbindungen (z. B. Kupferdrähte) zwischen den Anschlüssen der Bauelemente. Sie dürfen sich kreuzen, jedoch müssen Verbindungsstellen stets durch einen Punkt gekennzeichnet sein. Vergessene Punkte entstellen den Sinn von Schaltplänen und führen damit zu zeitraubenden Missverständnissen beim Aufbau und beim Prüfen der betreffenden Geräte oder gar zur Zerstörung von Bauelementen.

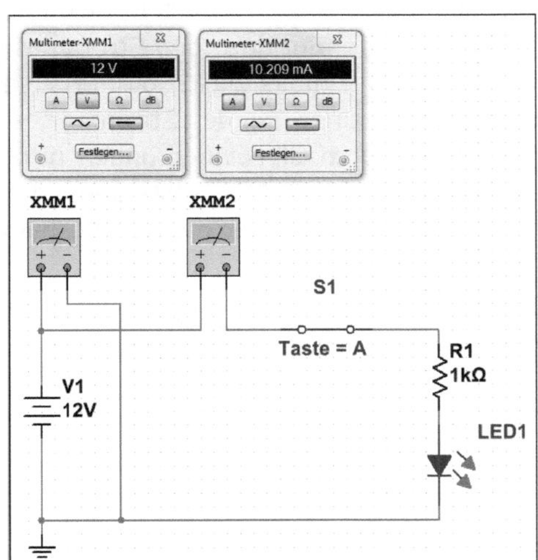

Abb. 3.1 • Simulierte Messschaltung.

Abb. 3.1 zeigt eine simulierte Messschaltung mit einem Spannungserzeuger (Batterie), zwei Messgeräten (Volt- und Amperemeter), einem Ein-Ausschalter, einem Widerstand und einer Leuchtdiode.

Man weiß, dass man den elektrischen Strom nur an seinen Wirkungen erkennen kann. Messgeräte sind uns dabei behilflich. In Messschaltungen wird nun genau festgelegt, an welchen Punkten die Spannung zu messen ist oder in welcher Leitung die Stromstärke gemessen werden soll.

In Abb. 3.1 ist eine simulierte Schaltung gezeigt. Die Bauelemente können über die Bibliothek aufgerufen werden. Es handelt sich um *ideale* Bauteile. Die Bauelemente sind über die Linien zu verbinden und dann ist die Simulation zu starten.

Die Batterie ist ein Spannungserzeuger, der eine Gleichspannung von +12 V erzeugt. Mit einem Klick kann man den Wert des Spannungserzeugers beliebig einstellen. Die beiden Multimeter lassen sich als Voltmeter und Amperemeter betreiben. Danach folgt ein Schalter, der über die PC-Tastatur mit der Taste A ein- oder ausgeschaltet wird. Die LED benötigt für den Betrieb einen Vorwiderstand, der den Stromfluss begrenzt.

Das Voltmeter zeigt eine Spannung von +12 V und das Amperemeter einen Strom von 10,2 mA an.

3.1 • Messung von Strom und Spannung

Dem Elektroniker genügt es in den meisten Fällen nicht, festzustellen, ob überhaupt Spannung vorhanden ist, oder ob Strom fließt. Entscheidend sind vielmehr die Werte dieser Größen, die man durch Messungen ermitteln kann. Hier sollen nur einige Gesichtspunkte besprochen werden, die für einfache Messgeräte dieser Art von grundsätzlicher Bedeutung sind.

Bei der Strommessung von Abb. 3.1 wird festgestellt, wie viele Elektronen je Sekunde durch den Leitungsquerschnitt eines Stromkreises fließen. Man fügt dazu den Strommesser an einer beliebigen Stelle in die Leitung ein. Die Leitung muss zur Strommessung aufgetrennt werden. Das Strommessgerät bildet dann selbst einen Teil des Stromkreises. Verkehrszählungen auf Straßen dürfen den Verkehrsfluss durch Zähleinrichtungen nicht beeinflussen; auf die Strommessung angewandt heißt das: Der Stromkreis sollte durch das eingefügte Messgerät möglichst wenig verändert werden. Strommesser müssen deshalb einen kleinen Eigenwiderstand aufweisen.

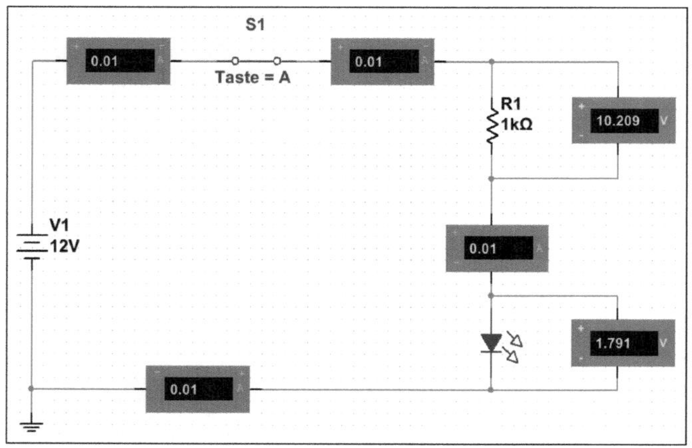

Abb. 3.2 • Simulierte Messschaltung für Strom- und Spannungsmessungen.

Bei der Spannungsmessung ermittelt man den Ladungsunterschied zwischen den beiden Polen eines Spannungserzeugers oder zwischen zwei anderen Punkten eines Stromkreises, wie in Abb. 3.2 gezeigt wird. Man verbindet dazu die beiden Anschlüsse (z. B. Buchsen) des Spannungsmessers mit den Punkten, zwischen denen die Spannung gemessen werden soll. Spannungsmesser sollten die Schaltung elektrisch nicht beeinflussen. Die für den Zeigerausschlag notwendige Stromstärke im Spannungsmesser muss aus diesem Grund möglichst klein gehalten werden. Das erreicht man, wenn der Eigenwiderstand von Spannungsmessgeräten möglichst groß ist.

- Strommesser werden in die aufzutrennende Leitung geschaltet.
- Spannungsmesser werden an zwei Punkten angeschlossen.

Die Schaltung von Abb. 3.2 enthält keine Multimeter, sondern direkte Spannungs- und Strommesser. Die beiden Voltmeter weisen einen Innenwiderstand von 10 MΩ auf und messen den Spannungsfall am Widerstand R_1 mit 10,209 V und an der Leuchtdiode von 1,791 V. Addiert man beide Spannungen, ergeben sich 12 V.

Die vier Amperemeter sind auf einen Innenwiderstandswert von $1 \cdot 10^{-9}$ Ω eingestellt und zeigen einen Strom von 10 mA an.

Bei der Schaltung von Abb. 3.2 wird die Differenz zwischen zwei Potentialwerten gemessen, die man als elektrische Spannung U bezeichnet. Die elektrische Spannung kann positiv oder negativ sein, je nachdem, ob sich für die Differenz der Potentiale ein positiver oder negativer Wert ergibt. Dabei wird die Zählrichtung der Spannung durch einen sogenannten Zählpfeil festgelegt. Die Darstellung von Abb. 3.3 macht das deutlich.

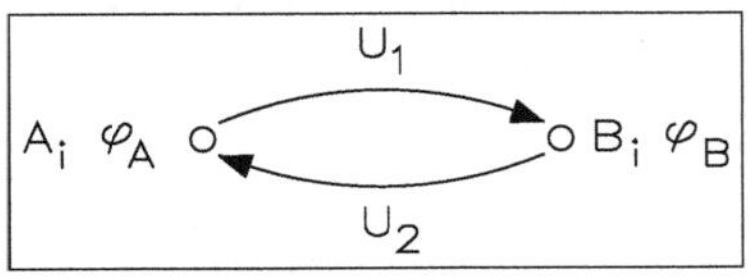

Abb. 3.3 • Zählpfeile zwischen dem positiven oder negativen Spannungswert.

Das Potential der Punkte A und B ist mit φ_A und φ_B bezeichnet. Es gilt:

$$U_1 = \varphi_A - \varphi_B$$
$$U_2 = \varphi_B - \varphi_A$$

Der Zählpfeil zeigt stets vom ersten zum zweiten Potential.

Eine andere Methode der Zählrichtungsangabe ist die Verwendung von zwei Indizes:

$$U_1 = U_{AB}$$
$$U_2 = U_{BA}$$

In diesem Fall ist ein Zählpfeil überflüssig.

- Zeigt der Zählpfeil von + nach –, ist die Spannung positiv.
- Zeigt der Zählpfeil von – nach +, ist die Spannung negativ.

Grundsätzlich gilt:
Ein Zählpfeil gewinnt erst gemeinsam mit einer Vorzeichenangabe eine Aussagekraft. Abb. 3.4 zeigt die Zählrichtung für Spannungen und Abb. 3.5 für Ströme.

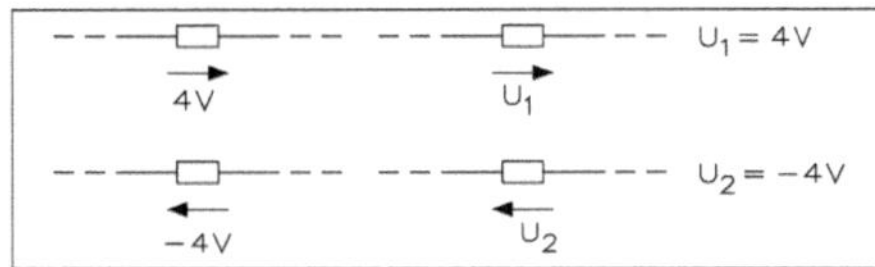

Abb.3.4 • Zählrichtung für Spannungen.

Alle vier Aussagen sind identisch: Links der Pluspol und rechts der Minuspol.

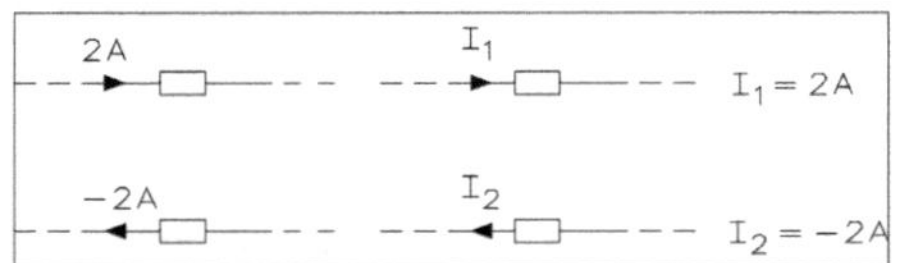

Abb. 3.5 • Zählrichtung für Ströme.

Alle vier Aussagen sind identisch: Der Strom durchfließt den Widerstand von links nach rechts (technische Stromrichtung).

3.2 • Technische Größen und Maßeinheiten

Man hat bereits einige elektrische Größen kennengelernt (Elektrizitätsmenge, Stromstärke, Spannung) und diese durch Formelzeichen ausgedrückt. Die entsprechenden Maßeinheiten wurden vereinfacht mit Maßkurzzeichen dargestellt, wie Tabelle 3.1 zeigt

Tabelle 3.1 • Elektrische Größen und Maßeinheiten

Elektrische Größen	Formelzeichen	Maßeinheiten	Maßkurzzeichen
Elektrizitätsmenge	Q	Coulomb	C
Stromstärke	I	Ampere	A
Spannung	U	Volt	V
Widerstand	R	Ohm	Ω
Leitwert	G	Siemens	S

Allgemein sind technische Größen messbare Eigenschaften, Vorgänge oder Zustände. Beispiele: Geschwindigkeit eines Flugzeugs, Leistung eines Motors, Länge einer Leitung, Spannung eines Spannungserzeugers, Widerstandswert eines Widerstandes usw.

In der Praxis interessiert der Wert dieser Größen. Er wird durch eine Zahl mit der zugehörigen Maßeinheit angegeben. Zwei Beispiele verdeutlichen dies:

$l = 10$ m — l = Technische Größe (Formelzeichen für Länge)
10 = Zahlenwert
m = Maßeinheit (Maßkurzzeichen für Meter)

$U = 12$ V — U = Technische Größe (Formelzeichen für Spannung)
12 = Zahlenwert
V = Maßeinheit (Maßkurzzeichen für Volt)

Technische Größen, Maßeinheiten, Formelzeichen und Maßkurzzeichen müssen genau wie die Schaltzeichen in der „Sprache der Technik" einheitlich angewandt werden. Sie sind deshalb in den DIN-Normen festgelegt, zum Teil auf der Grundlage internationaler Vereinbarungen. Die weltweite Zusammenarbeit auf allen Gebieten der Technik wird dadurch erleichtert.

Sowohl für die Formelzeichen als auch für die Maßkurzzeichen hat man Buchstaben aus dem lateinischen und griechischen Alphabet gewählt. Manchmal sind die gleichen Buchstaben bei einer Größe als Formelzeichen, bei einer anderen Größe als Maßeinheit festgelegt. Tabelle 3.2 zeigt das griechische Alphabet.

Tabelle 3.2 • Griechisches Alphabet

Α	α	Alpha	Ι	ι	Iota	Ρ	ρ	Rho
Β	β	Beta	Κ	κ	Kappa	Σ	σ	Sigma
Γ	γ	Gamma	Λ	λ	Lambda	Τ	τ	Tau
Δ	δ	Delta	Μ	μ	My	Υ	υ	Ypsilon
Ε	ε	Epsilon	Ν	ν	Ny	Φ	φ	Phi
Ζ	ζ	Zeta	Ξ	ξ	Xi	Χ	χ	Chi
Η	η	Eta	Ο	ο	Omikron	Ψ	ψ	Psi
Θ	ϑ	Theta	Π	π	Pi	Ω	ω	Omega

Verwechslungen lassen sich nur vermeiden, wenn man Formelzeichen und Maßeinheiten stets streng auseinanderhält. Folgende Grundsätze sollen dabei helfen:

1. Die Maßeinheiten für alle Größen einer Formel werden – von dieser deutlich getrennt – einmal angeschrieben.
2. Maßeinheiten ohne Vorsätze vereinfachen die Rechnung. Beispiele: 10^{-3} A statt 1 mA, 1000 Ω statt 1 kΩ usw.
3. Die Zahlenrechnung erfolgt getrennt von der Formel (Gleichheitszeichen zwischen Formel und Rechnung fortlassen, neue Zeile).
4. Erst im Endergebnis wird die entsprechende Maßeinheit wiederholt.

Je nach Art der Aufgabe enthalten die Endergebnisse große oder kleine Zahlenwerte in Form von Zehnerpotenzen, z. B. $R = 5 \times 10^3\ \Omega$ oder $I = 2 \times 10^{-6}$ A. Häufig geben diese Zahlen kein anschauliches Bild. Für Rechenergebnisse, Messwerte, Gerätedaten in Prospekten usw. verwendet man daher oft die Maßeinheiten zusammen mit Maßvorsätzen. Diese genormten Maßvorsätze kennzeichnen dezimale Vielfache oder dezimale Teile der Grundmaßeinheiten.

3.3 • Ohmsches Gesetz

Aus den Messergebnissen ersieht man:

1. Die Stromstärke *I* steigt bei konstantem Widerstand *R* im gleichen Verhältnis wie die Spannung *U*: Der Strom *I* ist der Spannung *U* proportional (verhältnisgleich), solange der Widerstand *R* konstant ist. Die grafische Darstellung der Messreihe 1 in einem Liniendiagramm bestätigt diese Erkenntnis, wie Abb. 3.6 zeigt. Strom- und Spannungswerte sind als Strecken eingezeichnet. Verbindet man die Schnittpunkte zusammengehörender Strom- und Spannungswerte, so erhält man eine Gerade.

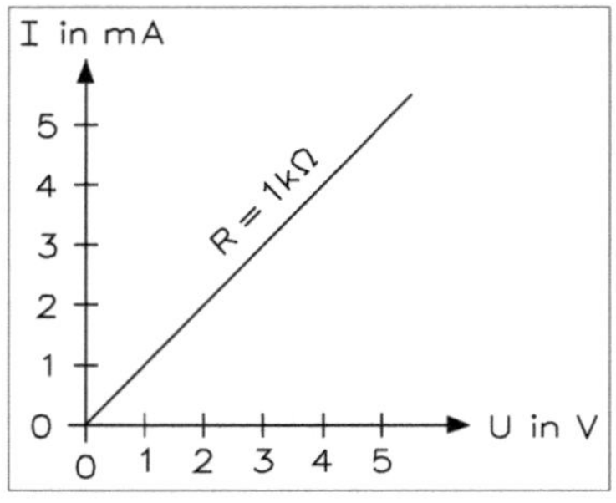

Abb. 3.6 • Stromstärke in Abhängigkeit von Spannung bei konstantem Widerstand.

2. Die Stromstärke *I* verringert sich bei konstanter Spannung *U* im gleichen Verhältnis wie der Widerstand *R* vergrößert wird: Die Stromstärke *I* ist dann dem Widerstand *R* umgekehrt proportional, solange die Spannung *U* konstant ist. Als Verbindungslinie der Schnittpunkte zusammengehörender Strom- und Widerstandswerte ergibt eine Hyperbel, wie Abb. 3.7 zeigt.

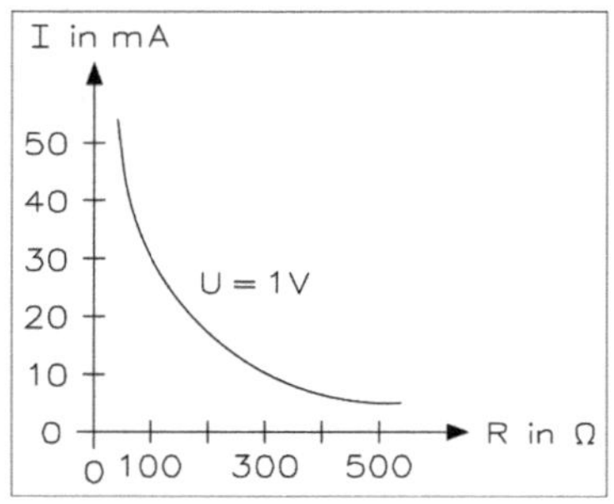

Abb. 3.7 • Stromstärke in Abhängigkeit von Widerstand bei konstanter Spannung.

Man erkennt jetzt drei wichtige elektrische Größen: Stromstärke, Spannung und Widerstand. Im elektrischen Stromkreis wirken diese Größen zusammen:

- Erhöht man die Spannung *U*, so steigt die Stromstärke *I*.

- Erhöht man dagegen den Widerstand *R*, so verringert sich die Stromstärke *I*. Die Gesetzmäßigkeiten dieser Zusammenhänge lassen sich durch zwei Messreihen aufzeigen. Die Messschaltung ist in einem Schaltplan festgelegt.

Diese Gesetzmäßigkeiten wurden von dem Physiker *Georg Simon Ohm* entdeckt und im Jahre 1826 veröffentlicht. Das Ohmsche Gesetz lautet:

$$I = \frac{U}{R} \qquad U = I \cdot R \qquad R = \frac{U}{I}$$

Das Ohmsche Gesetz enthält die Größen Stromstärke, Spannung und Widerstand. Eine Größe lässt sich berechnen, wenn die beiden anderen bekannt sind.

Das Ohmsche Gesetz gehört zu den wichtigen Grundlagen eines Elektronikers. Der Schwerpunkt muss dabei auf praktischen Anwendungen dieser Gesetzmäßigkeiten liegen. In jedem Fall sollen die elektrischen Vorgänge gründlich überlegt werden. Auf diese Weise gewinnt man nach und nach einen Erfahrungsschatz, der ein sicheres Beherrschen dieser Zusammenhänge ermöglicht.

3.4 • Reihenschaltung von Widerständen

Bei der Reihenschaltung von identischen Widerständen sind mehrere gleiche Widerstände hintereinander geschaltet, wie Abb. 3.8 zeigt.

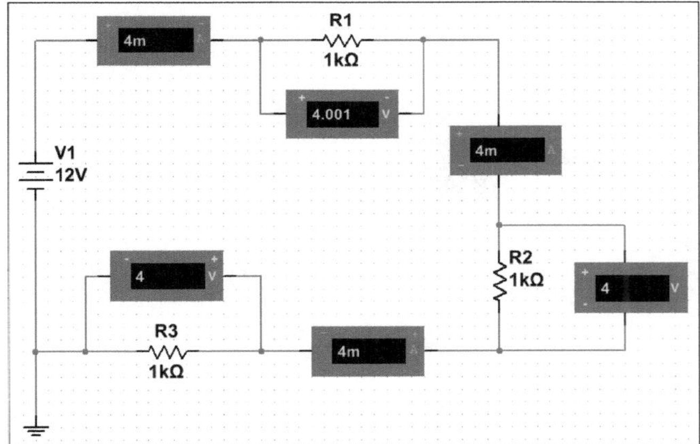

Abb. 3.8 • Reihenschaltung von gleichen Widerständen.

Messungen an verschiedenen Stellen in einer Reihenschaltung bestätigen, dass die Stromstärke überall gleich ist.

Allgemein gilt für die Reihenschaltung:

$$I = I_1 = I_2 = I_3 = \ldots \qquad \text{Alle Ströme in A}$$

Bei Spannungsmessungen muss man den Stromkreis im Gegensatz zu den Strommessungen nicht auftrennen. Aus diesem Grund bevorzugt man bei der Fehlersuche oder zu Prüfarbeiten (z. B. in elektronischen Geräten und Anlagen) nach Möglichkeit die Spannungsmessung. In dem Beispiel misst man an jedem Widerstand eine bestimmte Teilspannung (U_1, U_2 und U_3). Die Summe dieser Teilspannungen ist genauso groß wie die Gesamtspannung U am Eingang der Schaltung. Allgemein gilt:

$U = U_1 + U_2 + U_3 + \ldots$ Alle Spannungen in V

Der Gesamtwiderstand *R* dieser Schaltung ergibt sich, ebenfalls nach dem Ohmschen Gesetz, aus der Gesamtspannung *U* und der Stromstärke *I*.

$$R = R_1 + R_2 + R_3 = 1\ \text{k}\Omega + 1\ \text{k}\Omega + 1\ \text{k}\Omega = 3\ \text{k}\Omega$$

$$I = \frac{U}{R_{ges}} = \frac{12\ \text{V}}{3\ \text{k}\Omega} = 4\ \text{mA}$$

$$U_{1,2,3} = I \cdot R = 4\ \text{mA} \cdot 1\ \text{k}\Omega = 4\ \text{V}$$

$$U = U_1 + U_2 + U_3 = 4\ \text{V} + 4\ \text{V} + 4\ \text{V} = 12\ \text{V}$$

Bei der Reihenschaltung von unterschiedlichen Widerständen sind mehrere ungleiche Widerstände hintereinander geschaltet, wie Abb. 3.9 zeigt.

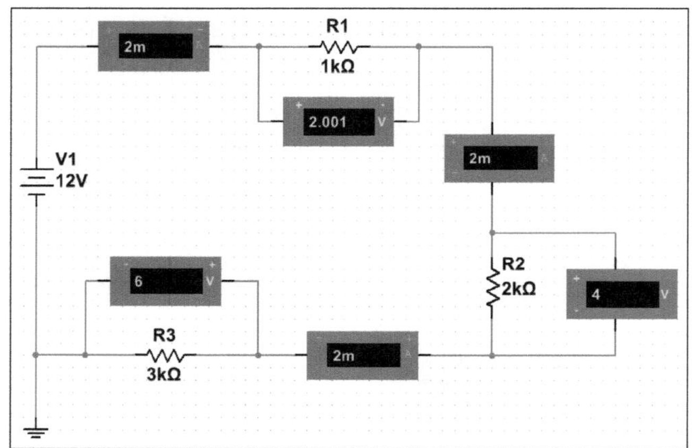

Abb. 3.9 • Reihenschaltung von unterschiedlichen Widerständen.

Die Messungen an verschiedenen Stellen der Reihenschaltung bestätigen, die Stromstärke ist überall gleich.
Der Gesamtwiderstand R dieser Schaltung ergibt sich, ebenfalls nach dem Ohmschen Gesetz, aus der Gesamtspannung U und der Stromstärke I.

$$R = R_1 + R_2 + R_3 = 1\ \text{k}\Omega + 2\ \text{k}\Omega + 3\ \text{k}\Omega = 6\ \text{k}\Omega$$

$$I = \frac{U}{R} = \frac{12\ \text{V}}{6\ \text{k}\Omega} = 2\ \text{mA}$$

$$U_1 = I \cdot R_1 = 2\ \text{mA} \cdot 1\ \text{k}\Omega = 2\ \text{V}$$
$$U_2 = I \cdot R_2 = 2\ \text{mA} \cdot 2\ \text{k}\Omega = 4\ \text{V}$$
$$U_3 = I \cdot R_3 = 2\ \text{mA} \cdot 3\ \text{k}\Omega = 6\ \text{V}$$

$$U = U_1 + U_2 + U_3 = 2\ \text{V} + 4\ \text{V} + 6\ \text{V} = 12\ \text{V}$$

Eine einfache Überlegung führt zum gleichen Ergebnis. Schaltet man zwei Drähte in Reihe, so verbindet man dazu das Ende eines Drahtstückes mit dem Anfang des nächsten. Bei gleichem Material und gleichem Querschnitt bestimmt nur die Länge den Widerstand. Die Gesamtlänge errechnet sich aus der Summe der beiden Einzellängen. Die Einzelwiderstände addieren sich zum Gesamtwiderstand. Der Gesamtwiderstand bestimmt zusammen mit der Gesamtspannung die Stromstärke $I = U/R$ in einer Reihenschaltung.

An jedem Widerstand einer Reihenschaltung liegt ein bestimmter Teil der Gesamtspannung. Dieser Spannungsanteil ist umso größer, je größer der entsprechende Einzelwiderstand ist. In einer Reihenschaltung verhalten sich die Teilspannungen wie die entsprechenden Widerstände, d. h. am größten Widerstand liegt die höchste Teilspannung.

Die Spannungsteilung ist in manchen Fällen unerwünscht. Die zur Übertragung elektrischer Energie benötigten Leitungen (Freileitungen, Kabel) weisen einen kleinen, jedoch merkbaren Widerstand auf. Je nach Stromstärke entsteht ein Spannungsfall, der die Spannung am Ende der Leitung (z. B. Steckdose) vermindert.

- In der Reihenschaltung ist die Stromstärke an allen Stellen gleich.
- Bei der Reihenschaltung ist die Summe der Teilspannungen gleich der Gesamtspannung.
- Bei der Reihenschaltung ist die Summe der Einzelwiderstände gleich dem Gesamtwiderstand.

3.5 • Parallelschaltung von Widerständen (Stromteilung)

Bei der Parallelschaltung von Widerständen kommt es zur Stromteilung, wie Abb. 3.10 zeigt.

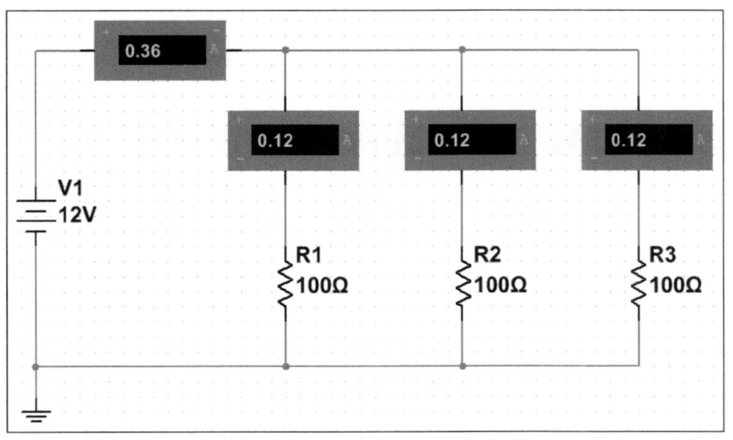

Abb. 3.10 • Parallelschaltung von Widerständen.

In Abb. 3.10 sind drei gleichen Widerständen parallel geschaltet.

$$I = I_1 + I_2 + I_3 = 120 \text{ mA} + 120 \text{ mA} + 120 \text{ mA} = 360 \text{ mA}$$

$$R = \frac{U}{I} = \frac{12\ \text{V}}{360\ \text{mA}} = 33,33\ \Omega$$

Jeder einzelne Widerstand hat in Abb. 3.10 100 Ω und der Gesamtwiderstand beträgt 33,33 Ω. Man kann über zwei Rechenwege die Werte errechnen, nämlich über die Leitwerte in S (Siemens) oder über den Widerstand in Ω.

$$G = \frac{1}{R} = \frac{1}{100\ \Omega} = 0,01\ \text{S}$$

$$G = G_1 + G_2 + G_3 = 0,01\ \text{S} + 0,01\ \text{S} + 0,01\ \text{S} = 0,03\ \text{S}$$

Damit ergibt sich ein Gesamtwiderstand von

$$R = \frac{1}{G} = \frac{1}{0,03\ \text{S}} = 33,33\ \Omega$$

An jedem Einzelwiderstand einer Parallelschaltung ist die gleiche Spannung wirksam. Wenn verschiedene Widerstände parallel geschaltet sind, ergeben sich auch verschiedene Einzelströme. Nach dem Ohmschen Gesetz ist die Stromstärke im kleinsten Widerstand am größten. Im größten Widerstand fließt dagegen der kleinste Strom. Die Ströme sind den Widerständen umgekehrt proportional.

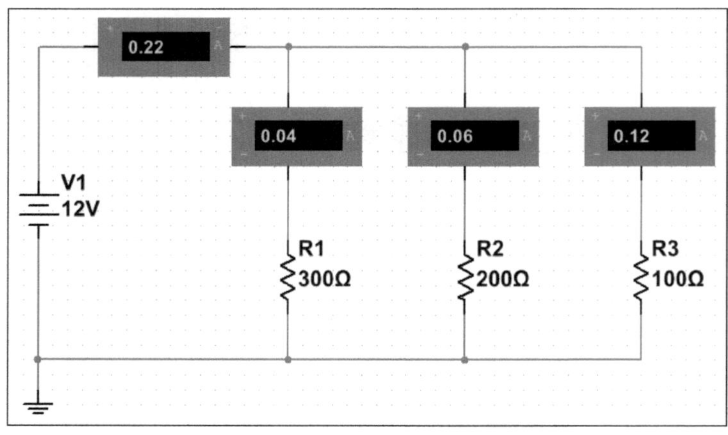

Abb. 3.11 • Parallelschaltung von drei unterschiedlichen Widerständen.

In Abb. 3.11 sind drei unterschiedliche Widerstände parallel geschaltet. Zuerst rechnet man die einzelnen Ströme aus und dann den Gesamtstrom.

$$I_1 = \frac{U}{R_1} = \frac{12\ \text{V}}{300\ \Omega} = 40\ \text{mA} \quad I_2 = \frac{U}{R_2} = \frac{12\ \text{V}}{200\ \Omega} = 60\ \text{mA} \quad I_3 = \frac{U}{R_3} = \frac{12\ \text{V}}{100\ \Omega} = 120\ \text{mA}$$

$$I = I_1 + I_2 + I_3 = 40\ \text{mA} + 60\ \text{mA} + 120\ \text{mA} = 220\ \text{mA}$$

$$R = \frac{U}{I} = \frac{12\ \text{V}}{220\ \text{mA}} = 54,5\ \Omega$$

Über die Leitwerte ergibt sich:

$$G_1 = \frac{1}{R_1} = \frac{1}{300\ \Omega} = 3{,}33\ \text{mS} \qquad G_2 = \frac{1}{R_2} = \frac{1}{200\ \Omega} = 5\ \text{mS} \qquad G_3 = \frac{1}{R_3} = \frac{1}{100\ \Omega} = 10\ \text{mS}$$

$$G = G_1 + G_2 + G_3 = 3{,}33\ \text{mS} + 5\ \text{mS} + 10\ \text{mS} = 18{,}33\ \text{mS}$$

$$R = \frac{1}{G} = \frac{1}{18{,}33\ \text{mS}} = 54{,}5\ \Omega$$

3.6 • Spannungsteiler

In der Elektrotechnik und in der Elektronik muss man häufig eine bestimmte Spannung in kleinere Spannungen aufteilen. Ein Spannungsteiler löst diese Aufgabe mit geringem Aufwand. Er besteht im einfachsten Fall aus einer Reihenschaltung von zwei Widerständen. Jeweils auf der Eingangsseite und auf der Ausgangsseite sind zwei Anschlüsse vorhanden, wie Abb. 3.12 zeigt. An der Reihenschaltung der beiden Widerstände liegt die Eingangsspannung U. Durch die Einzelwiderstände R_1 und R_2 fließt der gleiche Strom I. In der Praxis unterscheidet man zwischen unbelastetem und belastetem Spannungsteiler.

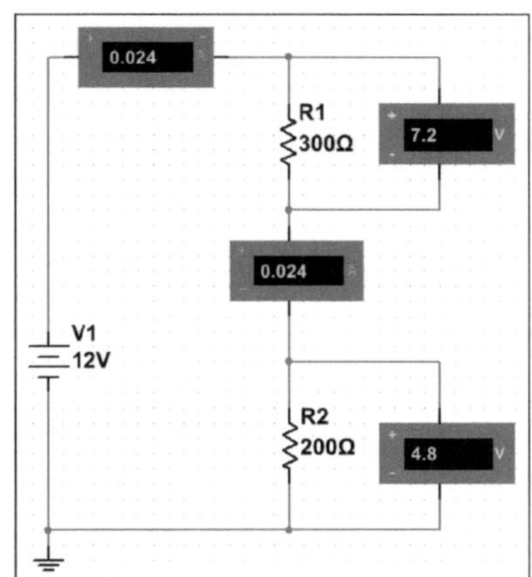

Abb. 3.12 • Unbelasteter Spannungsteiler.

Die einzelnen Werte berechnen sich aus

$$R = R_1 + R_2 = 300\ \Omega + 200\ \Omega = 500\ \Omega$$

Der Strom durch den unbelasteten Spannungsteiler ist

$$I_1 = \frac{U}{R_1} = \frac{12\ \text{V}}{500\ \Omega} = 24\ \text{mA}$$

Die Teilspannungen betragen:

$$U_1 = I \cdot R_1 = 24\ \text{mA} \cdot 300\ \Omega = 7{,}2\ \text{V} \qquad U_2 = I \cdot R_2 = 24\ \text{mA} \cdot 200\ \Omega = 4{,}8\ \text{V}$$

Das Verhältnis Ausgangsspannung zu Eingangsspannung lässt sich aus dem Strom und den Teilwiderständen berechnen:

$$\frac{U_2}{U} = \frac{I \cdot R_2}{I \cdot (R_1 + R_2)} \quad \rightarrow \quad \frac{U_2}{U} = \frac{R_2}{R_1 + R_2}$$

Die Teilspannung U_2 liegt am Widerstand R_2. Die Gesamtspannung U ist am Gesamtwiderstand $R = R_1 + R_2$ wirksam:

$$\frac{U_2}{U} = \frac{R_2}{R_1 + R_2} \quad \rightarrow \quad U_2 = U\left(\frac{R_2}{R_1 + R_2}\right)$$

- Beim unbelasteten Spannungsteiler verhalten sich die Spannungen wie die entsprechenden Widerstände.

Beim belasteten Spannungsteiler befindet sich parallel zum Widerstand R_2 der Lastwiderstand R_3. Abb. 3.13 zeigt die Schaltung.

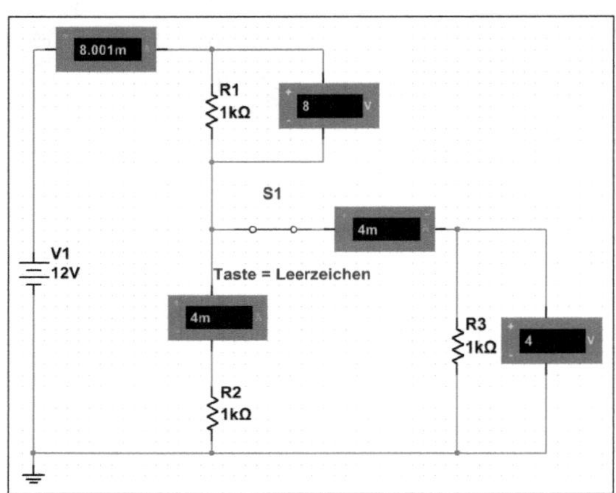

Abb. 3.13 • Belasteter Spannungsteiler.

Die Belastung durch den Widerstand R_3 kann mit dem Schalter zu- oder abgeschaltet werden. Ist der Schalter offen, hat man einen unbelasteten Spannungsteiler. Das Amperemeter zeigt I_{R1} = 6 mA. Der Schalter wird mit der PC-Leertaste geschlossen und damit ist der Widerstand R_3 parallel zum Widerstand R_2 geschaltet.

$$R_{2\|3} = \frac{R_3}{R_2 + R_3} = \frac{1\ \text{k}\Omega}{1\ \text{k}\Omega + 1\ \text{k}\Omega} = 500\ \Omega$$

Die Ausgangsspannung des belasteten Spannungsteilers ist

$$U_a = U_e \cdot \frac{R_{2\|3}}{R_1 + R_{2\|3}} = 12\ \text{V} \cdot \frac{500\ \Omega}{1\ \text{k}\Omega + 500\ \Omega} = 12\ \text{V} \cdot \frac{500\ \Omega}{1{,}5\ \text{k}\Omega} = 4\ \text{V}$$

Solange der Belastungsstrom I_{R3} klein gegenüber dem Querstrom I_{R2} ist, verursacht die Belastung nur einen geringfügigen Rückgang der Ausgangsspannung, wie Abb. 3.14 zeigt.

Bei verhältnismäßig kleinem Belastungswiderstand R_3 wird der Belastungsstrom I_3 groß gegenüber dem Querstrom I_{R2}. Der Widerstand R_1 wirkt fast ausschließlich als Vorwiderstand. Mit steigendem Belastungsstrom erhöht sich der Spannungsfall am Widerstand R_1, die Ausgangsspannung geht bei Verringerung des Belastungswiderstands stark zurück.

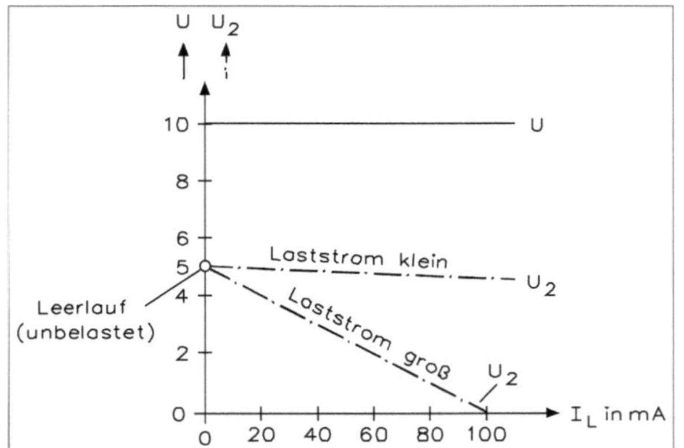

Abb. 3.14 • Kennlinien eines belasteten Spannungsteilers.

3.7 • Messbereichserweiterung

Eine Messbereichserweiterung bei den Zeigermessgeräten war für eine Spannungs- und Strommessung immer ein theoretischer und praktischer Aufwand. Abb. 3.15 zeigt eine Erweiterung für ein Messgerät, z. B. für das Drehspulmessgerät.

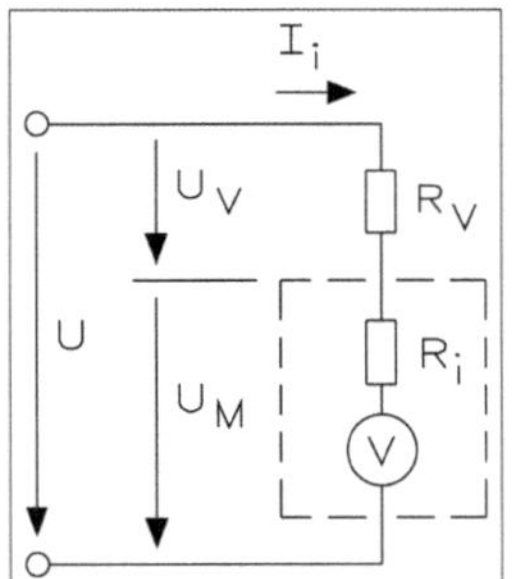

Abb. 3.15 • Messbereichserweiterung für eine Spannungsmessung.

Das Drehspulmessgerät hat einen Vollausschlag von U_M = 80 mV und einen Messwerkstrom bei Vollausschlag von I_M = 2 mA. Welchen Wert hat der Vorwiderstand R_V bei einer Messspannung von U_e = 3 V (Endausschlag)?

$$R_i = \frac{U_M}{I_M} = \frac{80\text{ mV}}{2\text{ mA}} = 40\ \Omega$$

Das Drehspulmessgerät hat einen Innenwiderstand von R_i = 40 Ω.

$$R_g = \frac{U}{I_M} = \frac{3000\text{ mV}}{2\text{ mA}} = 1500\ \Omega$$

Mit dem Vorwiderstand ergibt sich ein Gesamtwert von R_g = 1,5 kΩ. Der Vorwiderstand hat einen Wert von $R_V = R_g - R_i$ = 1500 Ω – 40 Ω = 1,46 kΩ.

Bei der Messbereichserweiterung für einen Strommesser setzt man die Schaltung von Abb. 3.16 ein.

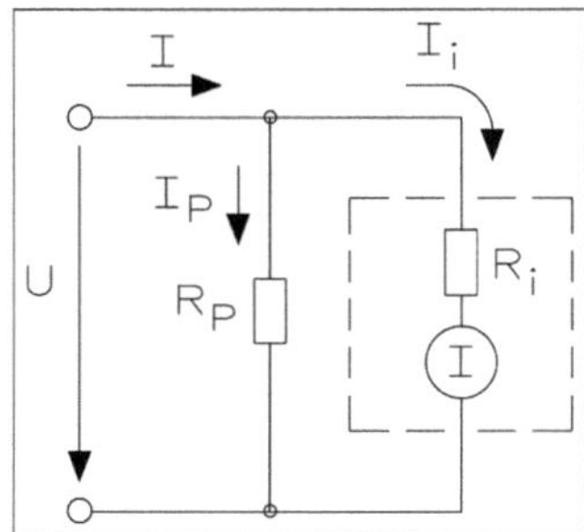

Abb. 3.16 • Messbereichserweiterung für einen Strommesser.

Das Drehspulmessgerät hat einen Vollausschlag von U_M = 60 mV und einen Messwerkstrom bei Vollausschlag von I_M = 1 mA. Welchen Wert hat der Nebenwiderstand R_P bei Messstrom von I = 0,5 A (Endausschlag)?

$$R_P = \frac{U}{I - I_M} = \frac{60\text{ mV}}{500\text{ mA} - 1\text{ mA}} = \frac{60\text{ mV}}{499\text{ mA}} = 0{,}12024\ \Omega$$

3.8 • Elektrische Leistung

Mit einem Volt- und Amperemeter kann man die elektrische Leistung eines Gerätes bestimmen. Abb. 3.17 zeigt ein Wattmeter, bestehend aus einer Spannungs- und Stromspule. Abb. 3.18 zeigt den Anschluss eines Wattmeters.

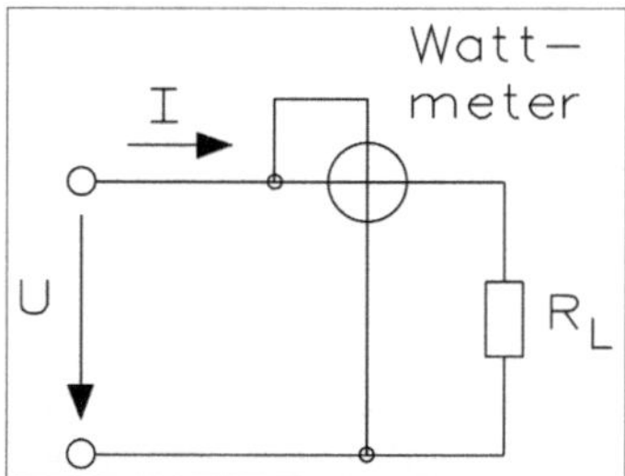

Abb. 3.17 • Bestimmung der elektrischen Leistung.

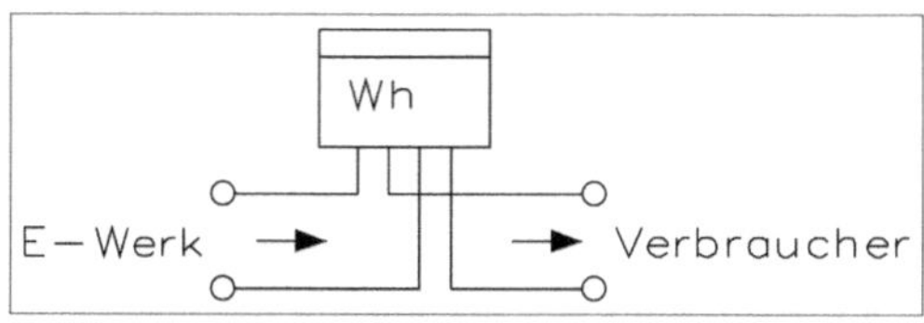

Abb. 3.18 • Anschluss eines Wattmeters.

Für die Berechnung der elektrischen Leistung kann man die Grundformeln verwenden:

$$P = U \cdot I \qquad P = I^2 \cdot R \qquad P = \frac{U^2}{R}$$

Beispiel: Welche Leistungsaufnahme hat ein elektrisches Gerät an einer Spannung von U = 230 V und I = 0,5 A?

$P = U \cdot I = 230\ \text{V} \cdot 0{,}5\ \text{A} = 115\ \text{W}$

Beispiel: Wie hoch ist der Strom in einem 30-W-Lötkolben an 230 V?

$$I = \frac{P}{U} = \frac{30\ \text{W}}{230\ \text{V}} = 0{,}13\ \text{A} = 130\ \text{mA}$$

Beispiel: Welche Spannung kann an eine Signallampe angelegt werden, die 1,8 W aufnimmt und für einen Strom von 0,3 A berechnet werden soll?

$$U = \frac{P}{I} = \frac{1{,}8\ \text{W}}{0{,}3\ \text{A}} = 6\ \text{V}$$

Abb. 3.19 zeigt die direkte und indirekte Messung der Leistung mit einem Wattmeter an. Die direkte Messung erfolgt über das simulierte Wattmeter. Links in dem Wattmeter ist der Spannungsanschluss und rechts der Stromanschluss. Da mit Gleichstrom gearbeitet wird, zeigt die Messung einen Leistungsfaktor von cos φ = 1 an. Wenn man mit Wechselstrom arbeitet, misst das Wattmeter den Leistungsfaktor.

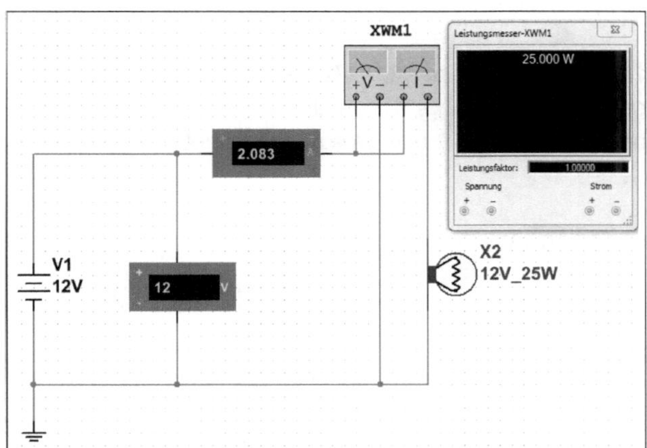

Abb. 3.19 • Direkte und indirekte Messung der Leistung.

Die indirekte Messmethode erfolgt über Messung mit dem Volt- und Amperemeter:

$P = U \cdot I = 12\ \text{V} \cdot 2{,}083\ \text{A} = 25\ \text{W}$

3.9 • Elektrische Arbeit

Die elektrische Arbeit W ist das Produkt aus der elektrischen Leistung $U \cdot I$ und der aufgewendeten Zeit t.

$W = P \cdot t$

W = elektrische Arbeit in Ws, Wmin bzw. Wh
P = Leistung in W
t = Zeit in s, min bzw. h

Maßumrechnungen:

1 kWh	=	1000 Wattstunden	=	10^3 Wh
1 Wh	=	60 Wattminuten	=	60 Wmin
1 Wmin	=	60 Wattsekunden	=	60 Ws

Tabelle 3.3 • Umrechnungstabelle.

	Ws	Wmin	Wh	kWh
Ws	1	1/60	$2{,}78 \cdot 10^{-4}$	$2{,}78 \cdot 10^{-7}$
Wmin	60	1	1/60	$1{,}6 \cdot 10^{-5}$
Wh	$3{,}6 \cdot 10^3$	60	1	0,001
kWh	$3{,}6 \cdot 10^6$	$6 \cdot 10^4$	10^3	1

Beispiel: Wieviel kWh sind 750 Wmin?

$$750\ \text{Wmin} = \frac{750}{60}\ \text{Wh} = 12{,}5\ \text{Wh} = 0{,}0125\ \text{kWh}$$

Aus der elektrischen Arbeit und dem geltenden Tarif des EVU (Energie-Versorgungs-Unternehmen) lassen sich die Energiekosten berechnen. Es sollen die Kosten für die entnommene Arbeit und die Kosten bei einem Tarif von 35 Cent/kWh berechnet werden, wenn U = 230 V, I = 5 A und t = 24 h sind.

$$W = U \cdot I \cdot t = 230\ \text{V} \cdot 5\ \text{A} \cdot 24\ \text{h} = 27600\ \text{Wh} = 27{,}6\ \text{kWh}$$

Kosten: 27,6 kWh · 35 Cent/kWh = 9,66 €

In Verbindung mit einer Stoppuhr dient der Elektrizitätszähler auch als Leistungsmesser:

$$P = \frac{W}{t}$$

Durch das Einschalten eines Wärmegerätes veränderte sich in 18 Minuten der Zählerstand von 1432,3 kWh auf 1432,6 kWh. Berechne die Leistung des Wärmegerätes.

$$P = 1432{,}6\ \text{kWh} - 1432{,}3\ \text{kWh} = 0{,}3\ \text{kWh} = 300\ \text{Wh} = 18000\ \text{Wmin}$$

$$P = \frac{W}{t} = \frac{18000\ \text{Wmin}}{18\ \text{min}} = 1000\ \text{W}$$

Beim Betrieb eines Heizofens führt die Zählerscheibe in 20 Sekunden 15 Umdrehungen aus. Berechne die Anschlussleistung, wenn die Zählerkonstante 1200 Umdrehungen/kWh beträgt!

$$1200\ \text{Umdr.} = 1\ \text{kWh} = 1000\ \text{Wh}$$

$$1\ \text{Umdr.} = \frac{1000}{1200}\ \text{Wh}$$

$$15\ \text{Umdr.} = \frac{1000\ \text{Wh} \cdot 15\ \text{Umdr.}}{1200\ \text{Umdr.}} = 12{,}5\ \text{Wh} = 45000\ \text{Ws}$$

$$P = \frac{W}{t} = \frac{45000\ \text{Ws}}{20\ \text{s}} = 2250 \ = 2{,}25\ \text{kW}$$

3.10 • Brückenschaltungen

Brückenschaltungen werden in großem Umfang in der Messtechnik sowie in der Steuerungs- und Regelungstechnik eingesetzt. In ihrer einfachsten Form besteht eine Brückenschaltung aus zwei parallel geschalteten Spannungsteilern mit insgesamt vier Widerständen. In Abb. 3.20 ist das Grundprinzip der Brückenschaltungen dargestellt.

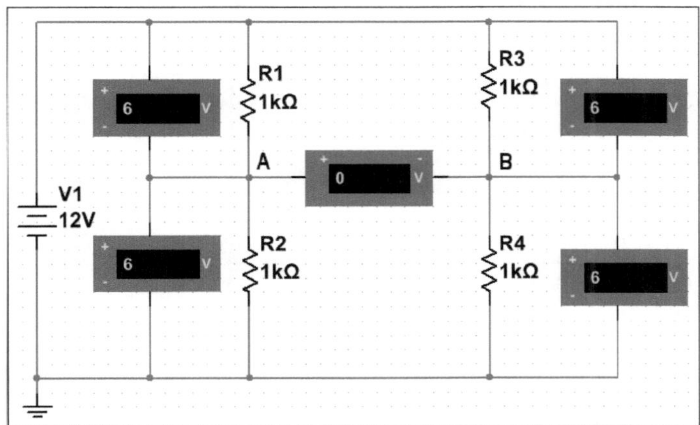

Abb. 3.20 • Grundprinzip der Brückenschaltungen.

Bei der Brückenschaltung besteht der linke Spannungsteiler aus den Widerständen R_1 und R_2. Hierfür gilt:

$$\frac{U_1}{U_2} = \frac{R_1}{R_2}$$

Der rechte Spannungsteiler ist aus den Widerständen R_3 und R_4 aufgebaut. Hierfür gilt:

$$\frac{U_3}{U_4} = \frac{R_3}{R_4}$$

Die zwischen den Punkten A und B auftretende Spannung U_{AB} wird allgemein als Brückenspannung bezeichnet.

Ein Sonderfall liegt vor, wenn $U_1 = U_3$ und damit auch $U_2 = U_4$ ist. Hierfür kann auch geschrieben werden:

$$\frac{U_1}{U_2} = \frac{U_3}{U_4}$$

In diesem Fall ist die Brückenspannung U_{AB} = 0 V. Dieser Zustand wird als „abgeglichene Brücke" bezeichnet.

Aus der Proportionalität der Spannungen kann auch die zugehörige Proportionalität der Widerstände abgeleitet werden. Es gilt:

$$\frac{R_1}{R_2} = \frac{R_3}{R_4}$$

Diese Gleichung für die Widerstände liefert nur eine Aussage für die Verhältnisse der Widerstände zueinander. Die Widerstände R_1 und R_3 bzw. R_2 und R_4 können durchaus unterschiedliche Widerstandswerte aufweisen.

Ein Brückenabgleich ist dann vorhanden, wenn die Punkte A und B gleiches Potential besitzen, also die Spannung U_{AB} = 0 V ist. Ein Voltmeter zeigt 0 V an und ein Amperemeter wird stromlos. Dies ist nur möglich, wenn folgende Teilspannungen gleich groß sind:

$$U_1 = U_3 \qquad \text{und} \qquad U_2 = U_4$$

$$I_{12} \cdot R_1 = I_{34} \cdot R_3 \qquad I_{12} \cdot R_2 = I_{34} \cdot R_4$$

Bei Bildung einer Proportion ergibt sich:

$$\frac{U_1}{U_2} = \frac{U_3}{U_4} \qquad \frac{I_{12} \cdot R_1}{I_{12} \cdot R_2} = \frac{I_{34} \cdot R_3}{I_{34} \cdot R_4} \qquad \frac{R_1}{R_2} = \frac{R_3}{R_4}$$

$$R_1 \cdot R_4 = R_2 \cdot R_3$$

Bei Brückenabgleich sind die Produkte gegenüberliegender Widerstände gleich.

Abb. 3.21 zeigt eine Simulation einer Brückenschaltung. Die Spannung an den Punkten A und B beträgt U_{AB} = 2 V.

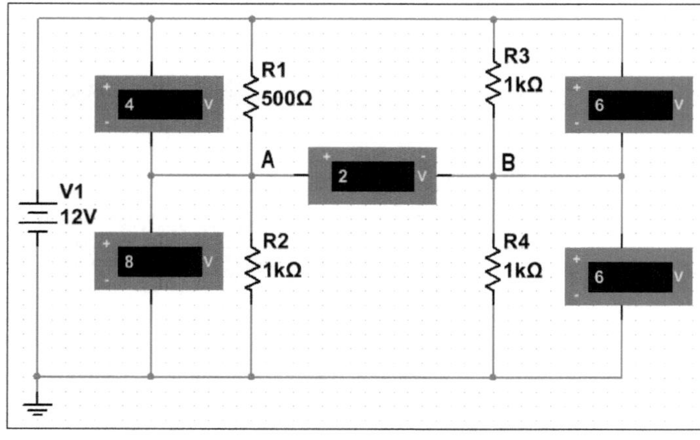

Abb. 3.21 • Simulation einer Brückenschaltung.

Diese Brückenschaltung ist zu berechnen:

a) I_{12}, I_{34}
b) U_1, U_2, U_3, U_4
c) Spannung U_{AB} (Erkenntnis!)

Lösung a): $I_{12} = \frac{U}{R_{12}} = \frac{12\text{ V}}{1{,}5\text{ k}\Omega} = 0{,}8\text{ mA}$ $\qquad I_{34} = \frac{U}{R_{34}} = \frac{12\text{ V}}{2\text{ k}\Omega} = 0{,}6\text{ mA}$

Lösung b): $U_1 = I_{12} \cdot R_1 = 0{,}8\text{ mA} \cdot 500\ \Omega = 4\text{ V}$
$U_2 = I_{12} \cdot R_2 = 0{,}8\text{ mA} \cdot 1\text{ k}\Omega = 8\text{ V}$
$U_3 = I_{34} \cdot R_3 = 0{,}6\text{ mA} \cdot 1\text{ k}\Omega = 6\text{ V}$
$U_4 = I_{34} \cdot R_4 = 0{,}6\text{ mA} \cdot 1\text{ k}\Omega = 6\text{ V}$

Lösung c): $U_{AB} = U_2 - U_4 = 8\text{ V} - 6\text{ V} = 2\text{ V}$

Ein zwischen A und B geschaltetes Voltmeter zeigt eine Spannungsdifferenz von 2 V an.

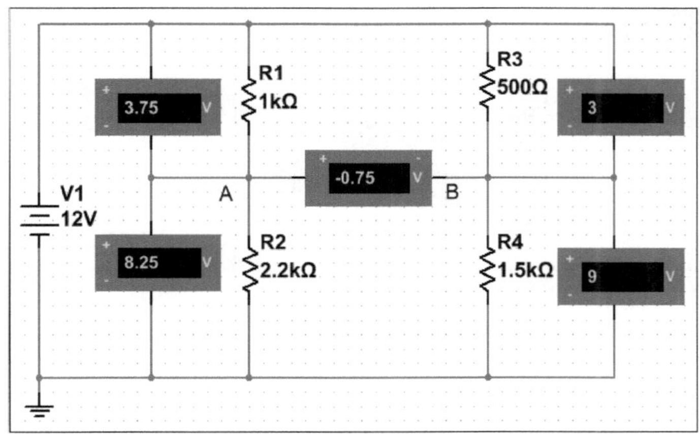

Abb. 3.22 • Simulation einer anderen Brückenschaltung mit Spannungsdifferenz.

Abb. 3.22 zeigt die Simulation einer anderen Brückenschaltung. Zu berechnen sind:

a) I_{12}, I_{34}
b) U_1, U_2, U_3, U_4
c) Spannung U_{AB} (Erkenntnis!)

Lösung a): $I_{12} = \frac{U}{R_{12}} = \frac{12\text{ V}}{3{,}2\text{ k}\Omega} = 3{,}75\text{ mA}$ $\qquad I_{34} = \frac{U}{R_{34}} = \frac{12\text{ V}}{2\text{ k}\Omega} = 0{,}6\text{ mA}$

Lösung b): $U_1 = I_{12} \cdot R_1 = 3{,}75\text{ mA} \cdot 1\text{ k}\Omega = 3{,}75\text{ V}$
$U_2 = I_{12} \cdot R_2 = 3{,}75\text{ mA} \cdot 2{,}2\text{ k}\Omega = 8{,}25\text{ V}$
$U_3 = I_{34} \cdot R_3 = 0{,}6\text{ mA} \cdot 500\ \Omega = 3\text{ V}$
$U_4 = I_{34} \cdot R_4 = 0{,}6\text{ mA} \cdot 1{,}5\text{ k}\Omega = 9\text{ V}$

Lösung c): $U_{AB} = U_2 - U_4 = 8{,}25\text{ V} - 9\text{ V} = -0{,}75\text{ V}$

Ein zwischen A und B geschaltetes Voltmeter zeigt also eine Spannungsdifferenz von $U_{AB} = -0{,}75$ V an.

Aus diesem Beispiel ist zu erkennen, dass durch den Aufbau einer Brücke nur mit Festwiderständen nicht immer ein Brückenabgleich, also U_{AB} = 0 V zu erreichen ist. Aus diesem Grund wird in Brückenschaltungen meistens anstelle eines Festwiderstandes ein veränderbarer Widerstand eingesetzt. Welcher der Widerstände durch ein Potentiometer ersetzt wird, hängt meistens von dem Einsatz der Brücke ab.

Abb. 3.23 zeigt eine Brückenschaltung, bei der der Widerstand R_4 ein Potentiometer ist. Mit Hilfe dieses Potentiometers ist es bei entsprechender Wahl der Widerstandsverhältnisse möglich, die Brücke abzugleichen.

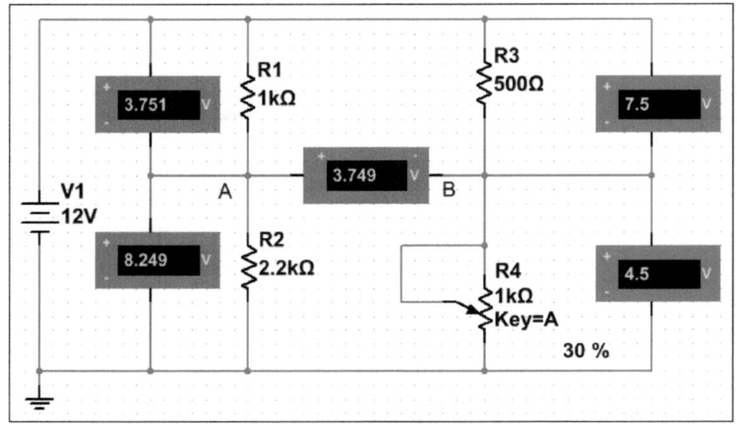

Abb. 3.23 • Simulation einer einstellbaren Brückenschaltung.

Welche Spannung U_{AB} ergibt sich, wenn das Potentiometer auf 30 % eingestellt wird?

R_4 = 30% von 1 kΩ = 300 Ω
U_A = 8,25 V (Berechnung vorheriges Beispiel)

$$I_{34} = \frac{U}{R_{34}} = \frac{12\,V}{500\ \Omega + 300\ \Omega} = 15\text{ mA}$$

$U_3 = I_{34} \cdot R_3$ = 15 mA · 500 Ω = 7,5 V
$U_4 = I_{34} \cdot R_4$ = 15 mA · 300 Ω = 4,5 V

$U_{AB} = U_2 - U_4$ = 8,25 V - 4,5 V = 3,75 V

4 • Erweiterter Strombereich

Unter einem erweiterten Strombereich versteht man die Spannungs- und Stromquellen, Spannungs-, Strom- und Leistungsanpassung, den 1. Kirchhoffschen Satz (Knotenpunktregel), den 2. Kirchhoffschen Satz (Maschenregel) und die Reihen- bzw. Parallelschaltung von Spannungsquellen, Messbereichserweiterung von Spannungs- bzw. Strommessern und Bestimmungsmethoden von Widerständen.

4.1 • Kenngrößen von Spannungsquellen

Hat man keinen Verbraucher an eine Spannungsquelle angeschlossen, misst man mit einem hochohmigen Voltmeter die Klemmenspannung U.

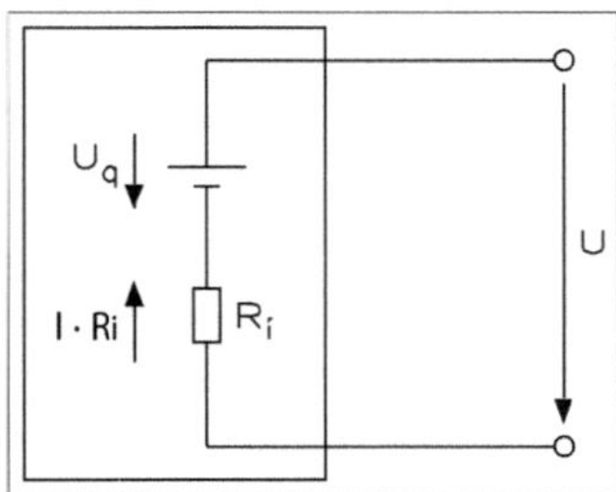

Abb. 4.1 • Ersatzschaltung einer unbelasteten Spannungsquelle.

Für alle unbelasteten Spannungsquellen gilt die Ersatzschaltung von Abb. 4.1. Die Leerlaufspannung U entspricht der Quellenspannung U und die Spannung $I \cdot R_i$ am Innenwiderstand R_i beträgt 0 V.

Schaltet man einer Spannungsquelle einen Verbraucher zu, kommt es zu einem belasteten Zustand. Die Klemmenspannung U teilt sich in die Quellenspannung U_q und die Verlustspannung $I \cdot R_i$ auf. Durch den Strom I, der durch den Innenwiderstand fließt, wird ein Spannungsfall erzeugt.

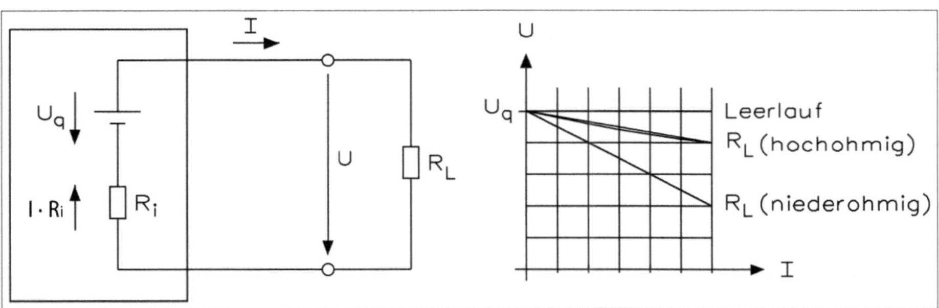

Abb. 4.2 • Belastete Spannungsquelle mit Belastungsdiagramm.

Die Klemmenspannung von Abb. 4.2 errechnet sich aus

$$U = U_q - I \cdot R_i$$

Die Klemmenspannung U ist vom Innenwiderstand R_i der Spannungsquelle und vom Belastungsstrom I des Verbrauchers abhängig. Je größer der Belastungsstrom I, d. h., je niederohmiger der Belastungswiderstand ist, umso kleiner wird die Klemmenspannung.

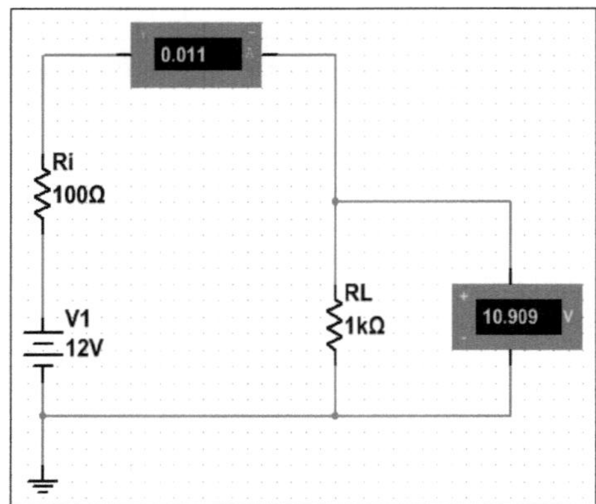

Abb. 4.3 • Schaltung zur Bestimmung des Innenwiderstands einer Spannungsquelle.

Bei der Spannungsquelle von Abb. 4.3 lässt sich der Innenwiderstand nicht einstellen und daher schaltet man einen Widerstand in Reihe, der den Innenwiderstand simuliert. Als Innenwiderstand wählt man $R_i = 100\ \Omega$ und für den Lastwiderstand $R_L = 1\ k\Omega$. Der Strom errechnet sich aus

$$I = \frac{U}{R_i + R_L} = \frac{12\ V}{100\ \Omega + 1\ k\Omega} = 10{,}9\ mA$$

Der Strom erzeugt an dem Innenwiderstand einen Spannungsfall von

$$U_i = I \cdot R_i = 10{,}9\ mA \cdot 100\ \Omega = 1{,}09\ V$$

Die Spannung am Widerstand sinkt von 12 V auf 12 V – 1,09 V = 10,91 V ab, wie die Simulation auch zeigt.

Verringert man den Innenwiderstand von 100 Ω auf 10 Ω, ändert sich die Funktionsweise erheblich. Die Ausgangsspannung steigt auf 11,9 V an, da sich der Spannungsfall am Innenwiderstand auf 0,1 V reduziert. Gleichzeitig erhöht sich der Strom durch den Lastwiderstand auf 12 mA.

4.2 • Spannungs-, Strom- und Leistungsanpassung

In der Elektronik kennt man drei Arten einer Anpassung:

- Spannungsanpassung, wenn $R_L >> R$
- Leistungsanpassung, wenn $R_L = R$
- Stromanpassung, wenn $R_L << R$

Im Normalfall hat man die Spannungsanpassung, d. h., der Widerstand R_L des Verbrauchers ist erheblich größer als der Innenwiderstand R_i der Spannungsquelle. Man stellt in der

Schaltung von Abb. 4.3 den Innen- und den Lastwiderstand auf R_i = 1 Ω und auf R_L = 1 kΩ ein. Für die Ausgangsspannung gilt U_a = 12 V und für den Strom I_a = 12 mA. Der Spannungsfall am Innenwiderstand beträgt

$$U_i = 12\ \text{mA} \cdot 1\ \Omega = 12\ \text{mV}$$

Man führt mehrere Versuche durch, indem der Innenwiderstand stufenweise von R_i = 1 Ω auf 5 Ω, 10 Ω, 15 Ω usw. erhöht wird. Durch die Messungen erkennt man die Änderungen und kann mittels Berechnungen die Richtigkeit überprüfen.

Bei der Leistungsanpassung gilt die Bedingung $R_L = R_i$, d. h., der Lastwiderstand R_L hat den gleichen ohmschen Wert wie der Innenwiderstand. Man stellt in der Schaltung von Abb. 4.3 beide Widerstände auf 10 Ω ein und danach startet man die Simulation. Das Voltmeter zeigt 6 V an, also die halbe Betriebsspannung, und es fließt ein Strom von 600 mA, d. h. dass der Verbraucher die maximale Leistung abgibt.

Von einer Stromanpassung spricht man, wenn durch den Verbraucher ein möglichst hoher Strom fließt. Der Innenwiderstand von 10 Ω wird beibehalten und der Wert des Lastwiderstands auf 0,001 Ω verringert. Die Spannung sinkt auf 1,2 mV ab, und es fließt ein Strom von 1,2 A. Jetzt kann man den Lastwiderstand noch auf 0,0000001 Ω verringern, aber das macht kaum noch einen Unterschied. Unterschreitet man bei einem Verbraucher den Widerstandswert von 1 Ω, spricht man bereits von einem Kurzschluss.

In Tabelle 4.1 ist für den Widerstand R_L bei „∞" ein Wert von 1000 MΩ und für „0 Ω" ein Wert von 0,0000001 Ω gewählt. Die (konstante) Quellenspannung ist U_q = 12 V.

Tabelle 4.1 • Diagramm zur Ermittlung der Leistung am Verbraucher.

R_i	R_L	U_a	I_A	P_L	**Bedingungen**
10 Ω	∞	12 V	0 A	0 W	Leerlauf
10 Ω	10 kΩ	11,9 V	1,19 mA	14 mW	Spannungsanpassung
10 Ω	1 kΩ	11,8 V	11,8 mA	139 mW	Spannungsanpassung
10 Ω	100 Ω	10,9 V	109 mA	1,19 W	Spannungsanpassung
10 Ω	10 Ω	6 V	0,6 A	3,6 W	Leistungsanpassung
10 Ω	1 Ω	1,09 V	1,09 A	1,19 W	Stromanpassung
10 Ω	0 Ω	0	1,2 A	0 W	Kurzschluss

Bei der Leistungsanpassung hat man einen Wirkungsgrad von η = 0,5, d. h. am Innenwiderstand der Spannungsquelle wird die gleiche Leistung umgesetzt wie am Verbraucher.

4.3 • 1. Kirchhoffscher Satz (Knotenpunktregel)

In jedem Stromverzweigungspunkt (Knotenpunkt) ist die Summe Σ aller zufließenden Ströme gleich der Summe aller abfließenden Ströme:

$$\Sigma I_{zu} = \Sigma I_{ab}$$

Mittels der Simulation von Abb. 4.4 lässt sich der Kirchhoffsche Satz untersuchen.

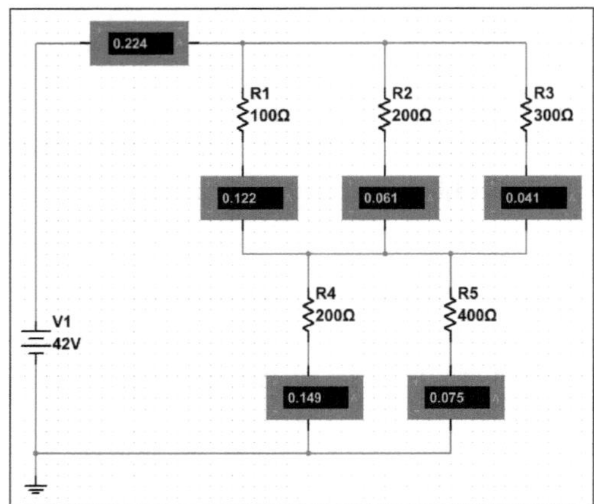

Abb. 4.4 • Untersuchung der Knotenpunktregel.

Durch die drei oberen Widerstände fließen die Ströme, die am Knoten einen Strom von I = 224 mA ergeben. Dieser Strom teilt sich dann in zwei unterschiedliche Teilströme auf, wobei sich wieder ein Gesamtstrom von I = 224 mA ergibt:

$$\Sigma I_{zu} = I_1 + I_2 + I_3 = 122 \text{ mA} + 61 \text{ mA} + 41 \text{ mA} = 224 \text{ mA}$$

$$\Sigma I_{ab} = I_4 + I_5 = 149 \text{ mA} + 75 \text{ mA} = 224 \text{ mA}$$

Durch Änderungen der einzelnen Widerstandswerte und durch Erweiterung der Schaltung kann man zahlreiche Versuche durchführen.

4.4 • 2. Kirchhoffscher Satz (Maschenregel)

Für die Untersuchung des Kirchhoffschen Satzes ergeben sich in der Praxis erhebliche Probleme. Setzt man dagegen die Simulation ein, lassen sich zahlreiche Versuche durchführen. Der Satz für die Maschenregel lautet: In jedem geschlossenen Stromkreis ist die Summe aller erzeugten Spannungen gleich der Summe aller verbrauchten Spannungen, mit

$$\Sigma U_{Erzeuger} = \Sigma U_{Verbraucher}$$

Durch die Addition der Spannungen unter Berücksichtigung der Vorzeichen ergibt sich für Abb. 4.5 eine Gesamtspannung von

$$U = U_1 + U_2 + U_3 + U_4 + U_5 = 12 \text{ V} + 6 \text{ V} + (-)9 \text{ V} + (-)15 \text{ V} + (-)4{,}5 \text{ V} = -10{,}5 \text{ V}$$

Die Addition der einzelnen Widerstände ergibt R = 60 Ω. Damit fließt in der Schaltung ein Strom von

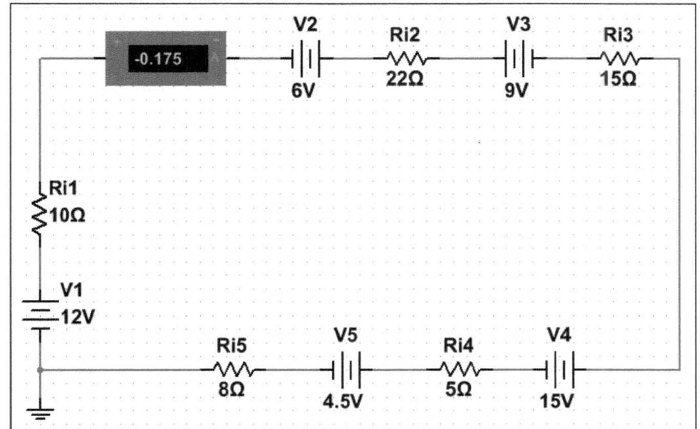

Abb. 4.5 • Schaltung zur Untersuchung des 2. Kirchhoffschen Satzes.

$$I = \frac{-10{,}5\ \mathrm{V}}{60\ \Omega} = -0{,}175\ \mathrm{A}$$

In diesem Beispiel wird die gesamte Spannung aus einer Summenreihenschaltung ($U_1 + U_2$) und einer Gegenreihenschaltung ($-U_3 - U_4 - U_5$) erzeugt.

4.5 • Reihen- und Parallelschaltung von Spannungsquellen

Die größtmögliche Leistungsentnahme aus einem Spannungserzeuger ergibt sich bei der Leistungsanpassung. Bei $R_i = R$ lässt sich die maximale Leistung am Lastwiderstand errechnen:

$$P_{max} = \frac{U_q^2}{4 \cdot R_i}$$

In der Praxis ist es oft erforderlich, mehrere Spannungsquellen in Reihe zu schalten, um eine größere Betriebsspannung zu erhalten.

Die Summe der einzelnen Leerlaufspannungen ergibt die Gesamtleerlaufspannung und die Einzelinnenwiderstände addieren sich zu dem Gesamtinnenwiderstand:

$$U_0 = U_{01} + U_{02} + U_{03} + \ldots$$

$$R_i = R_{i1} + R_{i2} + R_{i3} + \ldots$$

In Abb. 4.6 ergibt sich eine Gesamtleerlaufspannung von $U_0 = 5{,}7$ V und ein Gesamtinnenwiderstand von $R_i = 2{,}5\ \Omega$.

Abb. 4.6 zeigt eine Schaltung zur Untersuchung einer Reihenschaltung von Spannungserzeugern mit unterschiedlichen Innenwiderständen. Durch Änderung des Lastwiderstands lassen sich zwei Spannungs- und Stromwerte messen:

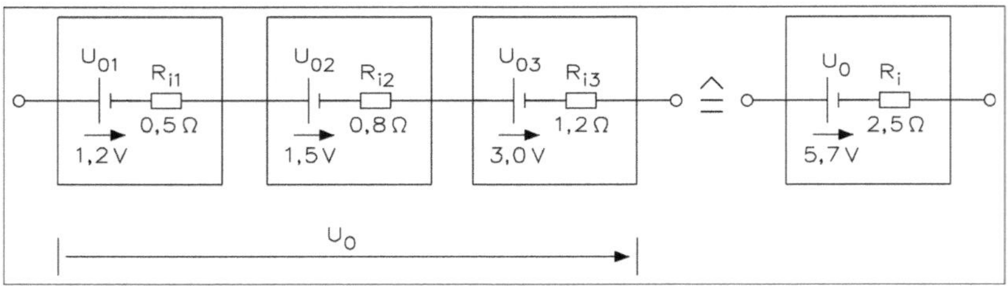

Abb. 4.6 • Schaltung zur Untersuchung einer Reihenschaltung von Spannungserzeugern mit unterschiedlichen Innenwiderständen.

$R_L = 10\ \Omega$: $U = 4{,}56$ V $I = 456$ mA
$R_L = 5\ \Omega$: $U = 3{,}80$ V $I = 760$ mA

Der Gesamtinnenwiderstand errechnet sich aus

$$R_i = \frac{\Delta U}{\Delta I} = \frac{4{,}56\ \text{V} - 3{,}80\ \text{V}}{760\ \text{mA} - 456\ \text{mA}} = \frac{0{,}76\ \text{V}}{304\ \text{mA}} = 2{,}5\ \Omega$$

Wenn man den Lastwiderstand auf 2,5 Ω einstellt, ergibt sich eine Leistungsanpassung für die Schaltung von Abb. 4.7.

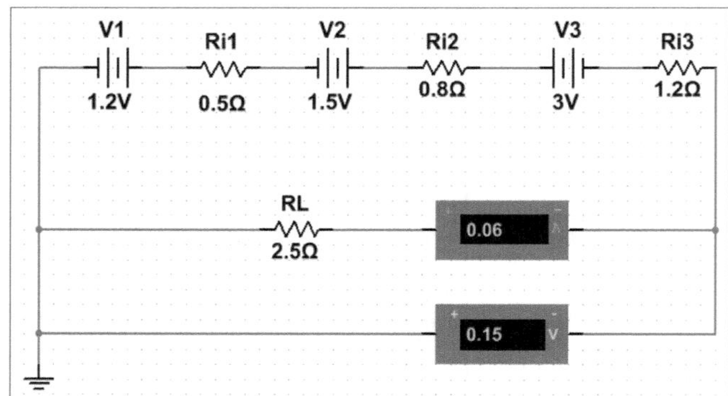

Abb. 4.7 • Simulation einer Leistungsanpassung.

Für die Erhöhung des Stroms lassen sich mehrere Spannungserzeuger parallel schalten, wobei alle Spannungserzeuger die gleiche Klemmenspannung aufweisen müssen. Ist dies nicht der Fall, kommt es zu einem internen Ausgleichsstrom.

Der Gesamtstrom I von Abb. 4.8 errechnet sich aus

$$I = I_1 + I_2 + I_3 + \ldots + I_n$$

und der Gesamtwiderstand aus

$$\frac{1}{R_i} = \frac{1}{R_{i1}} + \frac{1}{R_{i2}} + \frac{1}{R_{i3}} + \ldots + \frac{1}{R_n}$$

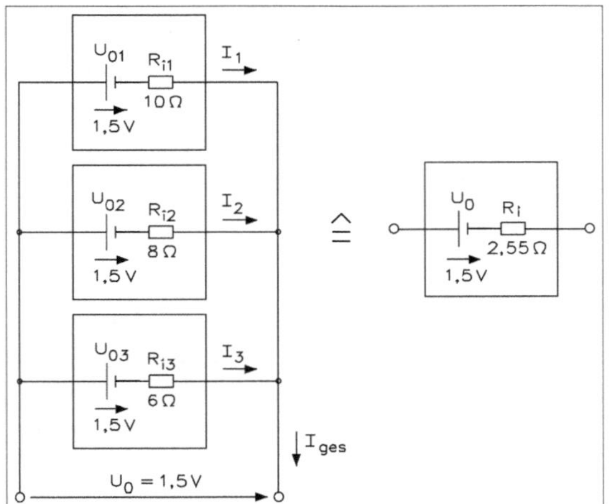

Abb. 4.8 • Parallelschaltung von Spannungsquellen mit gleichen Klemmenspannungen, aber unterschiedlichen Innenwiderständen.

Für die Schaltung ergibt sich ein Gesamtinnenwiderstand von R_i = 2,55 Ω, und dieser Wert ist kleiner als der kleinste Einzelwiderstand. Die Klemmenspannung der Spannungsquelle ist bei gleicher Belastung höher als bei den einzelnen Spannungsquellen. Mittels der Schaltung von Abb. 4.9 können Sie die einzelnen Werte simulieren.

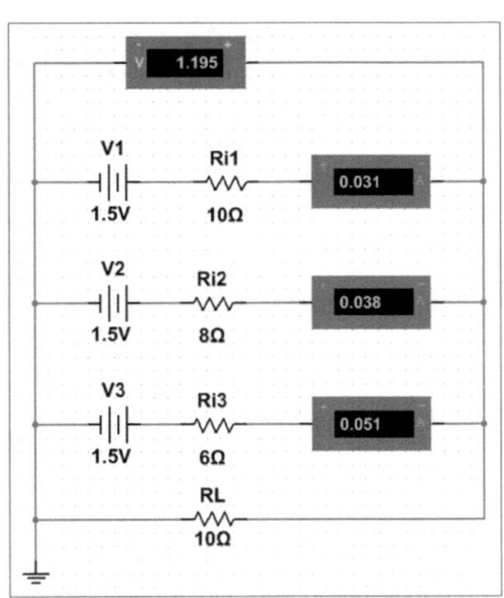

Abb. 4.9 • Schaltung zur Untersuchung einer Parallelschaltung von Spannungserzeugern mit unterschiedlichen Innenwiderständen.

Addiert man die drei Teilströme der Schaltung, ergibt sich der Gesamtstrom. Durch Änderung des Lastwiderstands lassen sich zwei Spannungs- und Stromwerte messen:

R_L = 10 Ω: U = 1,19 V I = 199 mA
R_L = 5 Ω: U = 0,993V I = 199 mA

Der Gesamtinnenwiderstand errechnet sich aus

$$R_i = \frac{\Delta U}{\Delta I} = \frac{1,19\ \text{V} - 0,993\ \text{V}}{199\ \text{mA} - 119\ \text{mA}} = \frac{0,197\ \text{V}}{80\ \text{mA}} = 2,46\ \Omega$$

Wenn man den Lastwiderstand auf 2,5 Ω einstellt, ergibt sich eine Leistungsanpassung.

Wenn man sich die Berechnung und die Ergebnisse der Simulation betrachtet, ergeben sich nur geringfügige Unterschiede. Diese Differenz wird durch die unterschiedlichen Innenwiderstände verursacht. Während man bei der Berechnung ein idealisiertes Verhalten der Spannungsquellen hat, erhält man bei der Simulation reale Ergebnisse.

4.6 • Ersatzquellen

Bei den Ersatzquellen unterscheidet man zwischen den realen Spannungsquellen (Ersatzspannungsquellen) und Stromquellen (Ersatzstromquellen). Netze, die mehrere Spannungserzeuger (U_{01}, U_{02}, U_{03}, ...), mehrere Schaltglieder mit Widerständen (R_1, R_2, R_3, ...) und einen veränderlichen Lastwiderstand $\mathbf{R}_L$ enthalten, lassen sich durch die Ersatzspannungsquelle bzw. durch die Ersatzstromquelle berechnen.

Die Ersatzspannungsquelle besteht aus einem Spannungserzeuger mit der Spannung U_0 und dem Innenwiderstand R_i. U_0 erhält man durch Messung oder Berechnung der Spannung an den Klemmen für $R_L = \infty$ (Leerlaufspannung). Den Innenwiderstand R_i erhält man, indem man sich die einzelnen Spannungserzeuger des Netzes kurzgeschlossen betrachtet und den Widerstand an den Klemmen (R_L nicht angeschlossen) bestimmt.

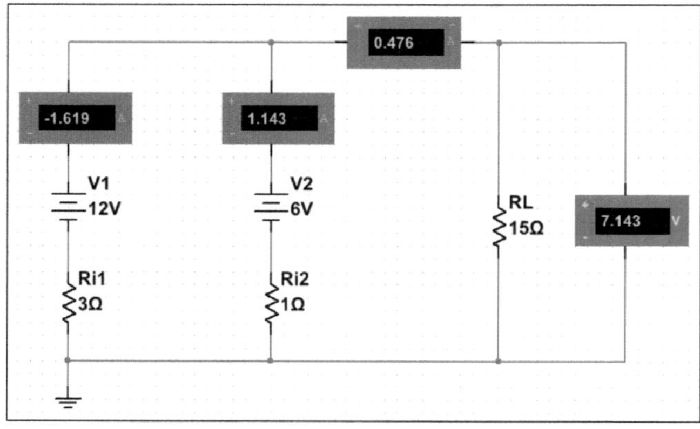

Abb. 4.10 • Simulieren einer Ersatzspannungsquelle mit zwei Spannungsquellen.

Abb. 4.10 zeigt die Simulation einer Ersatzspannungsquelle mit zwei Spannungsquellen.

$$U_{01} - I_0 \cdot R_{i1} = U_{02} - I_0 \cdot R_{i2}$$

$$U_{01} - U_{02} = I_0 \cdot (R_{i1} + R_{i2})$$

$$I_0 = \frac{U_{01} - U_{02}}{R_{i1} + R_{i2}} = \frac{12\text{ V} - 6\text{ V}}{3\ \Omega + 1\ \Omega} = 1{,}5\text{ A}$$

$$U_0' = U_{02} + I_0 \cdot R_i = 6\text{ V} + 1{,}5\text{ A} \cdot 1\ \Omega = 7{,}5\text{ V}$$

$$R_i' = \frac{R_{i1} \cdot R_{i2}}{R_{i1} + R_{i2}} = \frac{3\ \Omega \cdot 1\ \Omega}{3\ \Omega + 1\ \Omega} = 0{,}75\ \Omega$$

$$I = \frac{U_0'}{R_i + R_L} = \frac{7{,}5\ \text{V}}{0{,}75\ \Omega + 15\ \Omega} = 0{,}476\ \text{A}$$

$$U_{RL} = I \cdot R_L = 0{,}476\ \text{A} \cdot 15\ \Omega = 7{,}14\ \text{V}$$

Abb. 4.11 zeigt die Simulation einer Ersatzspannungsquelle.

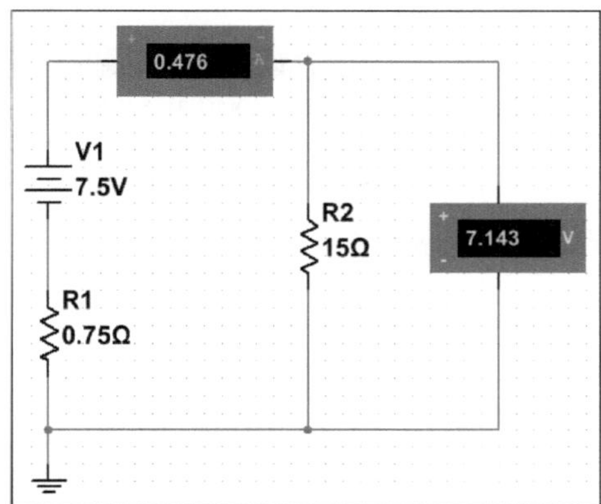

Abb. 4.11 • Simulation einer Ersatzspannungsquelle mit einer Spannungsquelle.

Eine Ersatzstromquelle besteht aus einer Schaltung mit einem Ersatzstrom I' und einem Innenwiderstand R_i'. Ein Strom I' fließt, wenn man die Klemmen des Netzes kurzschließt (Kurzschlussstrom für $R_L = 0$). Der Innenwiderstand R_i' lässt sich durch die gleiche Vorgehensweise wie bei der Ersatzspannungsquelle festlegen.

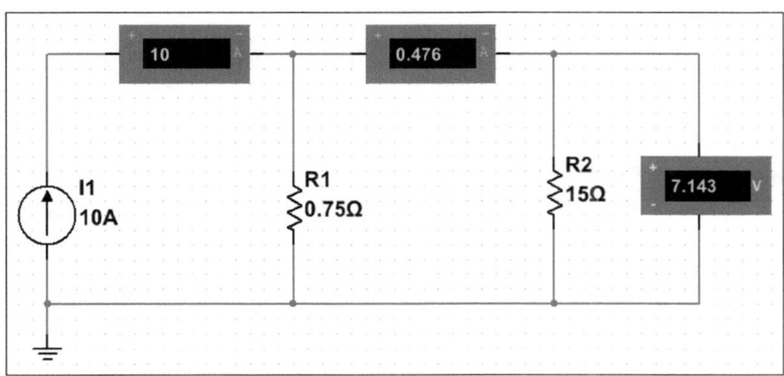

Abb. 4.12: Simulation einer Ersatzstromquelle.

Abb. 4.12 zeigt die Simulation einer Ersatzstromquelle und die Berechnung ist:

$$R_{ers} = \frac{R_i' \cdot R_L}{R_i' + R_L} = \frac{0{,}75\ \Omega \cdot 15\ \Omega}{0{,}75\ \Omega + 15\ \Omega} = 0{,}714\ \Omega$$

Berechnung von R_i' (siehe Ersatzspannungsquelle):

$$R_i' = 0{,}75\ \Omega$$

$$U_{RL} = I' \cdot R_{ers} = 10\ \text{A} \cdot 0{,}714\ \Omega = 7{,}14\ \text{V}$$

$$I = \frac{U_{RL}}{R_L} = \frac{7{,}14\ \text{V}}{15\ \Omega} = 0{,}476\ \text{A}$$

4.7 • Widerstandsmessung

Um den Wert eines Widerstands feststellen zu können, gibt es mehrere Möglichkeiten, wie Abb. 4.13 zeigt.

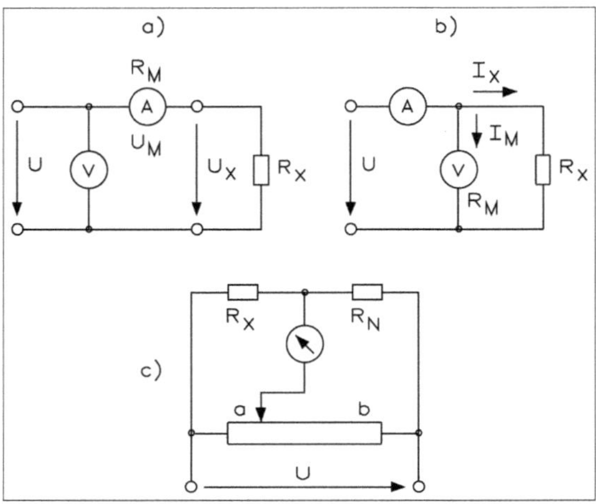

Abb.4.13 • Schaltung a) dient zur Messung von hochohmigen Widerstandswerten, Schaltung b) für niederohmige Widerstände und Schaltung c) stellt eine Brückenschaltung dar.

Bei den ersten beiden Messungen wird der ohmsche Widerstand über die Formel

$$R = \frac{U}{I}$$

ausgerechnet, wobei man bei der Schaltung *a* den Spannungsfall am Amperemeter berücksichtigen muss. Das Voltmeter zeigt den Spannungsfall am Amperemeter mit $U_M = I \cdot R_M$ an. Wenn man die Schaltung *a* mit der Simulation löst, ergibt sich ein Problem, wenn man den Innenwiderstand des Amperemeters nicht auf 10 Ω erhöht. Abb. 4.14 zeigt eine Schal-

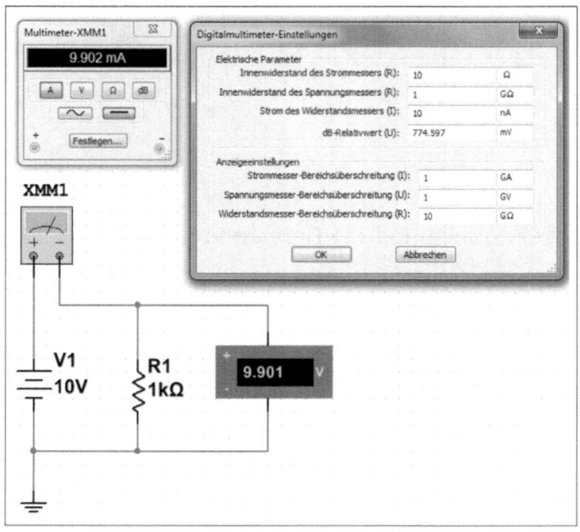

Abb. 4.14 • Schaltung für die Messung von hochohmigen Widerständen; der Innenwiderstand des Amperemeters muss auf 10 Ω eingestellt sein.

tung für die Messung von hochohmigen Widerständen, wobei ein relativ niederohmiger Wert gemessen wird.

Der Widerstand R_x (R_1 in Abb. 4.14) lässt sich berechnen aus

$$R_x = \frac{U}{I} = \frac{10\ \text{V}}{9{,}901\ \text{mA}} = 1010\ \Omega$$

Der unbekannte Widerstand R_x mit einer entsprechenden Korrektur errechnet sich aus

$$R_x = \frac{U - U_M}{I} = \frac{U - (I \cdot R_M)}{I} = \frac{10\ \text{V} - (9{,}901\ \text{mA} \cdot 10\ \Omega)}{9{,}901\ \text{mA}} = 1\ \text{k}\Omega$$

Wenn R_x groß gegenüber R_M ist, wählt man $R_x = U/I$. Da man den Innenwiderstand des Amperemeters einfach ändern kann, ergeben sich interessante Untersuchungen für diese Schaltungen, wenn man z. B. den Innenwiderstand auf 100 Ω und danach auf 1 kΩ erhöht. Je größer der Innenwiderstand gewählt wird, umso größer auch der Fehler!

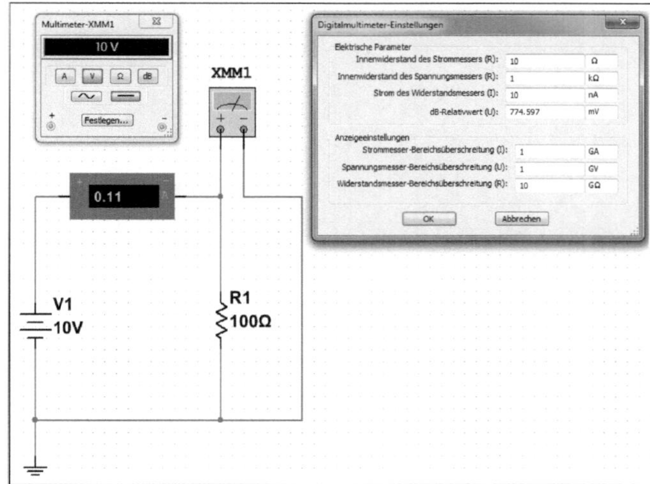

Abb. 4.15 • Schaltung für die Messung von niederohmigen Widerständen.

Der Innenwiderstand des Multimeters ist auf 1 kΩ einzustellen, denn bei der Schaltung von Abb. 4.15 soll mit einem einfachen Messgerät gearbeitet werden. Hier wird ein relativ hochohmiger Widerstand gemessen. Der Widerstand R_x (R_1 in Abb. 4.15) errechnet sich aus

$$R_x = \frac{U}{I} = \frac{10\ \text{V}}{110\ \text{mA}} = 90{,}9\ \Omega$$

Das Amperemeter zeigt den Strom I_M des Voltmeters zu viel an. Mit den Formeln lässt sich der unbekannte Widerstand R_x berechnen:

$$R_x = \frac{U}{I - I_M} = \frac{U}{I - \frac{U}{R_M}}$$

Da der Innenwiderstand des Voltmeters auf 1 kΩ eingestellt ist, kann man nun den richtigen Wert für den unbekannten Widerstand errechnen mit

$$R_x = \frac{U}{I - \frac{U}{R_M}} = \frac{10\ \text{V}}{110\ \text{mA} - \frac{10\ \text{V}}{1\ \text{k}\Omega}} = 100\ \Omega$$

Wenn R_x klein ist gegen den Innenwiderstand des Voltmeters, gilt $\mathbf{R_x} = U/I$.

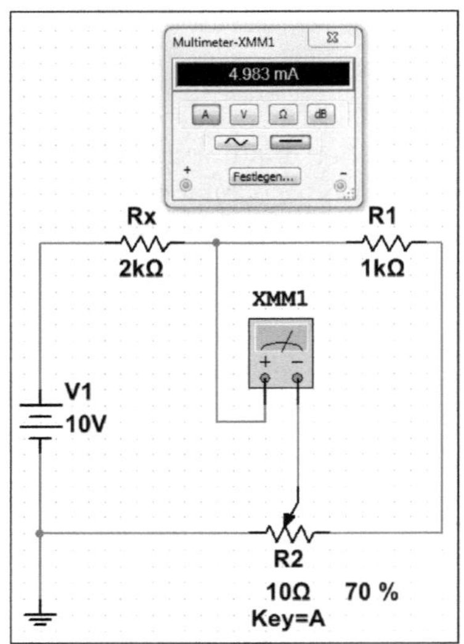

Abb. 4.16 • Schleifdrahtbrücke zur Messung eines unbekannten Widerstands.

Bei der Schleifdrahtbrücke von Abb. 4.16 besteht der Schleifer aus einem Potentiometer mit einem Wert von 10 Ω. Mit dem Abgleich durch das Potentiometer wird die Brücke stromlos, wobei sich Werte von

- 66 % des Potentiometers mit −99,7 µA und
- 67 % des Potentiometers mit +49,8 µA

ergeben. Bei der klassischen Schleifdrahtbrücke hat man z.B. $a + b = 1000$ mm und damit gilt

$$\frac{a}{b} = \frac{a}{1000 - a}$$

Der unbekannte Widerstand ist

$$R_x = R_N \cdot \frac{a}{b} = 1\ \text{k}\Omega \cdot \frac{66\%}{33\%} = 2\ \text{k}\Omega$$

Statt der Strecken *a* und *b* setzt man bei der Simulation 66 % und 33 % ein. Es ergibt sich ein vernachlässigbarer Fehler.

4.8 • Messungen an Spannungsteilern

In der Theorie arbeitet man weitgehend mit unbelasteten Spannungsteilern. Wenn man mit einem hochohmigen Multimeter einen hochohmigen Spannungsteiler misst, ergeben sich mehr oder weniger große Fehler.

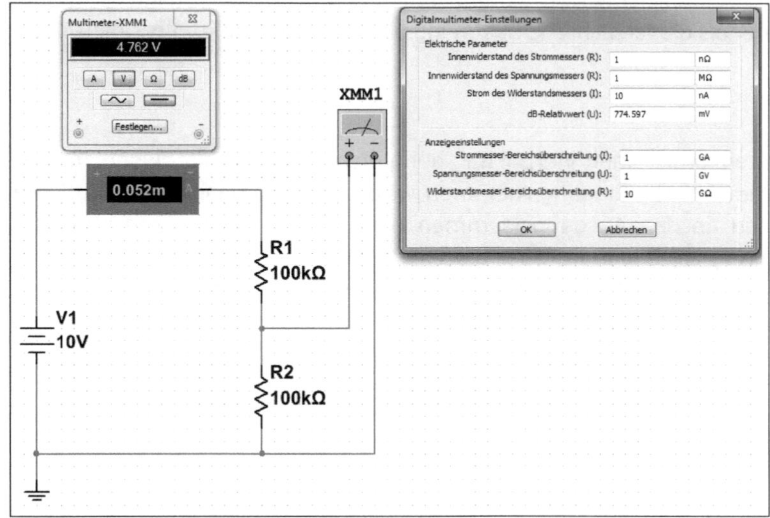

Abb. 4.17 • Schaltung zu Messungen an einem Spannungsteiler.

Die Simulationsschaltung von Abb. 4.17 bietet den Vorteil, dass man ohne Probleme den Innenwiderstand des Multimeters verändern kann. Startet man die Simulation, zeigt das Multimeter einen Spannungswert von U_a = 5,00 V an. Der Grund für den unbelasteten Spannungsteiler ist der Innenwiderstand des Multimeters, der R_i = 1 GΩ beträgt. Wenn man die Versuche der Tabelle 4.2 durchführt, erkennt man die Änderung der Ausgangsspannungen bei den unterschiedlichen Innenwiderständen des Multimeters.

Tabelle 4.2 • Änderungen des Innenwiderstands im Multimeter zur Untersuchung eines belasteten Spannungsteilers. Die Einstellung des Innenwiderstands R_M erfolgt direkt über das Symbol.

R_M	U_a	I
1 GΩ	5,00 V	5 nA
100MΩ	4,998 V	49,9 nA
10MΩ	4,975 V	497 nA
1MΩ	4,762 V	4,76 µA
100 kΩ	3.333 V	33,3 µA
10 kΩ	0,883 V	83,3 µA

Die Formel für einen unbelasteten Spannungsteiler lautet:

$$U_a = U_e \cdot \frac{R_2}{R_1 + R_2}$$

Für den belasteten Spannungsteiler:

$$U_a = U_e \cdot \frac{R_2 \| R_M}{R_1 + R_2 \| R_M}$$

Bei Anschalten des Multimeters an den Widerstand R_2 liegt der Innenwiderstand R_M parallel und ändert direkt das Spannungsteilerverhältnis und den Strom. Die angezeigte Spannung im Multimeter ist niedriger als die tatsächliche Spannung ohne angeschaltetes Messinstrument.

4.9 • Dezibel-Messung

Jedes Übertragungssystem stellt einen Vierpol dar, denn dieser besteht aus zwei Eingangs- und zwei Ausgangspolen. An den Eingangsklemmen wird Leistung, Spannung und Strom zugeführt, während man an den Ausgangsklemmen dann die Ausgangswerte abnimmt. Ist das Verhältnis Ausgang zu Eingang größer als 1, spricht man von einem aktiven Vierpol (Verstärkung), ist dieses Verhältnis aber kleiner als 1, hat man einen passiven Vierpol (Dämpfung). Die Angabe des Verhältnisses erfolgt in Dezibel (dB).

Dämpfung in Dezibel:

$$a_{db} = 20 \cdot \log \frac{U_1}{U_2} = 20 \cdot \log \frac{I_1}{I_2} = 10 \cdot \log \frac{P_1}{P_2}$$

Verstärkung in Dezibel:

$$a_{db} = 20 \cdot \log \frac{U_2}{U_1} = 20 \cdot \log \frac{I_2}{I_1} = 10 \cdot \log \frac{P_2}{P_1}$$

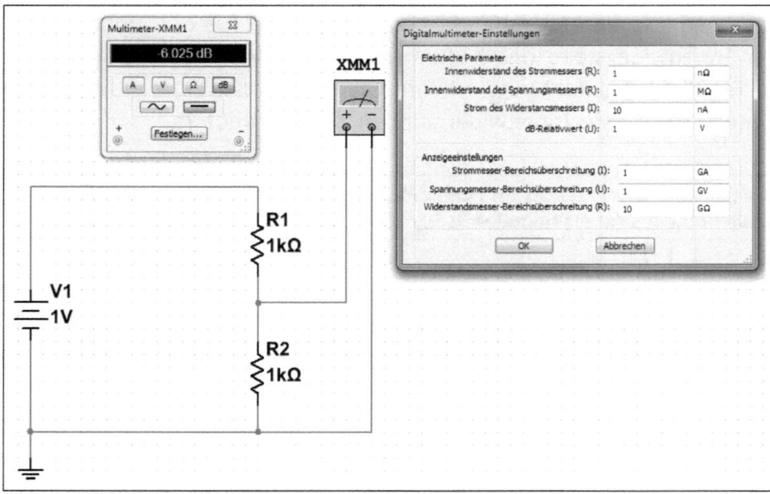

Abb. 4.18 • Schaltung zur Untersuchung der Dämpfung. Die Anzeige zeigt ein Minus vor dem Wert, da in diesem Fall die Verstärkung in dB angezeigt wird.

Am Eingang des Spannungsteilers von Abb. 4.18 liegt eine Spannung von U_1 = 1 V und am Ausgang von U_2 = 0,5 V. Wie groß ist die Dämpfung?

$$a_{db} = 20 \cdot \log \frac{U_1}{U_2} = 20 \cdot \log \frac{1\ \text{V}}{0{,}5\ \text{V}} = 20 \cdot 0{,}301 = 6{,}02\ \text{dB}$$

In der Anzeige des Multimeters steht der Wert –6,02 dB, denn die Anzeige im Multimeter erfolgt nach der Verstärkung! Durch die Änderung des Spannungsteilers lassen sich Übungen für die Dämpfung durchführen.

4.10 • Messungen von Spannungsfällen an Leitungen

Die zur Übertragung elektrischer Energie benötigten Leitungen (Freileitungen oder Kabel) weisen einen kleinen, jedoch merkbaren Widerstand auf. Je nach Stromstärke entsteht ein Spannungsfall, der die Spannung am Ende der Leitung vermindert. In der Praxis ist ein Spannungsfall immer unerwünscht.

Der Spannungsfall U_v auf einer Leitung errechnet sich mit

$$U_v = I \cdot R_l$$

Die Bezeichnung R_l ist der Leitungswiderstand, wobei man die Hin- und Rückleitung beachten muss. Der Leitungswiderstand errechnet sich aus

$$R_l = \frac{2 \cdot l \cdot \rho}{A} = \frac{2 \cdot l}{\gamma \cdot A}$$

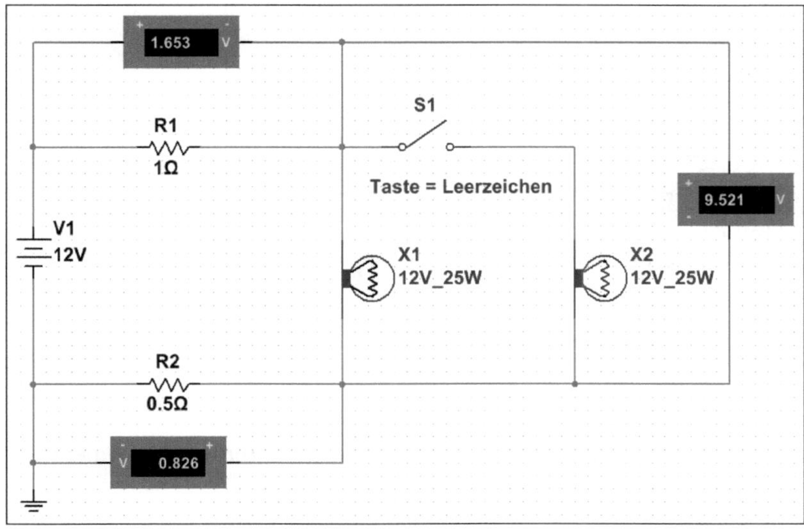

Abb. 4.19 • Simulation von zwei Leitungswiderständen.

Abb. 4.19 zeigt die Simulation von zwei Leitungswiderständen bei unterschiedlichen Belastungen. Durch den Widerstand R_1 fließt ein Strom von

$$I_1 = \frac{U_1}{R_1} = \frac{1{,}653\ \text{V}}{1\ \Omega} = 1{,}653\ \text{A}$$

und durch den Widerstand R_2 fließt ein Strom von

$$I_2 = \frac{U_2}{R_2} = \frac{0{,}826\ \mathrm{V}}{0{,}5\ \Omega} = 1{,}653\ \mathrm{A}$$

Beide Stromwerte müssen identisch sein, da es sich um eine Reihenschaltung handelt.

Tabelle 4.3 zeigt spezifische Widerstände und Leitfähigkeiten von Leitermaterialen, Widerstandsschichten und Metallen.

Tabelle 4.3: Spezifischer Widerstand ρ und Leitfähigkeit γ von Leitermaterialen, Widerstandsschichten und Metallen

Stoff	ρ in Ω·mm²/m	γ in m/Ω·mm²
a) Leitermaterial		
Aluminium	0,0278	36
Gold	0,023	43,5
Kupfer	0,01724	58
Silber	0,0164	61
b) Widerstandsschicht		
Platin	0,107	9,35
Kohle	65	0,013
c) Metall		
Eisen	0,01	10,2
Quecksilber	0,96	1,04
Zink	0,061	16,9

Welchen Wert hat der Widerstand eines Kupferdrahtes von 200 m Länge und 0,75 mm² Querschnitt?

$$R_1 = \frac{l \cdot \rho}{A} = \frac{200\ \mathrm{m} \cdot 0{,}01724\ \frac{\Omega \cdot \mathrm{mm}^2}{\mathrm{m}}}{0{,}75\ \mathrm{mm}^2} = 4{,}6\ \Omega$$

Wie lang ist ein Aluminiumdraht, der bei einem Querschnitt von 1,5 mm² einen Widerstand von 0,8 Ω hat?

$$l = \frac{A \cdot R_1}{\rho} = \frac{1{,}5\ \mathrm{mm}^2 \cdot 0{,}8\ \Omega}{0{,}0278\ \frac{\Omega \cdot \mathrm{mm}^2}{\mathrm{m}}} = 43{,}1\ \mathrm{m}$$

Welche Leitfähigkeit und welchen spezifischen Widerstand hat ein Material, von dem ein Probedraht von 2 m Länge und 1,2 mm Durchmesser einen Widerstand von 0,123 Ω hat?

$$A = 0{,}785 \cdot d^2 = 0{,}785 \cdot (1{,}2\ \mathrm{mm})^2 = 1{,}13\ \mathrm{mm}^2$$

$$\rho = \frac{A \cdot R}{l} = \frac{1{,}13\ \text{mm}^2 \cdot 0{,}123\ \Omega}{2\ \text{m}} = 0{,}0695\ \frac{\Omega \cdot \text{mm}^2}{\text{m}}$$

4.11 • Widerstandserwärmung bei Reihen- und Parallelschaltung (Widerstand)

Bei der Widerstandserwärmung unterscheidet man zwischen der Reihen- und Parallelschaltung. Zuerst soll ein Widerstand untersucht werden, wie Abb. 4.20 zeigt.

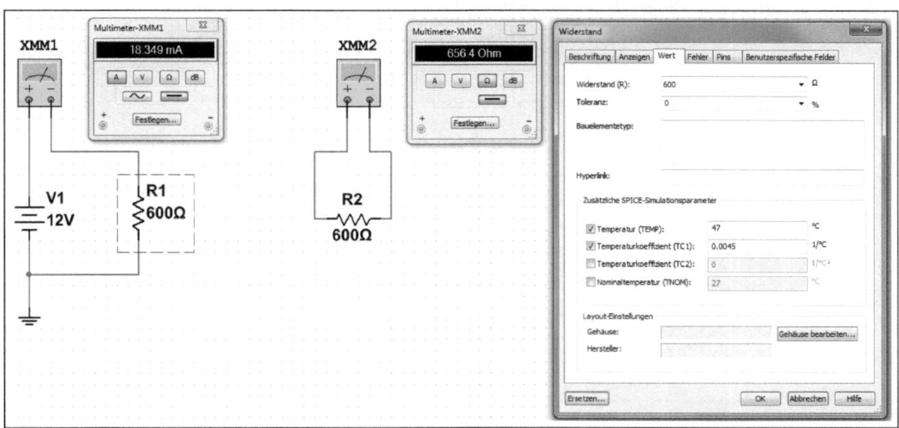

Abb. 4.20 • Temperaturabhängigkeit eines Widerstands.

Ein Widerstand von R = 600 Ω soll um eine Temperatur von 27 °C (Anfangswert) auf 47 °C (Endwert) erhöht werden. Der Widerstand hat einen Temperaturkoeffizienten von $\alpha = 0{,}0045\ \text{K}^{-1}$. Wie groß ist der Widerstandswert bei 47 °C?

$$R_W = R_K \cdot (1 + \alpha \Delta\vartheta) = 600\ \Omega \cdot (1 + 0{,}0045\ \text{K}^{-1} \cdot 20\ ^\circ\text{C}) = 654\ \Omega$$

Das Amperemeter zeigt einen Strom von 18,35 mA an und die Spannung beträgt 12 V.

$$R = \frac{U}{I} = \frac{12\ \text{V}}{18{,}35\ \text{mA}} = 654\ \Omega$$

Das Ohmmeter zeigt einen Widerstandswert von 654 Ω an, d. h. die Widerstandsänderung liegt bei 54 Ω.

Normalerweise rechnet man in der Praxis mit $R_W = R_K\ (1 + \alpha\Delta\vartheta)$. Die Simulation für den Warmwiderstand R_W lässt sich nach der Formel berechnen:

$$R_W = R_K \left[1 + \alpha \Delta\vartheta) + \beta(\Delta\vartheta)^2\right]$$

α = 1. Temperaturkoeffizient in K^{-1}
β = 2. Temperaturkoeffizient in K^{-2}

Näherungen für kleine Temperaturdifferenzen:

$$R_W = R_K\ (1 + \alpha \Delta\vartheta)$$

$$R_W = R_K \left[1 + \alpha(\vartheta - 20\ °C)\right] \quad \text{oder} \quad R_W = R_K \left[1 + \alpha(\vartheta - 27\ °C)\right]$$

Neben dem 1.Temperaturkoeffizienten gibt es noch den 2.Temperaturkoeffizienten, der in speziellen Datenbüchern aufgeführt ist. Tabelle 4.4 zeigt das thermische Verhalten von einigen Leitungen und Widerstandsmaterialen.

Tabelle 4.4: 1. und 2.Temperaturkoeffizient für Leitungen und Widerstandsmaterialen.

Stoff	α in K^{-1} < 200 °C	β in K^{-2} > 200 °C
a) Leitermaterial		
Aluminium	0,00403	$1{,}3 \cdot 10^{-6}$
Gold	0,0038	-
Kupfer	0,00403	$0{,}6 \cdot 10^{-6}$
Silber	0,0039	$0{,}7 \cdot 10^{-6}$
b) Widerstandsschicht		
Platin	0,003	$0{,}6 \cdot 10^{-6}$
Kohle	-0,0004	
c) Metalle		
Eisen	0,0066	$6{,}0 \cdot 10^{-6}$
Quecksilber	0,0033	$1{,}2 \cdot 10^{-6}$
Zink	0,0037	$2{,}0 \cdot 10^{-6}$

Der Gesamttemperaturkoeffizient bei einer Reihenschaltung mit zwei Widerständen errechnet sich aus

$$\alpha = \frac{R_1 \cdot \alpha_1 + R_2 \cdot \alpha_2}{R_1 + R_2}$$

Bei der Reihenschaltung von zwei Widerständen in Abb. 4.21 hat der Widerstand R_1 einen Temperaturkoeffizienten von $\alpha_1 = +0{,}0045\ K^{-1}$ und der Widerstand R_2 einen Temperaturkoeffizienten von $\alpha_2 = +0{,}0037\ K^{-1}$. Welcher Gesamttemperaturkoeffizient ergibt sich?

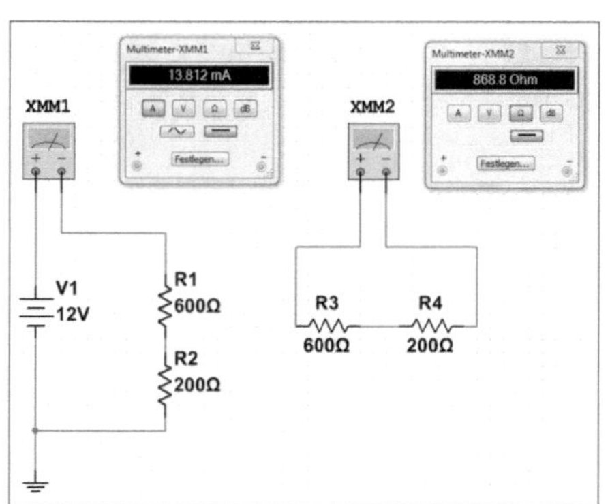

Abb. 4.21 • Reihenschaltung von zwei Widerständen.

$$\alpha = \frac{R_1 \cdot \alpha_1 + R_2 \cdot \alpha_2}{R_1 + R_2} = \frac{600\ \Omega \cdot 0{,}0045\ \text{K}^{-1} + 200\ \Omega \cdot 0{,}0037\ \text{K}^{-1}}{600\ \Omega + 200\ \Omega} = \frac{3{,}44\ \Omega \cdot \text{K}^{-1}}{800\ \Omega} = 0{,}0043\ \text{K}^{-1}$$

Die Temperatur ändert sich von 27 °C auf 47 °C. Welcher Gesamtwiderstand tritt bei dieser Reihenschaltung auf?

$$R_W = R_K\,(1 + \alpha\Delta\vartheta) = 800\ \Omega \cdot (1 + 0{,}0043 \cdot 20\ °\text{C}) = 868{,}8\ \Omega$$

Bei einer Umgebungstemperatur von 47 °C hat die Reihenschaltung einen Wert von 868,8 Ω. Das Amperemeter zeigt einen Strom von 13,813 mA und die Spannung beträgt 12 V.

$$R = \frac{U}{I} = \frac{12\ \text{V}}{13{,}813\ \text{mA}} = 868{,}8\ \Omega$$

Der Gesamttemperaturkoeffizient bei einer Parallelschaltung mit zwei Widerständen ist

$$\alpha = \frac{R_1 \cdot \alpha_2 + R_2 \cdot \alpha_1}{R_1 + R_2}$$

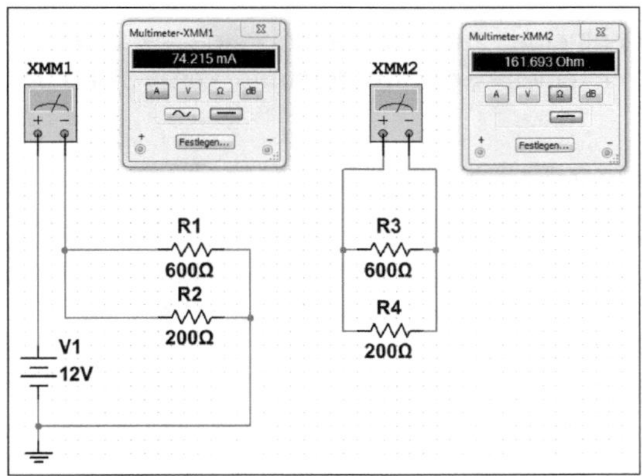

Abb. 4.22 • Parallelschaltung von zwei Widerständen.

Bei der Parallelschaltung von zwei Widerständen in Abb. 4.22 hat der Widerstand R_1 einen Temperaturkoeffizienten von α_1 = +0,0045 K^{-1} und der Widerstand R_2 einen Temperaturkoeffizienten von α_2 = +0,0037 K^{-1}. Welcher Gesamttemperaturkoeffizient ergibt sich?

$$\alpha = \frac{R_1 \cdot \alpha_2 + R_2 \cdot \alpha_1}{R_1 + R_2} = \frac{600\ \Omega \cdot 0{,}0037\ \text{K}^{-1} + 200\ \Omega \cdot 0{,}0045\ \text{K}^{-1}}{600\ \Omega + 200\ \Omega} = 0{,}0039\ \text{K}^{-1}$$

Es fließt ein Strom von 74,216 mA bei einer Spannung von 12 V. Welchen Wert hat der Widerstand?

$$R = \frac{U}{I} = \frac{12\ \text{V}}{74{,}216\ \text{mA}} = 161{,}7\ \Omega$$

Die Bedingungen für eine vollständige Temperaturkompensation bei einer Reihenschaltung mit zwei Widerständen lauten:

$$R_1 \cdot \alpha_1 + R_2 \cdot \alpha_2 = 0 \quad \rightarrow \quad R_2 = -\frac{\alpha_1}{\alpha_2} \cdot R_1 \quad \rightarrow \quad \frac{R_1}{R_2} = -\frac{\alpha_2}{\alpha_1}$$

$$R_1 + R_2 = R \quad \rightarrow \quad R_1 = R - R_2$$

$$R_2 = \frac{\alpha_1}{\alpha_1 - \alpha_2} \cdot R$$

Die Bedingungen für eine vollständige Temperaturkompensation bei einer Parallelschaltung mit zwei Widerständen lauten:

$$R_1 \cdot \alpha_2 + R_2 \cdot \alpha_1 = 0 \quad \rightarrow \quad R_2 = -\frac{\alpha_2}{\alpha_1} \cdot R_1 \quad \rightarrow \quad \frac{R_1}{R_2} = -\frac{\alpha_1}{\alpha_2}$$

$$\frac{1}{R} = \frac{1}{R_1} + \frac{1}{R_2} \quad \rightarrow \quad R_1 = \frac{R_2 \cdot R}{R_2 + R}$$

$$R_2 = \frac{(\alpha_2 - \alpha_1)}{\alpha_1} \cdot R$$

- Positives α bedeutet Zunahme des Widerstands bei Erwärmung (PTC-Verhalten).
- Negatives α bedeutet Abnahme des Widerstands bei Erwärmung (NTC-Verhalten).

Wie groß ist der Gesamttemperaturkoeffizient einer Parallelschaltung eines Drahtwiderstands von 2,5 kΩ mit α_1 = +0,002 K^{-1} mit einem Schichtwiderstand von 7,5 kΩ mit α_2 = −0,0015 K^{-1}? Lösung:

$$\alpha = \frac{R_1 \cdot \alpha_2 + R_2 \cdot \alpha_1}{R_1 + R_2} = \frac{2{,}5\ \text{k}\Omega \cdot -0{,}0015\ \text{K}^{-1} + 7{,}5\ \text{k}\Omega \cdot 0{,}002\ \text{K}^{-1}}{10\ \text{k}\Omega} = +0{,}001125\ \text{K}^{-1}$$

Ein Gesamtwiderstand von 140 Ω mit vollständiger Temperaturkompensation soll durch Reihenschaltung von Widerständen mit α_1 = +0,004 K^{-1} und α_2 = −0,003 K^{-1} erreicht werden. Wie groß müssen R_1 und R_2 sein? Lösung:

$$R_2 = \frac{\alpha_1}{\alpha_1 - \alpha_2} \cdot R = \frac{0{,}004\ \text{K}^{-1}}{0{,}004\ \text{K}^{-1} - (-0{,}003\ \text{K}^{-1})} \cdot 140\ \Omega = 80\ \Omega$$

$$R_1 = R - R_2 = 140\ \Omega - 80\ \Omega = 60\ \Omega$$

Probe:

$$\frac{R_1}{R_2} = -\frac{\alpha_2}{\alpha_1} \Rightarrow \frac{60\ \Omega}{80\ \Omega} = -\left(\frac{-0{,}003\ \text{K}^{-1}}{0{,}004\ \text{K}^{-1}}\right) = \frac{3}{4}$$

5 • Messgeräte für die Grundschaltungen der Elektronik

Wer elektronische Grundschaltungen entwickeln und verstehen möchte, benötigt am Anfang drei Messgeräte und zwar

- Multimeter
- Funktionsgenerator
- Zweikanal-Oszilloskop

Mit einem Multimeter lässt sich Spannung, Strom, Widerstand und die Dämpfung messen. Vor 20 Jahren dominierte ein Drehspul-Messwerk mit zahlreichen Widerständen und heute findet man ein digitales Messgerät mit LCD-Anzeige. Für den normalen Anwender reicht ein Multimeter mit 3½ Stellen aus und für den Profianwender genügen 4½ Stellen. Für den Laborbereich hat man 6½ Stellen. Das simulierte Multimeter hat je nach Messung eine drei- oder vierstellige Digitalanzeige.

Ein realer Funktionsgenerator erzeugt eine sinusförmige Wechselspannung im Bereich von 1 Hz bis 10 MHz, aber ein simulierter Funktionsgenerator hat einen Frequenzbereich von 1 mHz bis 1 GHz. Neben der Sinusspannung findet man noch die Rechteck- und die Dreieckspannung. Bei der Rechteckspannung kann man das Tastverhältnis von 1% bis 99% stufenlos einstellen. Hat man eine Dreieckspannung, lässt sich die steigende und die fallende Flanke der Dreieckfunktion stufenlos einstellen, wobei man einen Sägezahngenerator mit einem Verhältnis von 1% bis 99% hat. Im Gegensatz zum realen Funktionsgenerator hat der virtuelle einen Innenwiderstand vom 0 Ω.

Im Gegensatz zu Zeigerinstrumenten, die wegen ihrer mechanischen Trägheit bei Wechselstromvorgängen nur den Effektivwert anzeigen können, arbeitet ein Oszilloskop praktisch trägheitslos. Kernstück eines realen Oszilloskops ist die Elektronenstrahlröhre oder ein LCD-Display. Während man beim realen Oszilloskop einen Wehneltzylinder, eine Elektronenoptik und eine Anode hat, entfallen diese Einheiten beim virtuellen bzw. simulierten Oszilloskop. Man kann den Wehneltzylinder mit dem Steuergitter der Elektronenröhre vergleichen und durch Anlegen eines mehr oder weniger hohen negativen Potentials lässt sich der Elektronenstrom in seiner Stärke beeinflussen, d. h. man bestimmt dadurch die Helligkeit des Leuchtpunktes auf dem Bildschirm. Der Einsteller „INTENSITY" für die Helligkeit entfällt daher.

5.1 • Multimeter

Mit dem Multimeter (Vielfach-Messgerät) kann man Gleich- oder Wechselstrom, Gleich- oder Wechselspannung, Widerstand und Dämpfungsfaktor zwischen zwei Punkten in einer Schaltung messen. Da das Multimeter eine automatische Messbereichsumschaltung besitzt, ist es nicht erforderlich, einen Messbereich anzugeben. Der Innenwiderstand und der Messstrom sind auf annähernd ideale Werte voreingestellt und können durch Klicken auf „Definieren" / „Festlegen" geändert werden. Abb. 5.1 zeigt Symbol, Vergrößerung und Einstellfenster des Multimeters.

Abb.5.1 • Symbol, Vergrößerung und Einstellfenster des Multimeters.

Wenn man in der Leiste der Instrument-Bauteilbibliothek das Symbol für Multimeter anklickt, muss man das Symbol in die Arbeitsfläche ziehen. Das Symbol wird in der Arbeitsfläche positioniert und angeschlossen. Bevor man mit der Simulation beginnt, muss man das Symbol doppelklicken und es vergrößert sich. Danach wählt man aus den vier Messoptionen den passenden Einstellbereich aus. Man kann zwischen der Stromart, also AC (*Alternating Current*, Wechselstrom) oder DC (*Direct Current*, Gleichstrom) wählen. Möchte man die Einstellungen ändern, ist das „Definieren" / „Festlegen" -Fenster zu öffnen und hier nimmt man die Einstellungen vor.

- **A** (Strommessung): Mit dieser Option wird der Strom durch die Schaltung an einem Knoten gemessen. Das Multimeter muss hierzu wie ein reales Amperemeter in Serie mit der Last geschaltet werden. Um den Strom an einem anderen Punkt in der Schaltung zu messen, muss man das Multimeter in Serie anschließen und die Schaltung erneut aktivieren. Beim Einsatz des Multimeters als Amperemeter ist dessen Innenwiderstand sehr klein. Mit der Schaltfläche „Definieren" lässt sich dieser Widerstandswert ändern. Hinweis: Um den Strom an mehreren Punkten in der Schaltung zu messen, fügt man (fast unbegrenzt) mehrere Amperemeter aus der Anzeigen-Bauteilbibliothek hinzu.

- **V** (Spannungsmessung): Mit dieser Option kann man die Spannung zwischen zwei Punkten messen. Dazu klickt man auf „V" und schließt das Voltmeter parallel (Nebenschluss) zur Last an. Nachdem die Schaltung aktiviert wurde, kann man die Voltmeteranschlüsse beliebig verschieben, um die Spannung zwischen weiteren Punkten zu messen. Beim Einsatz des Multimeters als Voltmeter ist dessen Innenwiderstand sehr hoch (1 GΩ). Man klickt auf Schaltfläche „Definieren", um diesen Widerstandswert zu ändern. Hinweis: Um die Spannung an zahlreichen Punkten in der Schaltung zu messen, fügt man (fast unbegrenzt) mehrere Voltmeter aus der Anzeigen-Bauteilbibliothek hinzu.

- **Ω** (Widerstandsmessung): Mit dieser Option kann man den Widerstand zwischen zwei Punkten messen. Die Messpunkte und alles, was zwischen den Messpunkten liegt, werden als Netzwerk bezeichnet. Um ein genaues Messergebnis bei der Widerstandsmessung zu erzielen, stellt man sicher, dass

- sich keine Quelle im Netzwerk befindet
- das Bauteil oder Netzwerk mit Masse verbunden ist
- das Multimeter auf DC eingestellt ist
- kein anderes Bauteil parallel mit dem zu messenden Bauteil oder Netzwerk geschaltet ist

Das Ohmmeter erzeugt einen Messstrom von 1 mA. Man kann den Messstrom über die Schaltfläche „Definieren" ändern. Nachdem man das Ohmmeter an andere Messpunkte angeschlossen hat, muss man die Schaltung erneut aktivieren, um eine Anzeige zu erhalten.

Um die Multimetereinstellungen anzuzeigen, klickt man auf Schaltfläche „Definieren" und man erhält Tabelle 1.1 mit Grundeinstellungen.

Tabelle 5.1 • Grundeinstellungen des Multimeters.

Formelzeichen	Multimetereinstellungen	Standard	Wertebereich
R_A	Amperemeter Shunt-Widerstand	1 nΩ	pΩ bis Ω
R_V	Voltmeter Innenwiderstand	1 GΩ	Ω bis TΩ
I	Ohmmeter-Messstrom	10 nA	µA bis A
U	Dezibel-Standard	774,597 mV	µV bis mV

Abb. 5.2 zeigt eine Messung für den Gleichstrom. Die Spannung der Gleichspannungsquelle ist auf 5,65 V eingestellt und über den Widerstand R_1 fließt ein Strom von 5,65 mA.

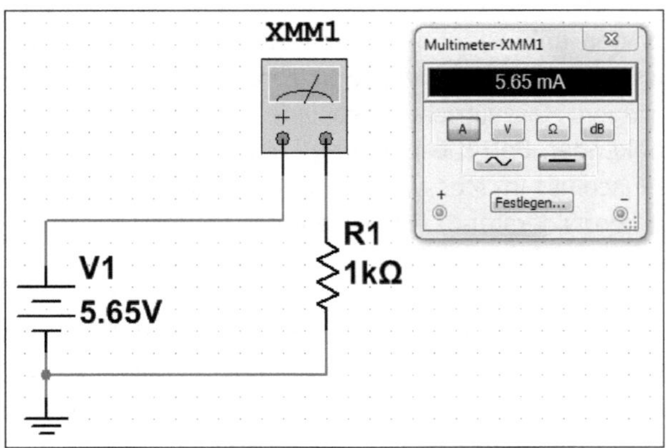

Abb. 5.2 • Messung eines Gleichstromes.

Die Spannungsquelle in der Schaltung wurde auf 5,65 V eingestellt und der Widerstand hat einen Wert von 1 kΩ. Das Digitalmultimeter zeigt einen Strom von 5,65 mA an. Der Wert der Spannungsquelle lässt sich jederzeit ändern und das gleiche gilt auch für den Widerstand.

Abb. 5.3 zeigt die Messung einer Wechselspannung.

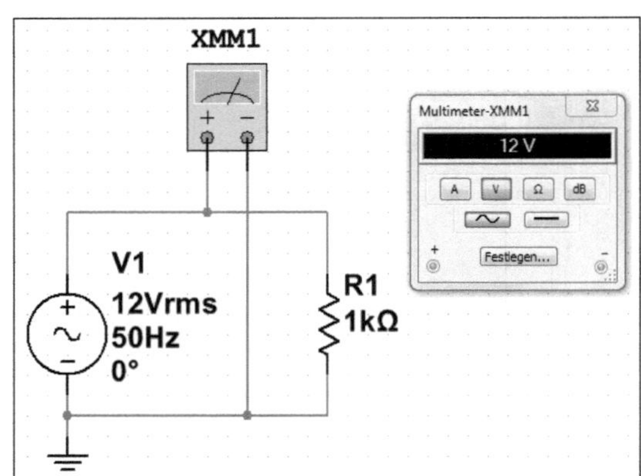

Abb. 5.3 • Messung einer Wechselspannung.

Für den Versuch benötigt man eine Wechselspannung von 12 V/50 Hz. Wenn die Wechselspannungsquelle eingestellt ist, kann man mit dem Digitalmultimeter diese Spannung als Effektivwert ablesen. Die Wechselspannungsquelle zeigt den Wert „12 Vrms" an und „rms" steht für *„root mean square"*, also für einen effektiven Spannungswert, da ein „V" davor steht.

Bei dem Digitalmultimeter muss auf der Frontplatte das Symbol (~) für die Wechselspannungsmessung angeklickt werden. Geschieht das nicht, erfolgt eine Fehlmessung.

Direkt zeigende Ohmmeter beruhen auf Strommessung bei bekannter, konstant bleibender Spannung. Der Spannungswert wird vor der eigentlichen Messung kontrolliert. In der einfachsten Form wird ein Vorwiderstand in den Stromkreis geschaltet, so dass das Messinstrument bei der gegebenen Spannung Vollausschlag hat. Die Überprüfung erfolgt durch Kurzschluss der Anschlussklemmen für den unbekannten Widerstand. Wird dieser in den Stromkreis gelegt, geht der Zeigerausschlag bei dem Messgerät zurück. Als Spannungsquelle dient im Allgemeinen bei derartigen Messeinrichtungen eine Trockenbatterie von etwa 4,5 V. Zum Ausgleich der schwankenden Batteriespannung kann der Messwerkausschlag durch einen magnetischen Nebenschluss im Messwerk korrigiert werden. Besser ist der Ausgleich durch einen einstellbaren Vorwiderstand. Mit der auf der Frontseite vorhandenen Prüftaste werden die Klemmen überbrückt.

Die Skala eines solchen Ohmmeters ist rückläufig. Der unbekannte Widerstand hat den Wert R_x = 0 Ω, wenn der Strom seinen Höchstwert hat. Die Milliampere- oder Volt-Bezeichnungen werden beibehalten und die Ohmskala zusätzlich aufgetragen. Die Ohmwerte drängen sich auf der Skala gegen Ende stark zusammen. Niedrige Widerstände werden daher genauer gemessen. Der ablesbare Bereich endet gewöhnlich etwa bei 50 Ω, wenn 4 V Batteriespannung verwendet wird, reicht aber, je nach Messwerk, auch manchmal bis 1 MΩ. Der Endwert „∞ Ω" deckt sich mit dem Nullpunkt der Voltskala.

Weil die Spannungsquelle, das Messwerk und der Prüfling in Reihe geschaltet sind, nennt man die Schaltung „Reihen-Ohmmeter". Gewöhnlich werden Gleichspannungsquellen und

Drehspulmesswerke verwendet. Zur Nulleinstellung ist auch die Spannungsteilerschaltung möglich, die vor allem dann verwendet wird, wenn verschiedene Spannungsquellen Verwendung finden sollen.

Beim Parallel-Ohmmeter liegen Spannungsquelle, Messwerk und Prüfling parallel. Praktisch wird der Spannungsfall am Prüfling bestimmt. Die Skala der Ohmwerte verläuft gleichsinnig mit der Spannungsskala, da bei 0 Ω auch 0-V-Spannungsfall herrscht. Die volle Spannung ist dann vorhanden, wenn die Klemmen offen sind, also bei unendlich hohem Widerstand. Der Abgleich auf die Sollspannung, für die die Skala vorbereitet ist, wird durch einen parallel zum unbekannten Widerstand liegenden Nebenwiderstand vorgenommen. Bei Messwerken mit unterdrücktem Nullpunkt können gleichmäßig geteilte Bereiche erzielt werden.

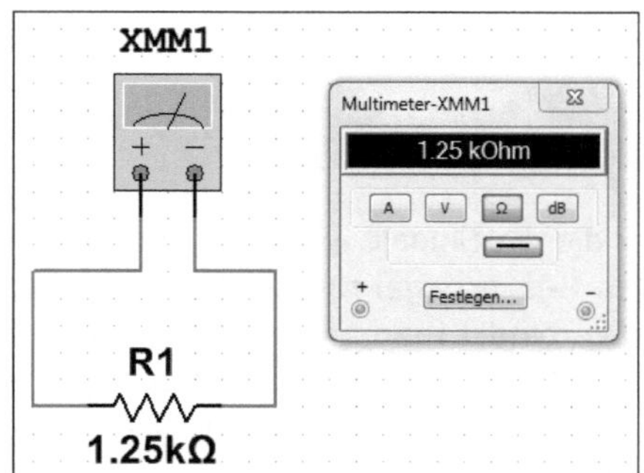

Abb. 5.4 • Messung eines Widerstands mit R = 1,25 kΩ.

Abb. 5.4 zeigt die Messung eines Widerstands mit R = 1,25 kΩ. Die Umgebungstemperatur des Widerstands beträgt 27 °C. Ändert man den Temperaturkoeffizienten, ändert sich der Temperaturverlauf des Widerstands und damit auch die Schaltung.

Ein Messgerät in einer Schaltung, das sich nicht auf die Schaltung auswirkt, wird als ideal bezeichnet. Ein ideales Voltmeter müsste einen unendlich großen Widerstand besitzen, so dass kein Strom hindurchfließt. Ein ideales Amperemeter besitzt keinen Widerstand. Da diese Eigenschaften in der Praxis nicht erreichbar sind, weichen alle mechanischen Messergebnisse von den theoretischen bzw. rechnerischen Werten einer Schaltung ab.

Das Multimeter in Multisim ist wie ein reales Multimeter nahezu ideal. Die voreingestellten Multimeterwerte sind so weit an die Idealwerte unendlich bzw. null angenähert, dass die Software annähernd ideale Messergebnisse erzielt. Bei Sonderfällen können Sie das Messgeräteverhalten verändern, indem Sie die zur Modellierung des Multimeters verwendeten Werte ändern, aber die Werte müssen jedoch größer als 0 sein.

5.2 • Funktionsgenerator

Der Funktionsgenerator ist eine Spannungsquelle, die Sinus-, Dreieck- und Rechtecksignale mit unterschiedlichem Tastverhältnis und einstellbare Ausgangssignale erzeugen kann. Mit diesem Generator werden die Schaltungen einfach und praxisgerecht mit Messsignalen und Messspannung versorgt. Die Signalform lässt sich ändern und Frequenz, Amplitude und Tastverhältnis kann man einstellen. Der Frequenzbereich des Funktionsgenerators ist so groß, dass nicht nur normale Signale, Spannungen und Ströme, sondern auch Audio- und Radiofrequenzen erzeugt werden können. Abb. 5.5 zeigt das Symbol und das geöffnete Fenster des Funktionsgenerators als Sinusgenerator.

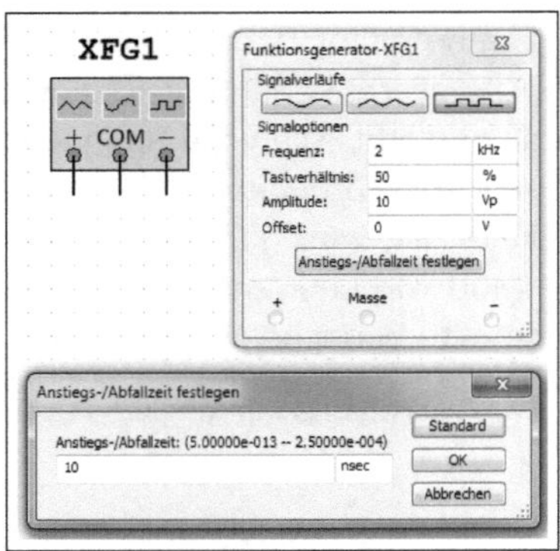

Abb. 5.5 • Symbol und geöffnetes Fenster des Funktionsgenerators (Sinusgenerator).

Der Funktionsgenerator besitzt drei Anschlüsse, über die die Signale in die Schaltung eingespeist werden. Der Anschluss „Common" stellt den Bezugspegel für das Signal bereit. Wenn die Masse den Bezug für ein Signal bilden soll, verbindet man Anschluss „Common" mit der Bauteil-„Masse". Der positive Anschluss (+) speist eine bezogen auf den Bezugsanschluss in positiver Richtung verlaufende Kurvenform ein. Der negative Anschluss (–) speist eine entsprechend in negativer Richtung verlaufende Kurvenform ein.

Um eine Signal- bzw. Kurvenform zu wählen, klickt man auf die entsprechende Sinus-, Dreieck- oder Rechteckschaltfläche. Das Tastverhältnis des Dreieck- und Rechtecksignals lässt sich beliebig ändern und bei dem Dreiecksignal die steigende bzw. fallende Flanke einstellen.

- Signaloptionen: Mit dieser Option bestimmt man die Periodenanzahl (Frequenz von 1 mHz bis 9,99 GHz) des vom Funktionsgenerator gelieferten Signals.

- Tastverhältnis (1% bis 99%): Mit dieser Option stellt man das Verhältnis aus steigender zum fallenden Kurvenanteil (Dreiecksignal) bzw. positivem zum negativen Kurvenanteil (Rechtecksignal) ein. Das Tastverhältnis wirkt sich nicht auf ein Sinussignal aus.

- Amplitude (1 µV bis 999 kV): Mit dieser Option stellt man den Betrag der Signalspannung vom Nulldurchgang bis zum Spitzenwert ein. Wenn die Einspeisungspunkte der Schaltung mit dem Anschluss „Common" und dem positiven oder negativen Anschluss des Funktionsgenerators verbunden sind, beträgt der Spitze-Spitze-Wert das zweifache der Amplitude. Wenn das Ausgangssignal dagegen über den negativen und positiven Anschluss eingespeist wird, beträgt der Spitze-Spitze-Wert das vierfache der Amplitude.

Die Messungen erfolgen mittels des Oszilloskops mit U_{SS} (Spannung Spitze-Spitze), U_S (Spannung Spitze) und U_{RMS} (Effektivwert, *Root Mean Square*).

Mit der Option „Offset" verschiebt man den Gleichspannungspegel, der den Nulldurchgang für das Signal bildet. Bei einem Offset von 0 alterniert die Signalkurve um die X-Achse des Oszilloskops (vorausgesetzt dessen Y-Position ist auf 0 eingestellt). Ein positiver Offsetwert verschiebt die Kurve nach oben, ein negativer nach unten. Der Offsetwert besitzt die Einheit, die für die Amplitude eingestellt wurde.

Es dürfen keine Kommas verwendet werden, sondern nur Dezimalpunkte!

Die Frequenz bei einer sinusförmigen Wechselspannung gibt die Anzahl der Perioden pro Sekunde an. Die Frequenz und die Kreisfrequenz berechnen sich aus

$$f = \frac{1}{T} \qquad \omega = 2 \cdot \pi \cdot f$$

Der Funktionsgenerator erzeugt eine Wechselspannung mit 1 kHz. Man berechnet die Periodendauer und die Kreisfrequenz:

$$T = \frac{1}{f} = \frac{1}{1\,\text{kHz}} = 1\,\text{ms} \qquad \omega = 2 \cdot \pi \cdot f = 2 \cdot 3{,}14 \cdot 1\,\text{kHz} = 6280\,\text{s}^{-1}$$

Die Wellenlänge λ ist der Abstand zwischen zwei Stellen gleichen Schwingungszustandes, d.h. zweier Verdichtungsstellen. Die Berechnung erfolgt nach

$$\lambda = \frac{c}{f}$$

c = Ausbreitungsgeschwindigkeit (diese beträgt für elektromagnetische Wellen in Luft und Vakuum 300000 km/s und in Kupferleitungen 240000 km/s; für Schallwellen in Luft 343 m/s).

Bei den Wechselgrößen von Abb. 5.6 unterscheidet man zwischen *Augenblickwert*, *Scheitelwert*, *Effektivwert*, *Gleichrichtwert*, *Scheitelfaktor* und *Formfaktor*.

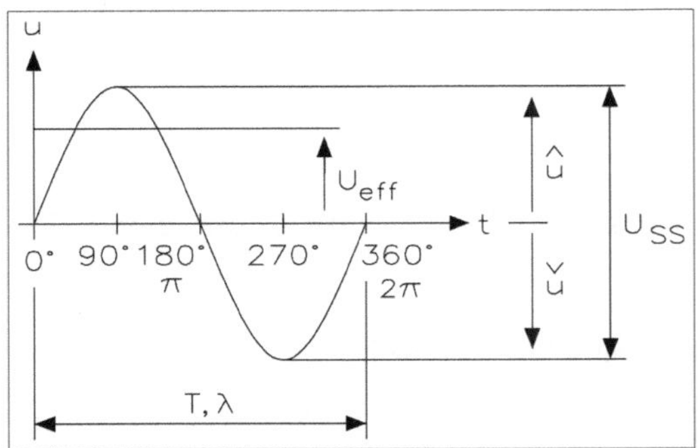

Abb. 5.6 • Darstellung von Wechselgrößen.

- Der **Augenblickwert** ist der Wert einer Wechselgröße zu einem bestimmten Zeitpunkt. Die Kennzeichnung erfolgt durch Kleinbuchstaben mit „*u*" für den Augenblickwert der Spannung oder „*i*" für den Strom.

- Der **Scheitelwert** ist der größte Betrag des Augenblickwerts einer Wechselgröße. Die Kennzeichnung erfolgt durch ein Dach über dem Buchstaben mit „$\hat{u}$" für die Spannung oder „$\hat{i}$" für den Strom.

- Der **Effektivwert** ist der zeitliche quadratische Mittelwert einer Wechselgröße. Die Kennzeichnung erfolgt durch Großbuchstaben oder mit dem Index „eff", also „U" bzw. „U_{eff}" für die Spannung oder „I" bzw. „I_{eff}" für den Strom.

- Der **Gleichrichtwert** ist der arithmetische Mittelwert des Betrags einer Wechselgröße über eine Periode. Die Kennzeichnung erfolgt durch Betragsstriche und Überstrich wie „$|\bar{u}|$" oder „$|\bar{i}|$" für den Strom, wobei man in der Praxis auf die Betragsstriche verzichtet.

- Der Scheitelfaktor einer Wechselgröße ist das Verhältnis von Scheitelwert zum Effektivwert. Es gilt

  $$S = \frac{\hat{u}}{U} = \frac{\hat{i}}{I}$$

  Der Scheitelfaktor ist von der entsprechenden Schwingungsform abhängig. Tabelle 5.2 zeigt die einzelnen Scheitelfaktoren.

Tabelle 5.2: Scheitelfaktoren in Abhängigkeit der Schwingungsform.

Schwingungsform	Scheitelfaktor
Sinus	$\sqrt{2} = 1,414$
Dreieck	$\sqrt{3} = 1,732$
Sägezahn	$\sqrt{3} = 1,732$
Rechteck	1,00

- Der **Formfaktor** einer Wechselgröße ist das Verhältnis von Effektivwert zum Gleichrichtwert:

  $$F = \frac{U}{\bar{u}} = \frac{I}{\bar{i}} \qquad F \geq 1$$

Tabelle 5.3 zeigt die einzelnen Formfaktoren, wobei man die Schwingungsform berücksichtigen muss.

Tabelle 5.3 • Formfaktoren in Abhängigkeit der entsprechenden Schwingungsform.

Schwingungsform	Formfaktor
Sinus	$\frac{\pi}{2\sqrt{2}} = 1,111$
Dreieck	$\frac{2}{\sqrt{3}} = 1,155$
Rechteck	1,00

Bei der Rechteck- und der Dreieckspannung lässt sich das Tastverhältnis (*Duty Cycle*) ändern. Abb. 5.7 zeigt die Bezeichnungen für Rechteckspannungen.

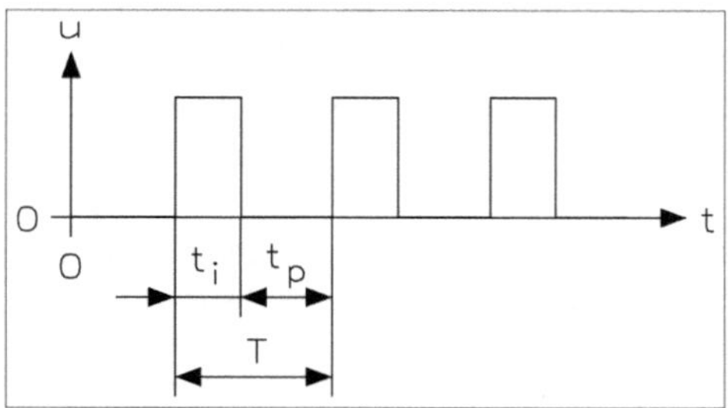

Abb. 5.7 • Bezeichnungen für Rechteckspannungen.

Die Periodendauer T ist eine Addition zwischen der Impulsdauer t_i und der Pausendauer t_p. Es gilt:

$$T = t_i + t_p$$

Für die Frequenz gilt:

$$f = \frac{1}{T} = \frac{1}{t_i + t_p}$$

Wichtig für die Praxis ist das Tastverhältnis V und der Tastgrad G von rechteckförmigen Impulsfolgen:

$$V = \frac{T}{t_i} = \frac{1}{G} \qquad G = \frac{t_i}{T} = \frac{1}{V}$$

Durch die Einstellung des Tastverhältnisses erhält man positive und negative Nadelimpulse. Das Tastverhältnis lässt sich von 1% bis 99% in 1%-Schritten ändern.

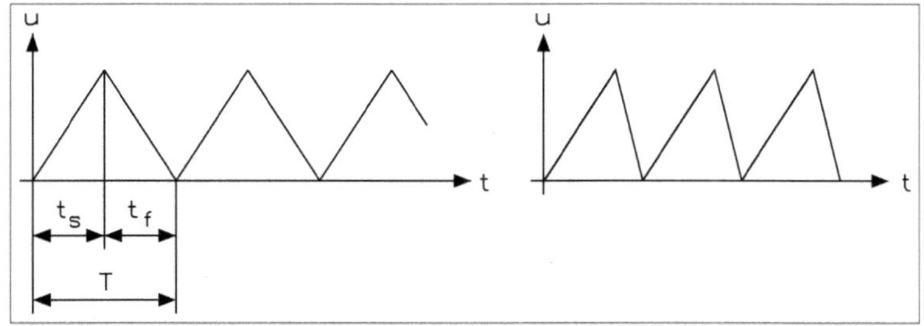

Abb. 5.8 • Dreieck- und Sägezahnspannung

Die Dreieckspannung von Abb. 5.8 (links) hat gleiche Zeiten für die steigende und fallende Flanke. Die Periodendauer T errechnet sich aus der steigenden Flankendauer t_s und der fallenden Flankendauer t_f. Das Verhältnis zwischen der steigenden und der fallenden Flanke lässt sich von 1% bis 99% in 1%-Schritten ändern.

Die Amplitude, also die Ausgangsspannung, kann man wieder mittels mehrerer Methoden einstellen. Die erste Möglichkeit besteht darin, die Drehknöpfe (Spin-Controls) anzuklicken. Bei dieser Methode wird der Amplitudenwert jeweils um 1 erhöht bzw. verringert. Dieser Vorgang lässt sich auch durch die Verwendung der Pfeiltasten (Cursortasten) auf der PC-Tastatur realisieren. Auch kann man eine direkte Eingabe des Amplitudenwerts über die Tastatur vornehmen. Hierbei wird der Amplitudenwert mit einer Nachkommastelle (Dezimalpunkt) eingegeben, z. B. 7.2 Volt. Klicken Sie hierzu mit der Maus in die Amplitudenwertanzeige des Funktionsgenerators. Es lassen sich die Grundeinstellungen für die Ausgangswerte zwischen pV_{SS} bis TV_{SS} einstellen.

Mit dem Offset verschiebt man den Gleichspannungsanteil des erzeugten Signals in positive bzw. negative Richtung. Der Offset lässt sich von –999 bis +999 in 1-er-Schritten ändern. Die Grundeinstellungen reichen von pV bis TV.

5.3 • Zweikanal-Oszilloskop

Das Zweikanal-Oszilloskop zeigt die Spannungs- und Frequenzverläufe elektrischer Signale an. Es kann die Amplitude eines oder zweier Signale zeitabhängig darstellen, und es ermöglicht den Vergleich der beiden Signalkurven miteinander. Abb. 5.9 zeigt ein Oszilloskop mit einem Funktionsgenerator zur Spannungs- und Frequenzmessung.

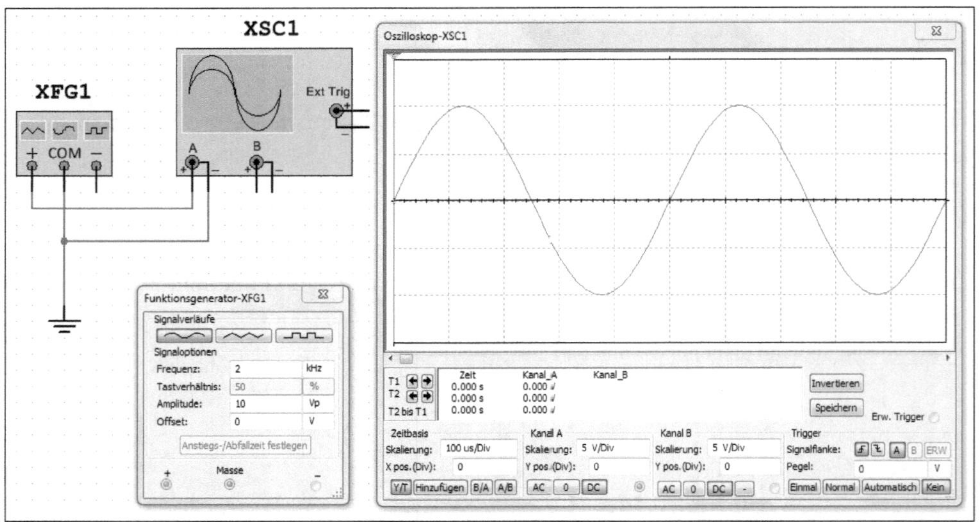

Abb. 5.9 • Oszilloskop mit Funktionsgenerator zur Spannungs- und Frequenzmessung.

Nachdem man die Schaltung aktiviert hat und das Schaltungsverhalten simuliert wurde, kann man die Oszilloskopanschlüsse an andere Messpunkte in der Schaltung anschließen. Das Oszilloskop zeigt die Signale an den neuen Messpunkten automatisch an. Man kann sowohl während als auch nach der Simulation eine Feinabstimmung der Oszilloskopeinstellungen vornehmen und auch in diesem Fall stellt das Oszilloskop die Signale automatisch neu dar. Wenn man die Oszilloskopeinstellungen oder Analyseoptionen so ändert, dass mehr Details angezeigt werden, erscheinen die Kurven möglicherweise unregelmäßig oder zerhackt. Man aktiviert in einem solchen Fall die Schaltung erneut und man kann die Signalgenauigkeit auch erhöhen, indem man die Simulationszeitschritte erhöht.

Für die anderen Einstellungen ergibt sich

- **Zeitbasis** (0,10 ns/Div bis 1 s/Div): Mit den Zeitbasiswerten wird die Skalierung der horizontalen X-Achse des Oszilloskops bei der Darstellung des Betrags über die Zeit (Y/T) eingestellt. Um eine sinnvolle Darstellung zu erhalten, stellen Sie die Zeitbasis umgekehrt proportional zur Frequenz des Funktionsgenerators oder der AC-Quelle in der Schaltung ein, d. h. je höher die Frequenz, desto kleiner (stärker vergrößernd) ist die Zeitbasis einzustellen. Wenn man beispielsweise eine Periode eines 1-kHz-Signals darstellen will, sollte die Zeitbasis ca. 500 µs betragen. Für die Darstellung einer 10-kHz-Periode muss man für die Zeitbasis ca. 50 µs einstellen.

- **X-Position** (–5,00 bis 5,00): Dieser Wert legt den Signalstartpunkt auf der X-Achse fest. Bei der X-Position 0 beginnt die Signaldarstellung am linken Bildschirmrand. Ein positiver Wert verschiebt den Startpunkt nach rechts und ein negativer Wert verschiebt den Startpunkt nach links.

- **Darstellungsmodus** (Y/T, A/B oder B/A): In der Darstellung kann man zwischen diesen beiden Modi wählen. Darstellung des Betrags über die Zeit (Y/T) und Darstellung eines Kanals über den anderen Kanal (A/B oder B/A). Mit dem letzteren Modus lassen sich Frequenz- und Phasenlage (Lissajous-Figuren) oder Hysterese-Schleifen darstellen. Wenn man das Eingangssignal von Kanal A mit dem von Kanal B vergleicht (A/B), bestimmt die Einstellung von „Volt pro Teilstrich" für Kanal B die Skalierung der X-Achse (und umgekehrt bei B/A). Wenn man eine Signalkurve genau untersuchen will, klickt man im Register „Instrumente" des Dialogfelds „Schaltung/Analyseoptionen" auf „Pause nach jedem Bildschirm" oder wählt man „Analyse/Pause". In beiden Fällen kann man die Simulation fortsetzen, indem man „Analyse/Fortsetzen" wählt oder F9 drückt.

- **Masseanschluss**: Der Anschluss des Oszilloskops an Masse ist nicht unbedingt erforderlich, wenn die Schaltung, in der gemessen wird, bereits mit Masse verbunden ist.

- **Volt pro Teilstrich** (0,01 mV/Div bis 5 kV/Div): Mit dieser Einstellung wird die Skalierung der Y-Achse festgelegt. Im Darstellungsmodus A/B oder B/A bestimmt dieser Wert auch die Skalierung der X-Achse. Man passt die Skalierung an die angenommene Eingangsspannung des Kanals an, um sinnvolle Anzeigen zu erhalten. Beispielsweise füllt ein AC-Signal mit einer Spannung von 3 V den Oszilloskop-Bildschirm vertikal aus, wenn die Y-Achse auf 1 V/Div eingestellt ist. Wenn man den Wert für V/Div erhöht, wird die Kurve kleiner dargestellt. Wenn der Wert verringert wird, erscheint die Kurve oben und unten abgeschnitten.

- **Y-Position** (–3,00 bis 3,00): Mit dieser Einstellung wird der Startpunkt des Signals auf der Y-Achse festgelegt. Bei der Y-Position 0,00 beginnt die Signalkurve im Schnittpunkt mit der X-Achse. Wenn die Y-Position auf 1,00 erhöht wird, verschiebt sich der Nullpunkt (Startpunkt) auf den ersten Teilstrich oberhalb der X-Achse. Eine Verringerung der Y-Position auf -1,00 verschiebt den Nullpunkt zum ersten Teilstrich unterhalb der X-Achse.

Der Vergleich der beiden Signale für Kanäle A und B kann erleichtert werden, indem der Wert für die Y-Position geändert wird. Es sollen im folgenden Beispiel zwei Signale dargestellt werden, die bei gleichem Y-Positionswert für Kanal A und B fast überlagert sind. Nach Erhöhung des Y-Positionswertes für Kanal A und Verringerung für Kanal B sind die beiden Kurven nun deutlich voneinander getrennt.

- **Eingangskopplung** (AC, 0, DC): Bei auf „AC" eingestellter Eingangskopplung wird nur der AC-Anteil eines Signals dargestellt. Durch diese Einstellung wird die gleiche Wirkung erzielt wie ein mit der Messeingangsleitung in Reihe geschalteter Kondensator. Wie bei einem realen Oszilloskop mit AC-Eingangskopplung ist die Anzeige der ersten Periode nicht korrekt. Während der ersten Periode wird der DC-Anteil des Signals berechnet und dann unterdrückt, so dass die nachfolgenden Perioden korrekt angezeigt werden.
  Die Einstellung der Eingangskopplung auf „DC" bewirkt, dass das vollständige Signal (Summe aus AC- und DC-Anteil) angezeigt wird. Die Einstellung „0" führt zu einer geraden Bezugslinie durch den Startpunkt, der durch den Y-Positionswert vorgegeben ist. Hinweis: Man darf keinen Kopplungskondensator in die Leitung zwischen Messpunkt und Messeingang einfügen. Das Oszilloskop kann in diesem Fall keinen Strompfad bereitstellen, und die Schaltungsanalyse würde ergeben, dass der Kondensator falsch angeschlossen ist. Man klickt stattdessen auf „AC".

- **Trigger**: Mit dem Trigger legt man fest, wie und wann die Kurvendarstellung auf dem Oszilloskop-Bildschirm ausgelöst wird.

- **Auslösende Flanke**: Damit die Anzeige mit der positiven Flanke bzw. dem ansteigenden Signal beginnt, klickt man auf Symbol „Ansteigende Flanke". Damit die Anzeige mit der negativen Flanke bzw. dem abfallenden Signal beginnt, klickt man auf Symbol „Abfallende Flanke".

- **Triggerpegel** (–3,00 bis 3,00): Der Triggerpegelwert ist der Punkt auf der Y-Achse des Oszilloskops, den das Signal durchlaufen muss, damit die Anzeige ausgelöst wird. Der Pegelwert kann zwischen –3,00 (unterer Bildschirmrand) und +3,00 (oberer Bildschirmrand) eingestellt werden. Bei einer steigungslosen bzw. flankenlosen Signalform wird der Triggerpegel nicht durchlaufen. Zur Anzeige eines solchen Signals muss für das Triggersignal AUTO eingestellt werden.

- **Triggersignal**: Die Triggerung kann intern über das Signal an Kanal A oder B erfolgen, oder extern über ein Signal am externen Triggeranschluss. Diesen Anschluss findet man auf dem Oszilloskopsymbol unter dem Masseanschluss. Wenn man ein lineares/flankenloses Signal messen will oder Signale schnellstmöglich dargestellt werden sollen, stellt man das Triggersignal „AUTO" ein.

Wenn man das Symbol betrachtet, erkennt man den Anschluss A (Kanal A oder YA) und den Anschluss B (Kanal B oder YB). Der Masseanschluss ist mit Masse (Erde) zu verbinden, was aber nicht unbedingt erforderlich ist. Liegt keine Masse an, ist das Messgerät bereits mit Masse verbunden. An dem T-Eingang wird das externe Triggersignal angeschlossen.

Nachdem die Schaltung aktiviert und das Schaltungsverhalten simuliert wurde, kann man die Oszilloskopanschlüsse an andere Messpunkte in der Schaltung anschließen. Das Oszilloskop zeigt die Signale an den neuen Messpunkten automatisch an. Man kann sowohl während als auch nach der Simulation eine Feinabstimmung der Oszilloskopeinstellungen vornehmen und in diesem Fall stellt das Oszilloskop die Signale automatisch neu dar.

Die Einstellung der Kanäle A und B erfolgt mit „Scale" und Volt pro Teilstrich von 0,01 mV/Div bis 5 kV/Div und mit dieser Einstellung wird die Skalierung der Y-Achse festgelegt. Im Darstellungsmodus A/B oder B/A bestimmt dieser Wert auch die Skalierung der X-Achse. Man passt die Skalierung an die angenommene Eingangsspannung des Kanals an, um sinnvolle Anzeigen zu erhalten. Beispielsweise füllt ein Wechselspannungssignal mit einem Wert von 3 V den Oszilloskop-Bildschirm vertikal aus, wenn die Y-Achse auf 1 V/Div eingestellt ist. Wenn man den Wert für V/Div erhöht, wird die Kurve kleiner dargestellt. Wenn man den Wert für V/Div verringert, wird die Kurve größer dargestellt und oben bzw. unten abgeschnitten.

Mit der Y-Position wird der Startpunkt des Signals auf der Y-Achse festgelegt. Bei der Y-Position 0,00 beginnt die Signalkurve im Schnittpunkt mit der X-Achse. Wenn die Y-Position auf 1,00 erhöht wird, verschiebt sich der Nullpunkt (Startpunkt) auf den ersten Teilstrich oberhalb der X-Achse. Eine Verringerung der Y-Position auf –1,00 verschiebt den Nullpunkt zum ersten Teilstrich unterhalb der X-Achse.

5.3.1 • Interne und externe Triggerung

Während des Triggervorgangs (trigger = anstoßen, auslösen) steuert entweder eine interne oder externe Spannung den Schmitt-Trigger an.

- Interne Triggerung: Liegt am Eingang ein periodisch wiederkehrendes Signal an, so muss über die Zeitablenkung sichergestellt werden, dass in jedem Zyklus der Zeitbasis ein kompletter Strahl geschrieben wird, der Punkt für Punkt deckungsgleich ist mit jedem vorherigen Strahl. Ist dies der Fall, ergibt sich eine stabile Darstellung. Bei dieser Triggerung wird diese Stabilität durch Verwendung des am Y-Eingang liegenden Signals zur Kontrolle des Startpunktes jedes horizontalen Ablenkzyklus erreicht. Man verwendet dazu einen Teil der Signalamplitude des Y-Kanals zur Ansteuerung einer Triggerschaltung, die die Triggerimpulse für den Sägezahngenerator erzeugt. Damit stellt das Oszilloskop sicher, dass die Zeitablenkung nur gleichzeitig mit Erreichen eines Impulses ausgelöst werden kann.

- Externe Triggerung: Ein extern anliegendes Signal, das mit dem zu messenden Signal am Y-Eingang verknüpft ist, lässt sich ebenso zur Erzeugung von Triggerimpulsen verwenden.
  Die Triggerimpulse am Eingang des Automatikschaltkreises sorgen für die Erzeugung eines konstanten Gleichspannungspegels am Ausgang. Dieser Ausgang ist auf den Eingang am Zeitbasisgenerator geschaltet.
  Sind keine Triggerimpulse mehr am Eingang des Zeitbasisgenerators vorhanden oder fällt die Amplitude unter einen bestimmten Pegel, wird der Gleichspannungspegel, der durch den Automatikschaltkreis erzeugt wird, abgeschaltet. Damit lässt sich der Zeitbasisgenerator in die Lage versetzen, selbsttätige Ladevorgänge

auszulösen. Es kommt also zur Selbsttriggerung oder einem undefinierten Freilauf. Der Ablauf der Zeitbasis ist dann nicht mehr von der Existenz der Triggerimpulse abhängig. Obwohl sich der Freilauf des Zeitbasisgenerators nicht für Messungen verwenden lässt, hat er eine spezielle Funktion. Ohne diese Möglichkeit würde ein am Eingang des Oszilloskops zu stark abgeschwächtes Signal oder eine falsche Stellung des Triggerwahlschalters keine Anzeige erzeugen. Der Anwender könnte nicht sofort erkennen, ob tatsächlich ein Eingangssignal vorhanden ist oder nicht.
Es gibt praktische Anwendungsfälle in der Messtechnik, bei denen größere Freiheit bei der Wahl des Triggerpunktes erforderlich ist, oder aber eine Änderung im Amplitudenpegel des Eingangssignals verursacht eine nicht exakte Triggerung. In diesem Falle kann man auf die externe Triggermöglichkeit zurückgreifen.
Ein externes Triggersignal wird auf die Buchse mit der Bezeichnung TRIG an der Frontplatte gegeben und der benachbarte Triggerwahlschalter in die Stellung EXT gebracht. Das Signal wird dann in gleicher Weise weiterbehandelt wie das für ein internes Triggersignal der Fall wäre.

Zeitgleich mit dem Ende der Anstiegsflanke der Sägezahnspannung werden folgende drei Vorgänge ausgelöst:

- Der Kondensator im Ladekreis wird entladen und damit der Strahlrücklauf ausgelöst.
- Ein negatives Austastsignal für die Strahlrücklaufunterdrückung wird erzeugt.
- Es wird ein Signal erzeugt, das den Beginn eines neuen Ladevorgangs verhindert, bevor der Kondensator vollständig entladen ist.

Der erste Triggerimpuls nach Ende dieses Signals erzeugt einen weiteren Ladevorgang. Der Zeitabstand zwischen jedem Ablauf der Zeitbasis ist also bestimmt durch den Zeitabstand zwischen den nachfolgenden Triggerimpulsen. d. h. je höher die Signalfrequenz, umso höher ist die Wiederholfrequenz der Abläufe in der Zeitbasis.

Wie bereits erwähnt, werden die Impulse von dem Schmitt-Trigger über den Automatikschaltkreis so umgewandelt, dass sie als Gleichspannungspegel am Eingang des Zeitbasisgenerators anliegen. Sind die Triggerimpulse an diesem Eingang nicht mehr vorhanden oder fällt ihre Amplitude unter einen bestimmten Pegel, so wird der Gleichspannungspegel verwendet, der durch den Automatikschaltkreis erzeugt wird, und damit setzt man den Zeitbasisgenerator in die Lage, selbsttätig Ladevorgänge auszulösen. Es wird also eine Selbsttriggerung oder ein Freilauf erfolgen. Der Abstand der Zeitbasis ist dann nicht mehr von der Existenz der Triggerimpulse abhängig.

Für spezielle Anwendungen in der Messpraxis ist es erwünscht, auf dem Bildschirm eine Anzeige zu erhalten, die die Signale in den Y-Eingängen des Oszilloskops als eine Funktion anderer Variable als der Zeit darstellt, wenn mit Lissajous-Figuren gearbeitet wird. In diesem Fall muss der Zeitbasisgenerator ausgeschaltet sein, d. h. der TIME/Div-Schalter ist in eine dazu markierte Stellung V/Div geschaltet, und das neue Referenzsignal wird auf die X-INPUT-Buchse auf der Frontplatte gelegt. Der Ablenkfaktor lässt sich mittels eines zweistufigen Eingangsabschwächers wählen. Das Referenzsignal wird verstärkt und direkt auf den X-Endverstärker durchgeschaltet. Während der Zeitbasisgenerator ausgeschaltet ist, geht die Y-Kanalumschaltung automatisch in den „chopped"-Betrieb mit Strahlunterdrückung während der Umschaltzeit über. Die Strahlrücklaufunterdrückung (X-Kanal) ist nicht mehr in Betrieb.

Ein am Eingang eines Y-Kanals anliegendes Signal wird entweder direkt über den DC-Anschluss oder über einen isolierenden Kondensator (AC) an den internen Stufenabschwächer gekoppelt. Der Kondensator ist erforderlich, wenn man ein sehr kleines Wechselspannungssignal messen muss, das einem großen Gleichspannungssignal überlagert ist.

Das Problem bei einem Spannungsteiler sind die Bandbreiten, die durch die Widerstände und kapazitiven Leitungsverbindungen auftreten. Oszilloskope über 100 MHz sind meistens mit einem separaten 50Ω-Eingang ausgestattet, um das Problem mit den Bandbreiten zu umgehen. Die Bandbreite ist die Differenz zwischen der oberen und unteren Grenzfrequenz, d. h. die Bandbreite ist der Abstand zwischen den beiden Frequenzen, bei denen die Spannung noch 70,7% der vollen Bildhöhe erzeugt. Die volle, dem Ablenkkoeffizienten entsprechende Bildhöhe wird bei den mittleren Frequenzen erreicht. Seit 1970 basieren die Oszilloskope auf der Gleichspannungsverstärkung mittels Transistoren bzw. Operationsverstärkern und damit gilt für die untere Grenzfrequenz $f_u = 0$ bzw. die Bandbreite ist gleich der oberen Grenzfrequenz. Bei den meisten Elektronenstrahlröhren ab 1980 erreicht man Grenzfrequenzen von 150 MHz bis 2 GHz. Bei den Oszilloskopen wird jedoch die Bandbreite in der Praxis nicht von der Elektronenstrahlröhre, sondern von den einzelnen Verstärkerstufen bestimmt. Da mit steigender Bandbreite der technische Aufwand und die Rauschspannung steigen, wählt man die Bandbreite nur so hoch, wie es der jeweilige Verwendungszweck fordert:

- **NF-Oszilloskop**: Benötigt man ein Oszilloskop für den niederfrequenten Bereich (< 1 MHz), ist ein Messgerät mit einer Bandbreite bis 5 MHz völlig ausreichend. Dieser Wert bezieht sich immer auf den Y-Eingang. Die Bandbreite des X-Verstärkers ist meist um den Faktor 0,1 kleiner, da bei der höchsten Frequenz am Y-Eingang und der größten Ablenkgeschwindigkeit in X-Richtung ca. zehn Schwingungen auf dem Schirm sichtbar sind.

- **HF-Oszilloskop**: Für die Fernsehgeräte, den gesamten Videobereich und teilweise auch für die Telekommunikation benötigt man Bandbreiten bis zu 50 MHz.

- **Samplingoszilloskop**: Für die Darstellung von Spannungen mit Frequenzen zwischen 100 MHz bis 5 GHz sind Speicheroszilloskope erhältlich. Bei ihnen wird das hochfrequente Signal gespeichert, dann mit niedrigerer Frequenz abgetastet und auf dem Schirm ausgegeben.

Ein Oszilloskop soll die zu untersuchende Schaltung nicht beeinflussen. Da Oszilloskope immer als Spannungsmesser arbeiten, werden sie parallel zum Messobjekt geschaltet. Der Innenwiderstand eines Oszilloskops muss daher möglichst groß sein. Dem sind jedoch in der Praxis folgende Grenzen gesetzt.

Mit dem Kopplungseinsteller wird vorgegeben, auf welche Weise das Eingangssignal von der BNC-Eingangsbuchse auf der Frontplatte an das interne Vertikalablenksystem für diesen Kanal weitergeleitet wird.

Es gibt drei Möglichkeiten für die Einstellungen:

- DC-Kopplung
- AC-Kopplung
- Masseverbindung für den Abgleich

Die DC-Kopplung (*Direct Current*) sorgt für eine direkte Signalverbindung. Alle Signalkomponenten von der Wechsel- und Gleichspannung beeinflussen direkt die Ablenkeinheiten des Bildschirms. Bei der AC-Kopplung wird ein Kondensator zwischen der BNC-Buchse und dem Abschwächer in Reihe geschaltet. Alle DC-Anteile des Signals sind somit für den Y-Verstärker blockiert, jedoch werden die niederfrequenten AC-Anteile (*Alternating Current*) ebenfalls blockiert oder stark abgeschwächt. Die untere Grenzfrequenz ist diejenige, bei der das Signal mit nur 70,7% seiner eigentlichen Amplitude dargestellt wird. Die NF-Grenzfrequenz hängt in erster Linie von dem Wert des Kondensators für die Eingangskopplung ab. Abb. 5.10 zeigt eine vereinfachte Eingangsschaltung für die AC- und DC-Kopplung sowie die Eingangsmasseverbindung und die Wahl der Eingangsimpedanz von 50 Ω bei HF-Messungen.

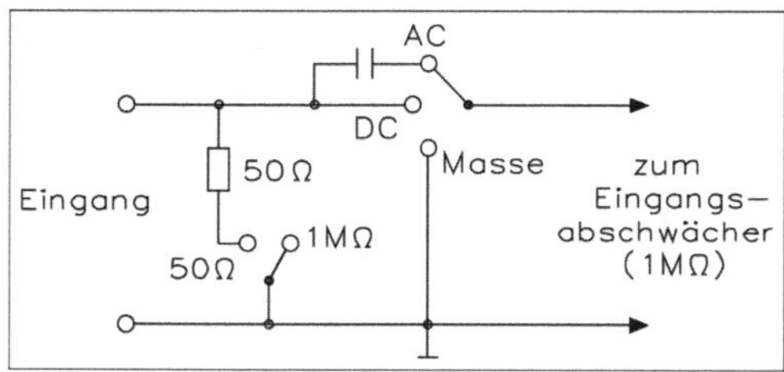

Abb. 5.10 • Vereinfachte Eingangsschaltung für die AC- und DC-Kopplung sowie die Eingangsmasseverbindung und die Wahl für eine Eingangsimpedanz von 50 Ω bei HF-Messungen.

Verbunden mit dem Einsteller für die Kanalkopplung ist die Massefunktion für das Eingangssignal. Hiermit wird das Signal vom Abschwächer getrennt und der Abschwächereingang mit dem Massepegel des Oszilloskops verbunden. Wenn man „Masse" gewählt hat, wird eine Linie bei 0 V angezeigt. Diese Linie stellt das Bezugsniveau oder die Basislinie dar, die sich mit dem Y-Positions-Einsteller verschieben lässt.

5.3.2 • Wechselspannungsmessung mit Oszilloskop und Messinstrument

Als Ausgangsbasis für die Wechselspannungsmessung mit dem Oszilloskop und Messinstrument dient die Schaltung von Abb. 5.11.

Die Wechselspannungsquelle erzeugt einen Effektivwert von U = 10 V. Die Spannung dieser Quelle kann im Bereich von µV bis kV eingestellt werden. Außerdem lässt sich die Frequenz und die Phasenverschiebung einstellen. Für die Messung wurde ein Effektivwert von 10 V und eine Frequenz von f = 1 kHz eingestellt. Der Abstand vom negativen zum positiven Maximum wird ausgezählt und es ergeben sich vier Divisions, die mit dem Ablenkfaktor x gekennzeichnet sind.

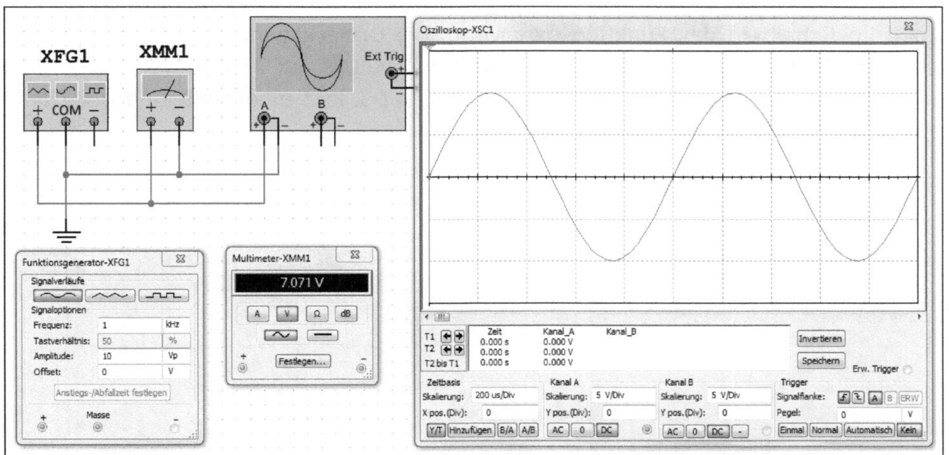

Abb. 5.11 • Spannungs- und Frequenzmessung einer sinusförmigen Wechselspannung mit Oszilloskop und Messinstrument.

$$f = \frac{1}{a \cdot x} = \frac{1}{1\,\text{ms/Div} \cdot 1\,\text{Div}} = \frac{1}{1\,\text{ms}} = 1\,\text{kHz}$$

Die Spannung der Amplitude berechnet sich aus

$$U_{SS} = 4\,\text{Div} \cdot \text{Ablenkfaktor} = 4\,\text{Div} \cdot 5\,\text{V/Div} = 20\,\text{V}$$

Das Multimeter zeigt in diesem Fall eine Spannung von $U = 10$ V an, da es sich um den Effektivwert handelt. Für die sinusförmige Wechselspannung ergeben sich folgende Bedingungen:

$$U_S = U_{eff} \cdot \sqrt{2} = U_{eff} \cdot 1{,}414 = U_{eff} \,/\, 0{,}707$$

$$U_{SS} = 2 \cdot U_{eff} = U_{eff} \cdot 2\sqrt{2} = U_{eff} \,/\, 0{,}354$$

$$U_{eff} = \frac{U_{SS}}{2\sqrt{2}} = \frac{20\,\text{V}}{2\sqrt{2}} = 7{,}07\,\text{V}$$

Der Funktionsgenerator erzeugt eine Sinusspannung, eine Dreieckspannung und eine Rechteckspannung. Die Frequenz lässt sich von 1 mHz bis 100 GHz einstellen. Die Ausgangsspannung ist eine Spitzenspannung U_S von 1 µV bis 10 kV. Durch den Offset kann man den Gleichspannungsanteil von −100 V bis +100 V einstellen.

Das Digitalvoltmeter kann Ampere, Volt, Ohm und Dezibel messen. Es lassen sich Wechsel- und Gleichspannung messen. Klickt man den Button „Definieren" an, werden die Einstellfelder für Ampere, Volt, Ohm und Dezibel geöffnet.

Das Oszilloskop misst Gleich- und Wechselspannung. Wenn der Bildschirm eine dunkle Darstellung hat, kann mit „Vertauschen" auf eine helle Darstellung umgeschaltet werden.

5.3.3 • Dreieckspannungsmessung mit Oszilloskop und Messinstrument

Wenn man im Schaltfeld des Funktionsgenerators die Dreieckspannung anklickt und ein symmetrisches Tastverhältnis einstellt und das Tastverhältnis auf 75% ändert, ergibt sich der Kurvenverlauf von Abb. 5.12. Die Frequenz ist auf 1 kHz eingestellt und der Offset beträgt 0 V.

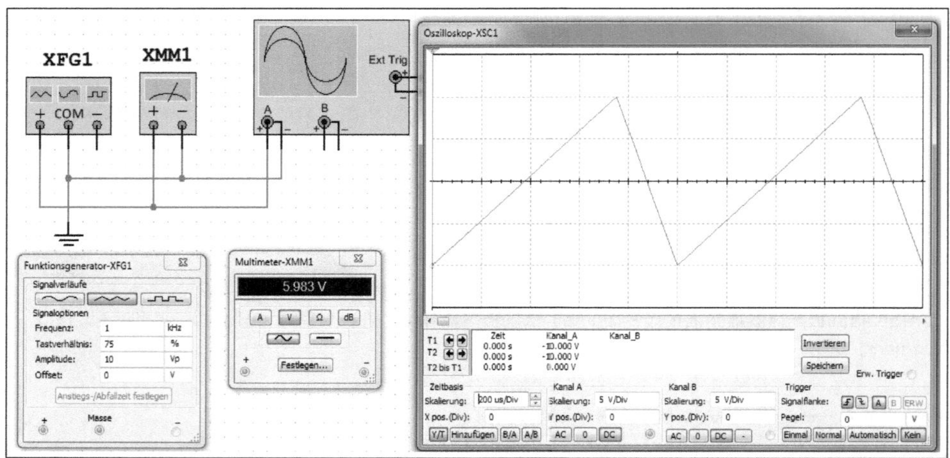

Abb. 5.12 • Messung einer Sägezahnspannung mit einem unsymmetrischen Tastverhältnis durch Oszilloskop und Messinstrument.

Mit dem Tastverhältnis am Funktionsgenerator kann man die Programmierung für die An- und die Abstiegsflanke der Sägezahnspannung stufenlos einstellen. Der Bereich des Tastverhältnisses lässt sich zwischen 1% bis 99% durch die Programmierung der einzelnen Zeiten beeinflussen. Jetzt soll der Abstand x zwischen zwei aufeinanderfolgenden Punkten des Signals z. B. auf der Nulllinie gezählt werden. Es ergibt sich eine Länge von x = 5 Div und damit für eine Periode

$$T = a \cdot x = 0,2 \,\frac{\text{ms}}{\text{Div}} \cdot 5\,\text{Div} = 1\,\text{ms}$$

Daraus erhält man eine Frequenz von

$$f = \frac{1}{T} = \frac{1}{1\,\text{ms}} = 1\,\text{kHz}$$

Die Anstiegszeit t_{an} ist

$$t_{an} = a \cdot x = 500\,\mu\text{s/Div} \cdot 1,5\,\text{Div} = 0,75\,\text{ms}$$

und die Abstiegszeit t_{ab} ist

$$t_{ab} = a \cdot x = 500\,\mu\text{s/Div} \cdot 0,5\,\text{Div} = 0,25\,\text{ms}$$

Addiert man die beiden Zeiten, erhält man wieder die Periodendauer mit T = 1 ms.
Der Effektivwert der Dreieckspannung berechnet sich aus

$$U = \frac{U_S}{\sqrt{3}} = \frac{10\text{ V}}{\sqrt{3}} = 5{,}776\text{ V}$$

Für die Berechnung des Effektivwertes darf man nicht U_{SS}, sondern nur U_S einsetzen. Es tritt eine geringfügige Abweichung zwischen der Rechnung und der Simulation auf.

5.3.4 • Messung einer Rechteckspannung

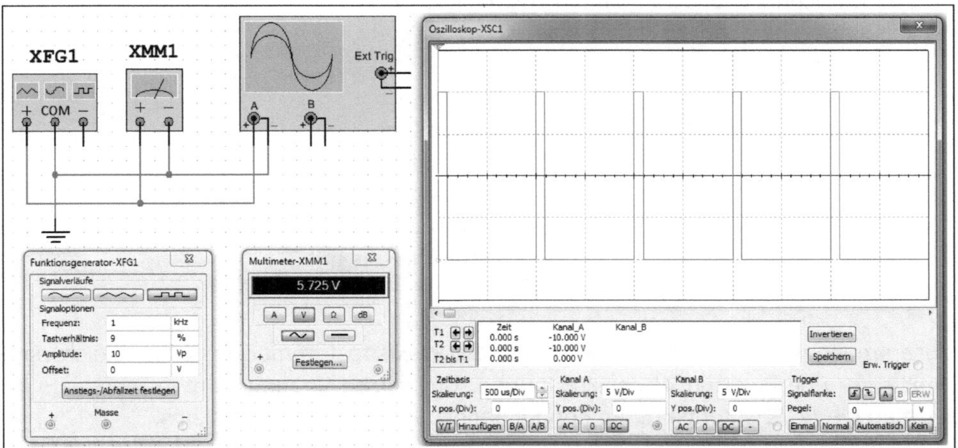

Abb. 5.13 • Messung einer Rechteckspannung mit unsymmetrischem Tastverhältnis durch Oszilloskop und Messgerät.

Durch den Funktionsgenerator lässt sich die Impulsdauer t_i und die Impulspause t_p stufenlos im Bereich des Tastverhältnisses von 1% bis 99% durch die Programmierung der Werte einstellen. Der Abstand x wird zwischen zwei aufeinanderfolgenden Punkten des Signals z. B. auf der Nulllinie gezählt. Es ergibt sich eine Länge von x = 2 Div und damit für eine Periode:

$$T = a \cdot x = 500\,\frac{\mu\text{s}}{\text{Div}} \cdot 2\text{ Div} = 1\text{ ms}$$

Daraus ergibt sich eine Frequenz von

$$f = \frac{1}{T} = \frac{1}{1\text{ ms}} = 1\text{ kHz}$$

Die Impulsdauer beträgt

$$t_i = a \cdot x = 0{,}5\text{ Div} \cdot 500\text{ µs/Div} = 0{,}25\text{ ms}$$

und die Impulspause ist

$$t_p = a \cdot x = 1{,}5\text{ Div} \cdot 500\text{ µs/Div} = 0{,}75\text{ ms}$$

Addiert man die beiden Zeiten, erhält man wieder die Periodendauer mit

$T = 1\ \text{ms}$

Der Effektivwert der Rechteckspannung berechnet sich aus

$U = \hat{u}$

und zwischen Rechnung und Simulation tritt kein Unterschied auf. Der Effektivwert einer Rechteckspannung berechnet sich aus

$$U = U_i = \sqrt{\frac{t_i}{T}} = U_i \cdot \sqrt{G} = \frac{U_i}{\sqrt{V}}$$

U = Effektivwert
U_i = Impulsspannung
T = Periodendauer
t_i = Impulsdauer
G = Tastgrad mit t_i/T
V = Tastverhältnis mit T/t_i

5.3.5 • Messung einer Mischspannung mittels Oszilloskop

Eine zusammengesetzte Spannung besteht in der Praxis fast immer aus einer Gleichspannung mit einer überlagerten Wechselspannung. Um solche Spannungen zu messen, verwendet man die AC/DC-Kopplung an den Eingangsbuchsen des Oszilloskops.

Um die Gleichspannungskomponente einer Mischspannung messen zu können, muss dieser Schalter in Stellung DC gebracht werden. Um die Wechselspannungskomponenten messen zu können, kann sich der Schalter sowohl in Stellung DC als auch in Stellung AC befinden. In Stellung AC wird nur zusätzlich ein Serienkondensator intern im Oszilloskop zugeschaltet, um die Gleichspannung abzublocken.

Abb. 5.14 zeigt eine Schaltungsanordnung zur Messung einer Mischspannung mittels Oszilloskop. Der Funktionsgenerator ist mit einer Gleichspannungsquelle in Reihe geschaltet und dadurch entsteht die gewünschte Mischspannung.

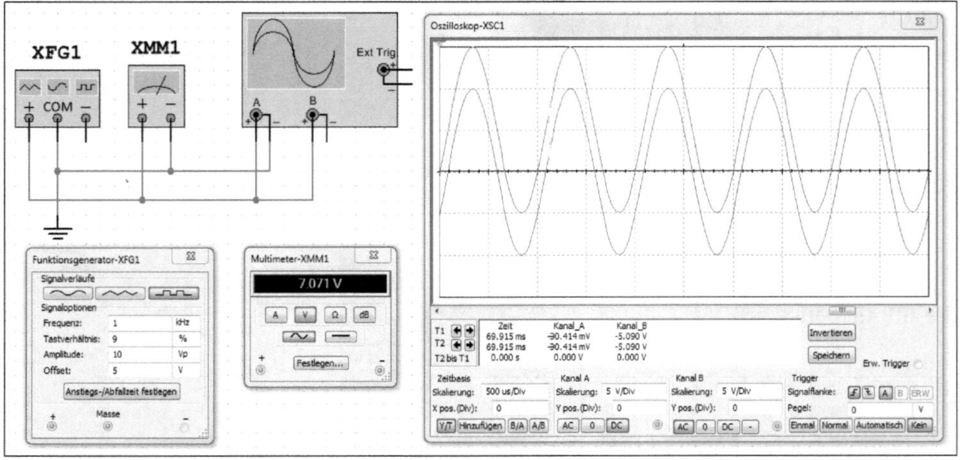

Abb. 5.14 • Messung einer Mischspannung mittels Oszilloskop und Voltmeter für die Wechselspannung.

Der Funktionsgenerator erzeugt eine Frequenz von f = 1 kHz, die Wechselspannung hat eine Amplitude von U_S = 10 V und die Offsetspannung (Gleichspannungsquelle) ist auf U_{off} = 5 V eingestellt. Auf dem Bildschirm erscheint die überlagerte Wechselspannungsamplitude B vor dem Kondensator und die Wechselspannungsamplitude A. Der Kondensator blockt die Gleichspannung ab, da der Schalter geschlossen ist. Schließt man dagegen den Schalter, sind beide Messpunkte identisch.

In der Praxis ist oft eine Abwandlung dieses Vorgangs nötig. Wenn es z. B. erforderlich ist, sowohl die Wechselspannungs- als auch die Gleichspannungskomponente eines Signals genau zu messen, muss dazu häufig die volle Empfindlichkeit des Oszilloskops benutzt werden. Das bedeutet, dass man zuerst den Gleichspannungspegel misst, dann umschaltet auf AC, den Ablenkfaktor reduziert und erst dann das Ausmessen der Wechselspannungsamplitude vornimmt. Tatsächlich kommt es oft vor, dass bei der Stellung DC und einer hohen Gleichspannungskomponente die Wechselspannungsamplitude nicht mehr sichtbar ist.

5.3.6 • Addition von Spannungen verschiedener Frequenzen

Mathematisch lautet die Addition zweier Spannungen von Abb. 5.15 wie folgt:

$$u = u_1 + u_2 = \hat{U}_1 \cdot \sin \omega_1 t + \hat{U}_2 \cdot \sin \omega_2 t$$

Die Anwendung des Kräfteparallelogramms auf Spannungen kommt in der Elektrotechnik und Elektronik sehr häufig vor. Da die Zeiger oder Pfeile die entsprechenden Symbole für Größe und Richtung sind, definiert man diese als Vektoren. Das System der rotierenden Vektoren bezeichnet man als Vektordiagramm.

Die Addition mit Hilfe des Parallelogramms ist nur dann zulässig, wenn beide Spannungen und Ströme die gleiche Frequenz f aufweisen. Bei unterschiedlichen Frequenzen lässt sich die Summenkurve nur durch Addieren der Augenblickwerte konstruieren.

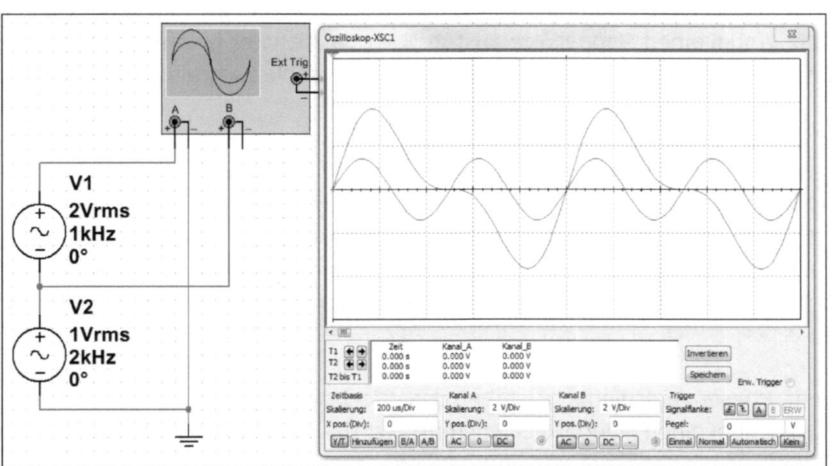

Abb. 5.15 • Addition von zwei Spannungen verschiedener Frequenzen.

Recht übersichtlich sind die Verhältnisse, wenn die Frequenzen der beiden zu addierenden Spannungen in einem ganzzahligen Verhältnis zueinander stehen, d. h. also neben der Frequenz f auch die doppelte (2*f*) oder dreifache (3*f*) Frequenz vorhanden ist.

5.3.7 • Addition von Spannungen verschiedener Frequenzen und Phasenverschiebungen

Es lassen sich alle Wechselspannungsformen durch Addition der Spannungen mit Vielfachen der Grundfrequenz zusammensetzen. Die verschiedenen Spannungen sind dann stets in einem bestimmten Amplitudenverhältnis und einer bestimmten Phasenlage zueinander. Abb. 5.16 zeigt eine Addition von Spannungen verschiedener Frequenz mit der Bedingung von *f* und 2*f*, phasenverschoben um 45° und dem Amplitudenverhältnis 2:1.

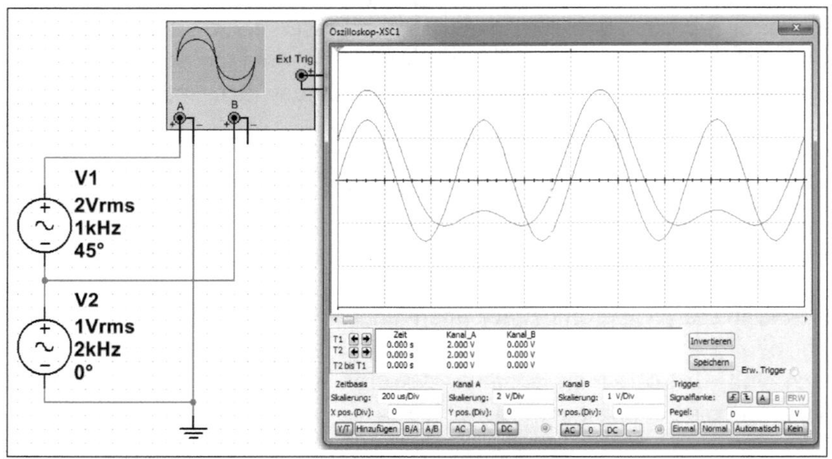

Abb. 5.16 • Addition von Spannungen verschiedener Frequenz mit der Bedingung von *f* und 2*f*, phasenverschoben um 45° und dem Amplitudenverhältnis 2:1.

Die Einstellung der Phasenverschiebung ist bei den Wechselspannungsquellen möglich, wenn man auf das Symbol einen Doppelklick ausführt. Ist das Fenster geöffnet, lassen sich die Spannung (Effektivwert), die Frequenz und die Phasenverschiebung einstellen.

Wenn Sie in der oberen Zeile von Multisim das Fenster „Analyse" anklicken, lassen sich mehrere Analyseoptionen direkt aufrufen. Damit sind Sie in der Lage, eine DC-Arbeitspunkt-Analyse, eine AC-Frequenzanalyse, eine Einschwingvorgangsanalyse und eine Fourier-Analyse durchzuführen. Gerade durch die Fourier-Analyse können Sie den DC-Anteil, die Grundwelle und die Harmonischen eines Zeitbereichssignals untersuchen. Bei dieser Analyse wird auf die Ergebnisse einer Zeitbereichsanalyse die diskrete Fourier-Transformation angewandt.

Die Einstellung der Phasenverschiebung ist bei den Wechselspannungsquellen möglich, wenn man auf das Symbol einen Doppelklick ausführt. Ist das Fenster geöffnet, lassen sich die Spannung (Effektivwert), die Frequenz und die Phasenverschiebung einstellen.

5.3.8 • Addition dreier Spannungen verschiedener Frequenz

Es lassen sich alle Wechselspannungsformen durch Addition der Spannungen mit Vielfachen der Grundfrequenz zusammensetzen. Die verschiedenen Spannungen sind dann stets in einem bestimmten Amplitudenverhältnis und einer bestimmten Phasenlage zueinander.

Ein Beispiel hierfür zeigt Abb. 5.17 mit der Addition von Spannungen der Frequenzen 1*f*, 3*f* und 5*f*, wobei drei verschiedene Spannungen, die in einem bestimmten Verhältnis anliegen, zu berücksichtigen sind. Der Kurvenzug hat bereits eine große Ähnlichkeit mit einem Rechteck.

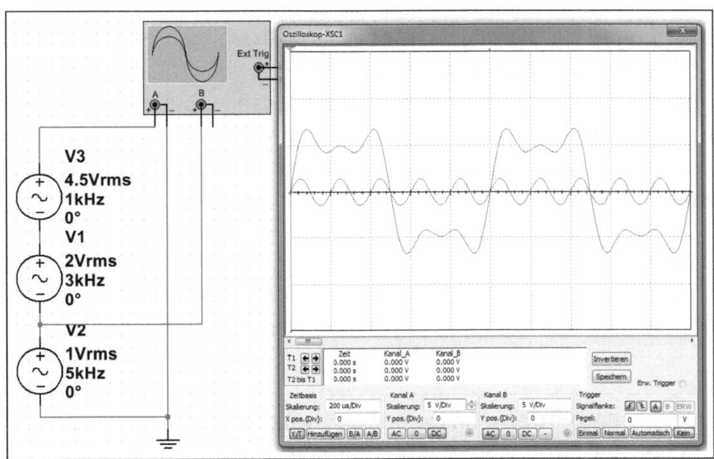

Abb. 5.17 • Addition von Spannungen verschiedener Frequenz mit der Bedingung von 1*f*, 3*f* und 5*f*, und dem Amplitudenverhältnis 5 : 3 : 1.

Die Vielfachen der Grundfrequenz bezeichnet man als „Harmonische" oder „Teilschwingung". Die Grundwelle 1*f* selbst wird als erste Harmonische bezeichnet, 2*f* als die zweite Harmonische, 3*f* als dritte Harmonische usw. Die zweite Harmonische definiert man auch als erste Oberwelle, die dritte Harmonische als zweite Oberwelle usw. Das Zerlegen von beliebigen Spannungsformen in ihre Harmonischen und die Bestimmung ihrer Amplituden definiert man als Fourier-Analyse. Wenn Sie die Fourier-Analyse aufrufen, müssen Sie einen Ausgangsknoten wählen. Die Ausgangsvariable ist der Knoten, aus dem bei der Analyse die Spannungskurven extrahiert werden. Für die Analyse ist außerdem eine Grundfrequenz erforderlich, die auf den Frequenzwert einer AC-Quelle in der Schaltung eingestellt werden sollte. Wenn mehrere AC-Quellen vorhanden sind, können Sie die Grundfrequenz auf den kleinsten gemeinsamen Faktor der Frequenzen einstellen.

5.3.9 • Lissajous-Figuren zur Frequenzmessung

Lissajous-Figuren lassen sich für Frequenz- und Phasenmessung einsetzen. Es werden dabei stehende Bilder erzeugt, die durch X-Y-Darstellung zweier sinusförmiger Schwingungen entstehen. Damit die Darstellung als stehendes Bild erscheint, müssen die Perioden *w* des Y-Signals genau soviel Zeit beanspruchen wie die Perioden *s* des X-Signals (*w* und *s* müssen ganzzahlig sein).

Bei der Frequenzmessung ist eine bekannte und eine unbekannte Frequenz vorhanden. Abb. 5.18 zeigt das Prinzip für den Frequenzvergleich mit einem Oszilloskop.

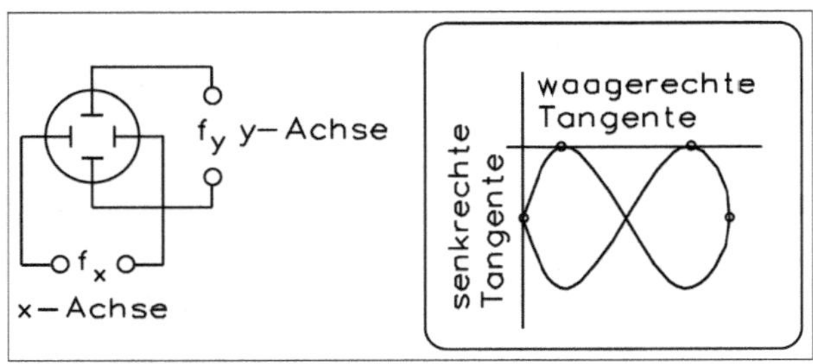

Abb. 5.18 • Prinzip des Frequenzvergleichs mit Oszilloskop.

Der Bildschirm zeigt die Entstehung eines Oszillogramms im X-Y-Betrieb, bzw. die A/B-Taste muss gedrückt sein. Es sind hierbei zwei Kurvenzüge aufgetragen mit $y(t)$ und $x(t)$. Die beiden Spannungsquellen sind parallel geschaltet, da beide mit Masse verbunden sind. Eine bekannte Vergleichsfrequenz ($f = 50$ Hz) wird an ein Plattenpaar gelegt und die unbekannte Frequenz ($f = 100$ Hz) mit dem anderen Plattenpaar des Oszilloskops verbunden. Bei ganzzahligen Frequenzverhältnissen werden stehende Figuren erzeugt.

Man teilt die Lissajous-Figur in die Frequenz f_X an den x-Platten und die Frequenz f_Y an den y-Platten auf. Hierzu muss man noch die Anzahl w der Berührungspunkte der waagerechten Tangente und die Anzahl der Berührungspunkte s der senkrechten Tangente berücksichtigen:

$$f_X = f_Y \cdot \frac{w}{s}$$

w: Anzahl der Berührungspunkte auf der waagerechten Tangente
s: Anzahl der Berührungspunkte auf der senkrechten Tangente
f_X: Frequenz an den x-Platten
f_Y: Frequenz an den y-Platten

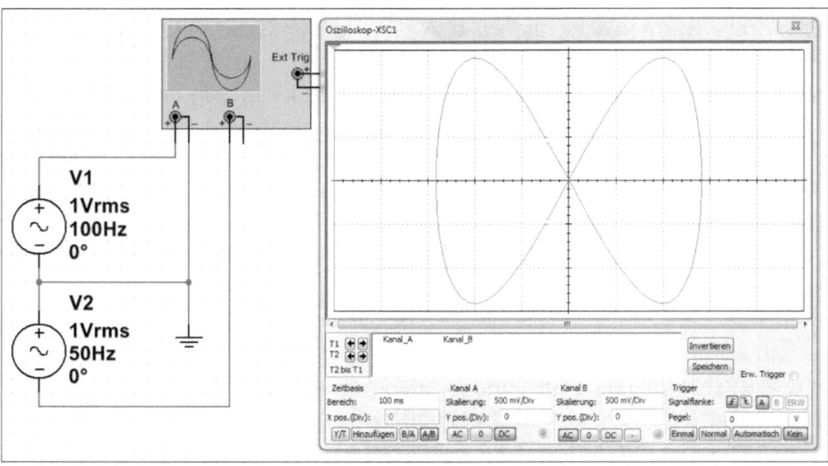

Abb. 5.19 • Lissajous-Figur zur Frequenzmessung.

Die Vergleichsfrequenz in Abb. 5.19 hat an der waagerechten Tangente zwei Berührungspunkte und an der senkrechten einen Berührungspunkt.

Es ergibt sich folgende Berechnung für die unbekannte Frequenz:

$$f_X = f_Y \cdot \frac{w}{s} = 50\ \text{Hz} \cdot \frac{2}{1} = 100\ \text{Hz}$$

Die unbekannte Frequenz hat einen Wert von f = 100 Hz.

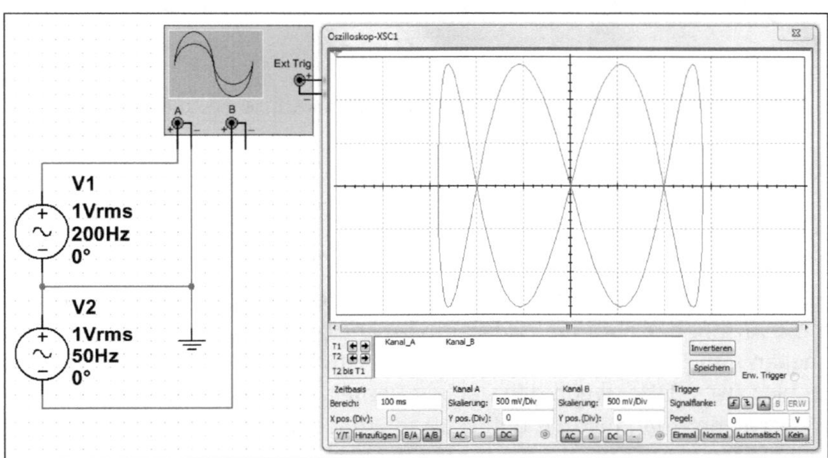

Abb. 5.20 • Lissajous-Figur zur Frequenzmessung.

Es ergibt sich für Abb. 5.20 folgende Berechnung für die unbekannte Frequenz:

$$f_X = f_Y \cdot \frac{w}{s} = 50\ \text{Hz} \cdot \frac{4}{1} = 200\ \text{Hz}$$

Die unbekannte Frequenz hat einen Wert von f = 200 Hz.

Mittels der Lissajous-Figur lassen sich sehr genaue oszillografische Frequenz- und Phasenwinkelmessungen durchführen. Hierfür werden die unbekannte und die Normalfrequenz an

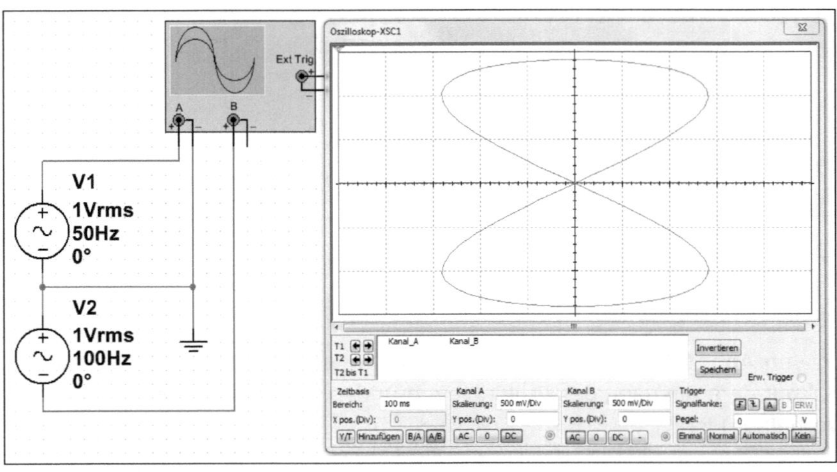

Abb. 5.21 • Lissajous-Figur zur Frequenzmessung.

den beiden Kanälen angeschlossen. Der Elektronenstrahl wird genau entsprechend dem augenblicklichen Spannungswert der beiden Wechselspannungen abgelenkt und zeichnet bei periodischen Vorgängen eine charakteristische Kurve auf den Bildschirm. Bei gleicher Amplitude, gleicher Frequenz und gleicher Phasenlage wird beispielsweise ein nach rechts um 45° geneigter Strich gezeichnet. Bei ganzzahligen Vielfachen der Vergleichsfrequenz entstehen verschlungene Kurvenbilder. Die Auswertung kann durch angelegte Tangenten an die Figur erfolgen.

Es ergibt sich für Abb. 5.21 folgende Berechnung für die unbekannte Frequenz:

$$f_X = f_Y \cdot \frac{w}{s} = 100\,\text{Hz} \cdot \frac{0{,}5}{1} = 50\,\text{Hz}$$

Die unbekannte Frequenz hat einen Wert von $f = 50$ Hz.

Durch die Einstellung der Zeitbasis, wenn also nicht mit der Lissajous-Figur gemessen wird, kann durch die Anzahl der auf dem Bildschirm erscheinenden Schwingungszüge die Frequenz der unbekannten Spannung ermittelt werden. Ruhig stehende Oszillogramme ergeben sich auch hier stets dann, wenn ganzzahlige Verhältnisse bestehen. Wird ein voller Kurvenzug aufgezeichnet, dann ist die unbekannte Frequenz gleich der augenblicklich eingestellten Frequenzbasis.

Wenn die unbekannte Frequenz größer ist als die eingestellte Zeitbasis, entstehen mehrere Kurvenzüge. Ist dagegen die unbekannte Frequenz kleiner als die eingestellte Zeitbasis, wird nur ein Teil des Kurvenzugs bei einem Durchlauf geschrieben.

5.3.10 • Lissajous-Figur zur Phasenmessung

Bei der Phasenmessung liegen immer zwei identische Signale (Amplitude und Frequenz) am X- und Y-Kanal des Oszilloskops. Abhängig von deren Phasenverschiebung entsteht durch die A/B-Funktion dann die charakteristische Lissajous-Figur.

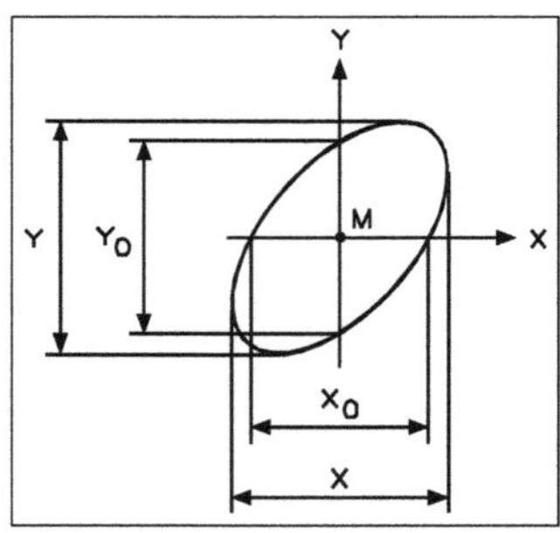

Abb. 5. 22 • Lissajous-Figur zur Phasenmessung.

In der Schaltung von Abb. 5.23 liegt die Eingangsspannung direkt an dem Y_A-Kanal an, während Y_B-Kanal mit dem Ausgang des Prüflings verbunden ist. Die Messung der Phasenverschiebung (Verhältnis) ist

$$\varphi = \frac{X_0 \cdot 360^\circ}{X}$$

Der Wert φ ist der Phasenwinkel zwischen U_e und U_a.

Beispiel: X = 6 Div; X_0 = 0,8 Div; φ = ?

$$\varphi = \frac{0{,}8 \cdot 360^\circ}{6} = 48^\circ$$

Zur Messung der Phasenverschiebung setzt man die Schaltung nach Abb. 5.23 ein.

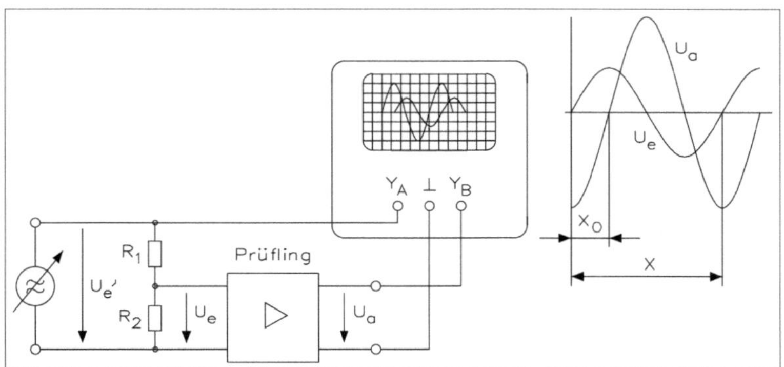

Abb. 5.23 • Messung der Phasenverschiebung (Lissajous-Figur).

Die Berechnung lautet

$$\sin\varphi = \frac{X_0}{X} = \frac{Y_0}{Y}$$

Wert φ ist der Phasenwinkel zwischen f_1 und f_2.

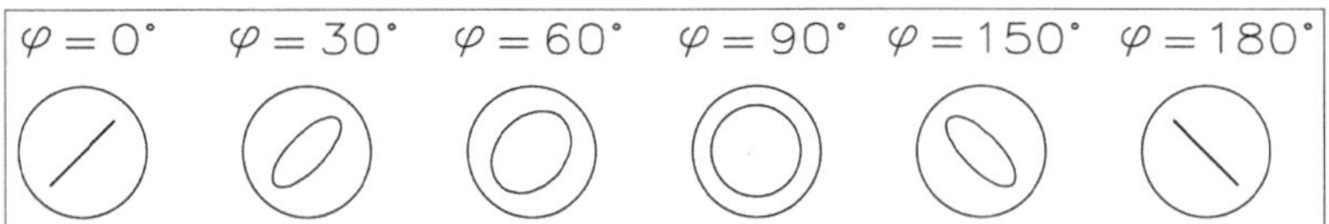

Abb. 5.24 • Beispiele für die Lissajous-Figur.

Abb. 5.24 zeigt Beispiele für die Lissajous-Figur.

Beispiel: X_0 = 3 Div; X = 4 Div; φ = ?

$$\sin\varphi = \frac{3\ \text{Div}}{4\ \text{Div}} = 0{,}75 \Rightarrow \varphi = 48{,}6^\circ$$

6 • Kondensator

Kondensatoren sind Bauelemente, die im Prinzip aus zwei gegenüberliegenden, leitfähigen Platten bestehen. Die beiden Platten sind durch eine Isolierschicht (Dielektrikum) getrennt. Bei der Verwendung von Kondensatoren wird die Wirkung des elektrischen Felds zwischen den beiden Kondensatorplatten ausgenutzt. Dadurch lassen sich kleine Ladungsmengen speichern, wobei die Kapazität eines Kondensators von mehreren Faktoren wie der Größe und Beschaffenheit der Plattenoberfläche, dem Abstand der Platten zueinander und der Leitfähigkeit des Dielektrikums für die elektrischen Feldlinien abhängig ist.

Die Ladungsmenge, die ein Kondensator speichern kann, hängt von seiner Kapazität und der von außen anliegenden Spannung ab mit

$$Q = C \cdot U$$

Q = Gesamtladung in As
C = Gesamtkapazität in F oder As/V
U = Spannung in V

Ein Kondensator mit einer Gesamtkapazität von C = 10 µF liegt an einer Spannung von 100 V. Wie groß ist die Gesamtladung?

$$Q = C \cdot U = 10\ \mu\text{F} \cdot 100\ \text{V} = 10^{-3}\ \text{As}$$

Die Ladungsmenge, die ein Kondensator speichern kann, kann auch über den Strom I und der Zeit t berechnet werden:

$$Q = I \cdot t$$

Bei einem Kondensator fließt für 5 s ein Strom von 2 A. Wie groß ist die Gesamtladung?

$$Q = I \cdot t = 2\ \text{A} \cdot 5\ \text{s} = 10\ \text{As}$$

Die Einheit der Kapazität ist nach dieser Formel festgelegt. Eine Ladungsaufnahme von 1 As bei 1 V entspricht der Kapazität von 1 Farad (F = As/V). In der Praxis findet man folgende Einheiten:

1 mF = 10^{-3} F
1 µF = 10^{-6} F
1 nF = 10^{-9} F
1 pF = 10^{-12} F
1 fF = 10^{-15} F

Die elektrische Feldstärke zwischen den beiden Platten ist

$$E = \frac{U}{s}$$

E = Elektrische Feldstärke in V/m
U = Spannung in V
s = Abstand zwischen den Platten in m

Wie groß ist die elektrische Feldstärke eines Kondensators an 100 V, wenn der Abstand gleich 1 mm beträgt?

$$E = \frac{U}{s} = \frac{100\ \text{V}}{1 \cdot 10^{-3}\ \text{m}} = 100000\ \text{V/m} = 100\ \text{kV/m}$$

Die elektrische Feldstärke ist umso größer, je höher die Spannung U oder je kleiner der Plattenabstand ist.

6.1 • Physikalische Grundlagen

Beim elektrischen Strom fließen Ladungsträger. Im Gegensatz dazu sind die Ladungsträger auf einem durch Reibung elektrisch geladenen Stab aus Isolierstoff in Ruhe. Deshalb spricht man von der ruhenden oder statischen Elektrizität. Zwischen den elektrischen Ladungsträgern treten Kraftwirkungen auf. Ungleiche Ladungen ziehen sich an und gleiche Ladungen stoßen sich ab.

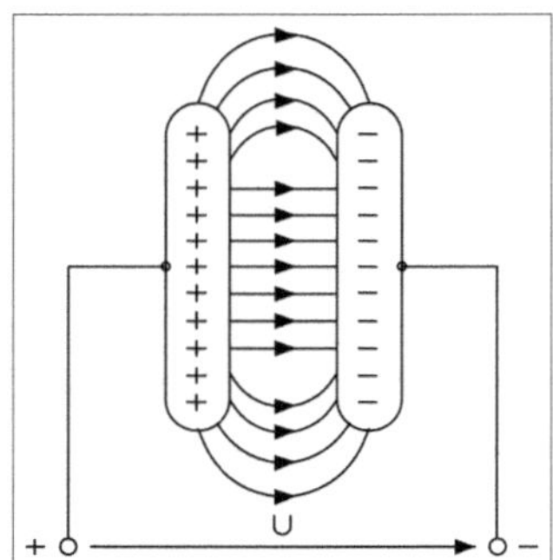

Abb. 6.1 • Wirkungsweise der statischen Elektrizität.

Man hat in Abb. 6.1 zwei ungeladene Metallkugeln, die isoliert aufgestellt sind. Die eine Kugel wird mit einem durch Reiben mit einem Tuch positiv geladenen Glasstab, die andere mit einem negativ geladenen Kunststoffstab berührt. Dadurch werden beide Kugeln geladen. Die Ladungsträger verteilen sich gleichmäßig auf den Oberflächen der Kugeln, weil sich gleichnamige Ladungen abstoßen.

Man nähert sich nun den beiden Kugeln. Die Ladungen sammeln sich auf den gegenüberliegenden Flächen. Da die Ladungen nur an der Oberfläche sitzen, kann man auch Platten verwenden, und es wird ein Kondensator entstehen. Der Kondensator besteht aus zwei leitenden, großflächigen Metallfolien, zwischen denen eine isolierende Schicht – das Dielektrikum – liegt.

In einem Leiter können sich die Ladungsträger frei bewegen. An der Oberfläche der negativ geladenen Kugel verteilen sich die Elektronen – die negativen Ladungsträger – gleichmäßig. Sie wollen einen möglichst großen Abstand voneinander aufweisen. Der Grund: Gleichnamige Ladungen stoßen sich ab!

Man nähert sich der negativ geladenen Kugel mit einem negativ geladenen Körper. Jetzt sammeln sich die Ladungsträger auf der Kugelrückseite.

Nähert man sich der negativ geladenen Kugel mit einem positiv geladenen Körper, dann sammeln sich die Ladungsträger auf der Kugelvorderseite. Diesen Vorgang bezeichnet man als elektrische Influenz.

Zwischen den geladenen Kondensatorplatten lassen sich elektrische Wirkungen nachweisen. So wird z. B. ein positiv geladenes Kügelchen aus Isolierstoff von der negativen Platte angezogen.

6.1.1 • Elektrische Feldstärke

Die Stärke eines elektrischen Feldes, die elektrische Feldstärke *E*, ist umso größer,

a) je höher die anliegende Spannung *U* ist ($E \sim U$) und
b) je geringer der Plattenabstand *d* ist ($E \sim 1/d$)

Daraus ergibt sich die Feldstärke zu:

$$E = \frac{U}{d}$$

E = elektrische Feldstärke in V/m
d = Abstand der Platten in m

Die elektrische Feldstärke wird zwar umso größer, je geringer der Abstand von den zwei Platten ist. Abb. 6.1 zeigt die elektrische Feldstärke in Abhängigkeit von der Spannung und vom Abstand der Platten. Man kann zwei Platten jedoch nicht beliebig nähern, ohne dass irgendwann ein elektrischer Überschlag eintritt.

Beispiel: Zwei Platten eines Kondensators verwenden einen Abstand von $d = 2$ mm und es liegt die Spannung von $U = 20$ V an. Wie groß ist die elektrische Feldstärke?

$$E = \frac{U}{d} = \frac{20\ \text{V}}{2\ \text{mm}} = \frac{20\ \text{V}}{2 \cdot 10^{-3}\ \text{m}} = 10000\ \frac{\text{V}}{\text{m}} = 10\ \frac{\text{kV}}{\text{m}}$$

Bei Kondensatoren besteht das Dielektrikum zwischen den Belägen oft aus festen Isolierstoffen. Der Belagabstand ist dann gleich der Dicke des Dielektrikums. Die elektrische Feldstärke, bei der ein Dielektrikum durchschlagen wird, bezeichnet man als Durchschlagsfestigkeit des Dielektrikums. Sie wird wie die elektrische Feldstärke in kV/m oder in kV/cm angegeben.

Beispiel: Durchschlagsfestigkeit von Luft = $20\ \frac{\text{kV}}{\text{cm}}$

Ein elektrischer Überschlag kann auch nach außen auftreten. Hier muss also die Umhüllung des Kondensators eine große Durchschlagsfestigkeit aufweisen.

Ein Kondensator im physikalischen Sinne besteht aus einem beliebig gestalteten System von Leitungspaaren, wobei man in der Praxis zwei sich gegenüberstehende Platten hat.

Die Kapazität eines Kondensators ist abhängig von der Fläche *A* der beiden gegenüberliegenden Platten, aber es ist nur eine Plattenfläche wirksam, und vom Abstand zwischen den beiden Platten. Auch die Isolationsfähigkeit des Dielektrikums zwischen den beiden Platten spielt eine entscheidende Rolle, denn die Kapazität hat eine ε_r-mal so große Kapazität wie ein Luftkondensator gleicher Abmessung. Die Kapazität berechnet sich aus

$$C = \varepsilon_0 \cdot \varepsilon_r \cdot \frac{A}{s}$$

C = Kapazität in F
ε_0 = elektrische Feldkonstante in F/m
ε_r = Dielektrizitätszahl (ohne Einheit)
A = Fläche einer Platte in m^2
s = Abstand der Platten in m

Damit die Kapazität eines Kondensators einen möglichst hohen Wert erreicht, benötigt man eine große Fläche A, einen geringen Plattenabstand s und eine hohe Dielektrikumskonstante ε_r. Die Fläche A ist durch die technische Realisierung von Kondensatoren durch deren Breite entsprechend eingeschränkt, während die Länge kein Problem darstellt. Der Abstand s ist nach unten in der Herstellbarkeit dünner Folien und deren Spannungsfestigkeit begrenzt. In Tabelle 6.1 sind die Eigenschaften elektrischer Isolierstoffe dargestellt.

Tabelle 6.1 • Eigenschaften elektrischer Isolierstoffe.

Werkstoff	**Relative Dielektrizitätskonstante ε_r bei 20 °C**	**Spezifischer Widerstand Ω·· cm**	**Verlustfaktor für f = 1 kHz tan δ 10^{-3}**
Glas	3,5...9	> 10^{10}	0,5...10
Glimmer	4...8	10^{14}...10^{17}	0,1...1
Hartgewebe	5...8	10^{10}...10^{12}	40...80
Porzellan	5...6,5	10^{11}...10^{12}	30...100
Luft	1		
Papier	2,5...4	> 10^{15}	1,5...10
Epoxidharz EP	3,2...3,9	10^{15}...10^{16}	5...8
Polycarbonat PC	3	>10^{16}	≈ 1
Polycarbonat UP	3...7	10^{13}...10^{15}	3...7
Polyacetal POM	4	10^{15}	1...1,5
Polyamid (PA66)	3,5	10^{14}	20
Polyethylen PE	2,3	10^{16}...10^{17}	0,5
Polypropylen PP	2,25	10^{18}	0,5
Polystyrol PS	2,5	10^{19}	0,1...0,3
PVC	5...8	10^{15}...10^{16}	100...150
Polyurethan PUR	3,2...3,5	> 10^{13}	15...60
Quarz	1,7...4,4	10^{14}...10^{16}	0,1
Quarzglas	4,2	10^{15}...10^{19}	0,5
Teflon	2	> 10^{16}	0,2...0,5

In der Praxis kennt man Kapazitäten von 1 pF bis zu 10 F. Die Abstufung erfolgt nach den Normzahlreihen wie beim Widerstand. Man arbeitet bei Kapazitätswerten unter 1 µF mit der E12-Reihe und bei Werten über 1 µF mit der E6-Reihe.

Ein Kondensator besteht aus zwei Platten mit A = 10 cm^2 und der Abstand beträgt 0,01 mm. Als Dielektrikum verwendet man eine Kunststofffolie mit ε_r = 10. Welche Kapazität ergibt sich?

$$C = \varepsilon_0 \cdot \varepsilon_r \cdot \frac{A}{s} = 8{,}854 \cdot 10^{-12}\,\text{As/Vm} \cdot 10 \cdot \frac{10 \cdot 10^{-4}\,\text{m}^2}{0{,}01 \cdot 10^{-3}\,\text{m}} = 8{,}854\,\text{nF}$$

C = Kapazität in F (= As/V)
ε_0 = Feldkonstante (= 8,854 · 10^{-12} As/Vm)
ε_r = Dielektrizitätszahl (ohne Benennung)
A = Plattenfläche in m^2
s = Plattenabstand in m

Die Einheit der Kapazität ist das Farad. Da diese Einheit für handelsübliche Kondensatoren zu groß ist, hat man pF (Pikofarad mit 10^{-12}), nF (Nanofarad mit 10^{-9}), µF (Mikrofarad mit 10^{-6}) und das mF (Millifarad mit 10^{-3}) eingeführt.

Der Kapazitätswert wird normalerweise auf den Kondensator in Ziffern aufgedruckt. Bei Platzmangel lässt man die Einheit weg oder druckt nur das Kurzzeichen auf, wie Tabelle 6.2 zeigt.

Tabelle 6.2 • Kennzeichnung von Kondensatoren im pF- und nF-Bereich.

Kennzeichnung	Kapazitätswert
p47	0,47 pF
4p7	4,7 pF
47p	47 pF
470p	470 pF
n47	0,47 nF
4n7	4,7 nF
47n	47 nF
470n	470 nF

Bei sehr kleinen Kondensatoren findet man auch Farbringe wie bei den Widerständen.

6.1.2 • Elektrisches Feld

Die Richtung der elektrischen Feldstärke ist festgelegt durch die Richtung der Kraft auf die positive Ladung im elektrischen Feld.

$$E = \frac{F}{Q} = \frac{U}{s}$$

E = elektrische Feldstärke in V/m
U = Spannung zwischen den beiden Platten in V
s = Abstand der beiden Platten in m
F = Kraft auf einen geladenen Körper in N
Q = Ladung des Körpers in As

Die elektrische Feldstärke E ist umso größer, je höher die Spannung U oder je kleiner der Plattenabstand ist, wenn man sich nur die Spannung im Zusammenhang mit dem Abstand der Platten betrachtet.

Wie groß ist die Kraft F bei einem Kondensator mit einer Ladung von 10 As und einer elektrischen Feldstärke von 10 kV/m?

$$F = E \cdot Q = 10\ \text{As} \cdot 10000\ \text{V/m} = 100000\ \text{N}$$

6.1.3 • Kondensatoren an Gleichspannung

In Abb. 6.2 liegt eine Gleichspannung an dem Kondensator. Für die Ladung eines Kondensators gilt:

$$Q = I \cdot t = C \cdot U$$

Q = Ladung in As
C = Kapazität in F (= As/V)

Beim Anlegen einer Gleichspannung fließt in den Zuleitungen des Kondensators so lange ein Strom, bis eine der Elektrizitätsmenge $Q = C \times U$ entsprechende Elektronenverschiebung erreicht ist. Ein Farad ist demnach die Kapazität desjenigen Kondensators, den die Elektrizitätsmenge von 1 Coulomb auf die Spannung von 1 Volt auflädt. Werden die Anschlüsse des Kondensators vom Spannungserzeuger getrennt und über einen Widerstand verbunden, gleicht sich die Elektronenverschiebung wieder aus. Es fließt ein Entladestrom in umgekehrter Richtung.

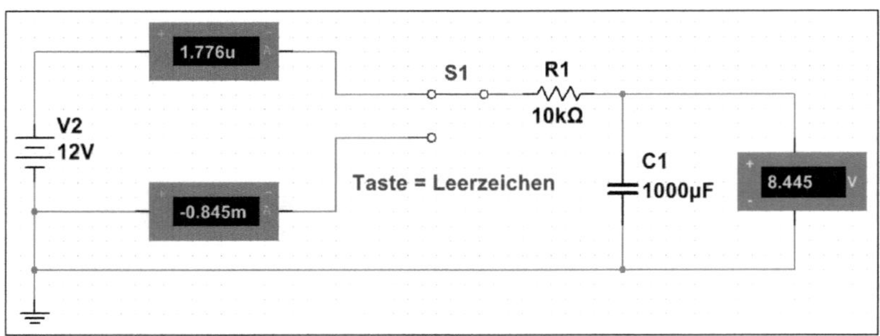

Abb. 6.2 • Kondensator an Gleichspannung. Die Umschaltung des Schalters erfolgt durch Betätigung der Leertaste.

Betreibt man einen Kondensator an einer Gleichspannungsquelle wie in Abb. 6.2, fließt ein Ladestrom. Der Strom I_0 ist der Strom, der im Einschaltaugenblick nur kurzzeitig fließt und dieser errechnet sich aus

$$I_0 = \frac{U}{R}$$

Danach nimmt der Strom nach einer e-Funktion ab, während die Spannung am Kondensator zunimmt. Betätigen wir den Umschalter, entlädt sich der Kondensator. Die Spannung nimmt ab und das Amperemeter zeigt einen Stromfluss mit negativem Vorzeichen an.

Während des Ladevorgangs fließt so lange ein Strom I_L, bis die Elektronenverschiebung im Kondensator der angelegten Spannung U entspricht. Sind die beiden Werte der Spannungsquelle und der Kondensatorspannung gleich groß, fließt kein Strom mehr, da keine Spannungsdifferenz zwischen den beiden Platten vorhanden ist. Der geladene Kondensator sperrt den Gleichstrom. Der Entladevorgang läuft unter gleichen Bedingungen ab, wenn die Bauelemente nicht verändert werden.

Durch Widerstand R und Kondensator C wird die Zeitkonstante τ festgelegt mit

$$\tau = R \cdot C$$

Die Lade- und Entladezeit sind umso größer, je größer die Kapazität des Kondensators C und/oder je größer der Widerstand R ist. Die Zeitkonstante τ für Abb. 6.2 beträgt

$$\tau = R \cdot C = 10\ \text{k}\Omega \cdot 1000\ \mu\text{F} = 10\ \text{s}$$

Da sich die Ladestromstärke in Wirklichkeit mit zunehmender Aufladung verringert, erreicht die Spannung am Kondensator nach der Zeit τ erst 63% der Spannung U. Entsprechend entlädt sich der Kondensator in der Zeit τ auf 37% (100% – 63%) der ursprünglichen Spannung. Kondensatorspannung und Stromstärke ändern sich bei Lade- und Entladevorgängen in der Zeit τ jeweils um 63 % der Differenz zum Endwert. Es ergibt sich Tabelle 6.3.

Tabelle 6.3 • Ladespannung und Ladestrom bei einem Kondensator.

Zeit t	**Spannung U**	**Strom I**
0	0 V	I_0
0,7 τ	$0{,}5 \cdot U_0$	$0{,}5 \cdot I_0$
1 τ	$0{,}63 \cdot U_0$	$0{,}37 \cdot I_0$
2 τ	$0{,}86 \cdot U_0$	$0{,}14 \cdot I_0$
3 τ	$0{,}95 \cdot U_0$	$0{,}05 \cdot I_0$
4 τ	$0{,}98 \cdot U_0$	$0{,}02 \cdot I_0$
5 τ	$>0{,}99 \cdot U_0$	$<0{,}01 \cdot I_0$

Theoretisch wird ein Kondensator nie völlig aufgeladen und auch nie völlig entladen. Praktisch rechnet man jedoch, dass sich der Kondensator nach einer Zeit von 5 τ geladen bzw. entladen hat.

Der Kurvenverlauf von Abb. 6.3 (nächste Seite) zeigt während der Ladung, dass entsprechend der Abnahme des Ladestroms die Spannung am Kondensator zunimmt. Diesen Kurvenverlauf bezeichnet man als e-Funktion. Der Buchstabe e steht für die natürliche Zahl mit e = 2,71828... und diese Zahl ist die Basis für alle natürlichen Wachstums- und Zerfallvorgänge. Von 0 nach 1 τ nimmt die Spannung von 0 auf 63% zu, während der Strom von 100% auf 37% abnimmt.

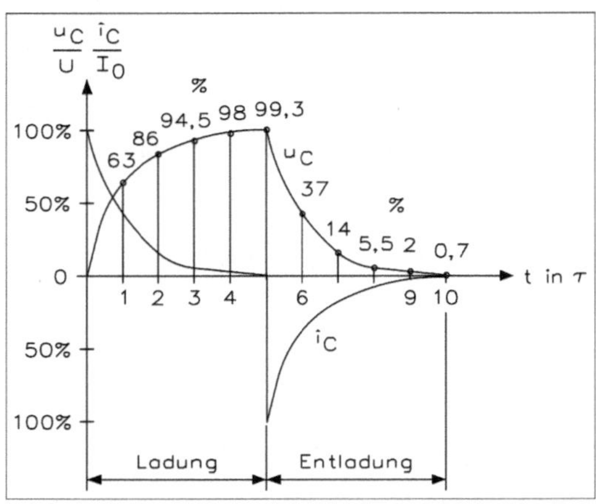

Abb. 6.3 • Ladung und Entladung bei einem Kondensator.

Mit den beiden Formeln lassen sich Spannung und Strom während des Ladevorgangs berechnen:

$$u_C = U \cdot (1 - e^{-\frac{t}{\tau}}) \qquad i_C = \frac{U}{R} \cdot e^{-\frac{t}{\tau}}$$

Nach 5 τ hat die Spannung am Kondensator annähernd 100% erreicht, während der Ladestrom auf 0% abgesunken ist. Für den Ladevorgang wird der Kondensator durch den Schalter auf Masse gelegt. Der Kondensator entlädt sich über den Widerstand *R* nach einer e-Funktion, wie Abb. 6.3 zeigt. Da der Strom aus dem Kondensator herausfließt, ergibt sich bei der Anzeige des Amperemeters ein Minus als Vorzeichen. Mit den beiden Formeln lassen sich Spannung und Strom während des Entladens berechnen:

$$u_C = U \cdot e^{-\frac{t}{\tau}} \qquad i_C = \frac{U}{R} \cdot e^{-\frac{t}{\tau}}$$

Bei der Simulation wird ein Umschalter eingesetzt. Dieses Symbol wird wieder aus dem Funktionsfeld durch Festhalten der linken Taste herausgezogen und dann am Schaltfeld entsprechend platziert. Durch die Drehfunktion lässt sich das Symbol um 90° drehen, bis die richtige Drehung erreicht ist. Wenn man das Symbol zweimal anklickt, kann es beschriftet werden, d. h. durch die Beschriftung legt man fest, mit welcher Taste die Umschaltung erfolgen soll. In diesem Fall wurde der Buchstabe „u" gewählt.

Die Schaltung hat folgende Werte: R = 10 kΩ, C = 10 nF, U = 10 V. Wie groß sind die Spannung am Kondensator und der Ladestrom nach 150 µs?

$$\tau = 10\ \text{k}\Omega \cdot 10\ \text{nF} = 100\ \mu\text{s}$$

$$u_C = U \cdot (1 - e^{-\frac{t}{\tau}}) = 10\ \text{V} \cdot (1 - e^{-\frac{150\ \mu\text{s}}{100\ \mu\text{s}}}) = 7{,}77\ \text{V}$$

$$i_C = \frac{U}{R} \cdot e^{-\frac{t}{\tau}} = \frac{10\ \text{V}}{10\ \text{k}\Omega} \cdot e^{-\frac{150\ \mu\text{s}}{100\ \mu\text{s}}} = 0{,}22\ \text{mA}$$

Der Kondensator hat sich auf 7,77 V aufgeladen und es fließt ein Strom von 0,22 mA.

6.1.4 • Aufbau von Festkondensatoren

Eine große Kapazität auf kleinstem Raum erhält man nur durch eine spezielle Kondensatorkonstruktion, wenn die Beläge aus dünnen Metallfolien bestehen, die durch ebenfalls dünne, als Dielektrikum dienende Isolierstofffolien voneinander isoliert sind. Beläge und Dielektrikum werden zu einem kompakten runden Wickel zusammengerollt. Da sich sehr lange Folien in der Praxis problemlos herstellen lassen, sind mit dieser Ausführung Kapazitätswerte bis zu 1000 µF möglich.

Als Beläge verwendet man Aluminiumfolien und auf diesen Belag dampft man das Dielektrikum auf. Die Verbindungsstelle der Kondensator-Anschlussdrähte mit den Belägen darf nicht am Anfang oder Ende des Wickels liegen, denn in diesem Fall müsste dann der Strom bei jeder Auf- bzw. Entladung immer die gesamte Länge der beiden Folien durchlaufen. Da diese sehr dünn sind, ergibt sich ein nicht vernachlässigbarer Widerstand. Außerdem entsteht eine unerwünschte Verlustleistung, die Wärme erzeugt. Ebenfalls erhält man einen ungünstigen Verlustfaktor tan δ. Das einfachste Verfahren, die unerwünschten Eigenschaften zu minimieren, besteht darin, den Anschluss etwa in der Mitte des Wickels durch ein Stück Kupferband herzustellen, an das sich die Anschlussdrähte anlöten lassen. Der eingelegte Kupferstreifen wird mit der Belagfolie verschweißt und damit ergibt sich ein optimales Kontaktverhalten.

Wenn sehr sicher arbeitende Kondensatoren erforderlich sind, werden sämtliche Beläge an den Stirnseiten miteinander verbunden. Hierzu kennt man zwei Verfahren. Besteht der Belag aus einer Folie, lässt man diese über das Dielektrikum hinaus stehen und presst die überstehenden Partien fest gegen die Stirnseite, so dass diese miteinander in Verbindung kommen. Auf die zusammengepressten Folien schweißt man ein Kupferplättchen auf, das zum Anlöten der Anschlussdrähte dient. Durch diesen Aufbau besteht die Stromweglänge nur noch in der Breite des Wickels. Da alle Windungen des Wickels an den Stirnseiten parallel geschaltet sind, geht der resultierende Widerstand auf ein Minimum zurück, den man durch einen Druckkontakt erreichen kann.

Kondensatoren, deren Beläge aus einer aufgedampften Metallschicht bestehen, erfordern dagegen eine andere Kontaktierung. Man lässt diese Metallschicht bis an den Rand des Dielektrikums reichen und sprüht auf die Stirnflächen zerstäubtes Zink auf, damit alle Windungen miteinander verbunden sind. Es entsteht eine feste Kappe, die zum Anlöten der Anschlussdrähte geeignet ist.

Damit man große Kapazitätswerte auf engstem Raum realisieren kann, sollten die Beläge und das Dielektrikum möglichst dünn sein. Das Dielektrikum sollte auch möglichst eine hohe Dielektrikumskonstante ε_r aufweisen. Andererseits wird von einem Kondensator aber auch ein hoher Isolationswiderstand zwischen den Belägen gefordert. Tritt eine Überspannung auf, kommt es zum Überschlag zwischen den beiden Belägen und es entsteht ein Kurzschluss.

Materialien, die für diese Anforderungen geeignet sind, bestehen aus imprägniertem Papier oder aus Kunststofffolien. Die Dielektrikumskonstante liegt für diese Werkstoffe zwischen 2 und 5. Wichtig ist auch das Isolierverhalten des Dielektrikums. Alle Materialien müssen hygroskopisch sein, nehmen also aus der Luft Wasser auf. Dadurch geht der Isolationswiderstand im Laufe der Zeit auf unzulässige Werte zurück. Außerdem kann die hohe relative Dielektrikumskonstante von Wasser (sie beträgt 80), den Kapazitätswert von Kondensatoren mit sehr geringer Toleranz verändern. Man muss demnach die umgebende Luft vom Wickel fernhalten. Deshalb umhüllt man diesen mit einer Kunstharzschicht oder lötet diesen in Keramikrohre ein. Auch beim Herstellen des Wickels müssen alle Lufteinschlüsse vermieden werden, da Glimmentladungen oder Durchschläge vorzugsweise an diesen Stellen erfolgen.

Die Anschlussdrähte von Rundwickeln führt man axial heraus, während diese bei Flachwickeln tangential als Stifte aus der Kunstharzpressung hervorragen und in das genormte Rastermaß gedruckter Platinen passen.

Nach dem Wickeln eines Kondensators wird eine der beiden Belagfolien die letzte und damit äußerste Lage bilden. Diese umschließt den Wickel wie eine Abschirmung. Soll der Kondensator im Betrieb einseitig geerdet sein, wird man den Anschluss dieses Belags verwenden. Zur Kennzeichnung hat man in der Nähe des betreffenden Anschlusses einen Ring oder eine ähnliche Markierung.

Bei Papierkondensatoren besteht das Dielektrikum aus einem Spezialpapier, das mit flüssigen oder halbflüssigen Stoffen imprägniert ist, z.B. mit Isolierölen oder Vaseline. Zur Erhöhung der Spannungsfestigkeit legt man bei der Herstellung des Wickels auch zwei Folien übereinander. Der fertige Wickel wird im Vakuum nochmals mit einem Isolieröl oder Harz getränkt. Das Vakuum beseitigt restliche Lufteinschlüsse, die Imprägnierung hält die Umgebungsluft vom Dielektrikum fern, damit es keine Feuchtigkeit aufnehmen kann. Ohne zusätzliche Umhüllung ist diese Maßnahme aber nicht optimal. Auch durch diese anscheinend dicke Kunstharzschicht dringt mit der Zeit Feuchtigkeit ein, die die Isolation zwischen den Belägen beeinträchtigt. Eine nahezu hundertprozentige Absicherung gegen die Luftfeuchtigkeit bewirkt das Einlöten in ein Keramikrohr.

Die Kapazitätstoleranz von Papierkondensatoren beträgt meist +20% und der Verlustfaktor liegt um $1 \cdot 10^{-2}$. Bessere dielektrische Eigenschaften werden von Papierkondensatoren nicht benötigt, da diese hauptsächlich als Siebkondensatoren Verwendung finden. Obwohl in den letzten Jahren eine Reihe neuer Dielektrika entwickelt worden sind, die gleiche oder teilweise bessere Eigenschaften als Papier aufweisen, wird dieser Kondensatortyp weiterhin hergestellt. Der Papierkondensator ist vor allem bei höheren Spannungen vorteilhafter als die Kunststoffausführungen.

Seitdem Kondensatoren entwickelt werden, bemüht man sich darum, das notwendige Volumen zum Unterbringen einer bestimmten Kapazität nennenswert zu verringern. Zwar gibt es Elektrolytkondensatoren, doch die Lebensdauer ist begrenzt, so dass man in kritischen Anlagen mit hoher Betriebszuverlässigkeit keine Elektrolytkondensatoren findet. Außerdem muss man bei Elektrolytkondensatoren auf die Polung achten. Für nicht gepolte Kondensatoren mit hoher Kapazität setzt man Metallpapierkondensatoren ein. Bei dieser Ausführung ersetzt man die Aluminiumfolie des herkömmlichen Papierkondensators durch eine aufgedampfte Aluminiumschicht mit einer Dicke von 1 µm. Neben dem verringerten Raumbedarf zeigt dieser Kondensator noch eine andere sehr günstige Eigenschaft: Bei Durchschlägen des Papiers an Fehlstellen gibt es keinen Kurzschluss, sondern es brennt die Metallschicht an dieser schadhaften Stelle einfach ab. Dadurch konnte man auch noch die bei Papierkondensatoren vielfach benötigte Papierlage einsparen, wodurch sich eine weitere Verringerung der Wickelabmessungen ergab.

Metallpapierkondensatoren gibt es mit Kapazitätswerten bis zu 47 µF und für Betriebsspannungen bis zu mehreren tausend Volt. Der Verlustfaktor liegt im niederfrequenten Bereich bei 10^{-2}. Bei diesem Typ muss man in Bezug auf den Ausbrenneffekt noch zwischen zwei Arten unterscheiden, der ausheilende und der selbstheilende. Selbstheilend sind Kondensatoren, bei denen zum Ausbrennen die auf ihren Belägen befindliche Ladung ausreicht, während bei der ausheilenden Ausführung von der Spannungsquelle Energie nachgeliefert werden muss. Der Ausbrenneffekt kann erst ab 20 V auftreten. Das Durchschlagen der Isolation der Metallpapierkondensatoren während des Betriebs ist ein normaler und unschädlicher Vorgang, der akustisch nicht wahrnehmbar ist. Die zahlreichen im Verlauf einer Betriebszeit entstehenden Ausbrennstellen setzt die Kapazität dieses Kondensators kaum herab.

6.1.5 • Aufbau von Kunststoffkondensatoren

Kunststoffkondensatoren lassen sich sehr viel dünner und mit weniger Fehlstellen herstellen, als dies bei imprägniertem Papier der Fall ist. Deshalb kennt man seit 30 Jahren praktisch nur noch Kondensatoren, deren Dielektrikum aus Kunststofffolien besteht. Begünstigt wurde diese Entwicklung durch den Einsatz der Transistoren und der integrierten Schaltkreise, denn bei Spannungen unter 15 V benötigt man Folien mit einer Dicke von 1 µm oder weniger. Außerdem werden keine hohen Ansprüche an die Durchschlagfestigkeit gestellt.

Bei den Polyesterkondensatoren dient als Dielektrikum eine Folie aus Polyterephtalsäureester (Handelsname: Hostaphan). Der Belag kann entweder eine Aluminiumfolie sein oder eine aufgedampfte 0,01 µm bis 0,05 µm dicke Metallschicht. Anwendung findet dieser Kondensatortyp speziell in Netzgeräten, denn der Verlustfaktor bei Nf-Anwendungen liegt bei 10^{-2}. Wegen der äußerst dünnen Belagschicht der metallisierten Ausführung und dem damit verbundenen höheren Serienwiderstand sollte diese Kondensatorart vorzugsweise in niederfrequenten Schaltungen ihren Einsatz finden.

Die Normen bezeichnen den Polyesterkondensator mit Aluminiumfolie als Belag – freitragender Belag – als KT-Kondensator (K = Kunststofffolie, T = terephtalat). Sind die Beläge aufgedampft, spricht man vom MKT-Kondensator (M = metallisiert). KT- und MKT-Kondensatoren gibt es mit Kapazitätswerten bis zu 10 µF und Betriebsspannungen bis zu 1000 V.

Bei den Polycarbonatfolienkondensatoren besteht das Dielektrikum aus Polycarbonat (Handelsname: Makrofol). Diese Folie hat einen sehr viel geringeren Verlustfaktor als Polyester und bei Niederfrequenz beträgt der tan δ-Wert nur $1 \cdot 10^{-3}$. Dieser Kondensator lässt sich universell in Siebschaltungen oder in Schwingkreisen einsetzen. Auch hat er eine gute Kapazitätskonstanz. Hat dieser Typ eine freitragende Aluminiumfolie als Belag, trägt er die Bezeichnung KC-Kondensator (C = carbonat), und mit metallisiertem Belag die Bezeichnung MKC-Kondensator. Diese Ausführung ist übrigens genauso ausheilfähig wie ein MP-Kondensator.

Die Lackkondensatoren bestehen aus einer Kombination von freitragender Belagfolie und Metallbedampfung. Das Dielektrikum ist Celluloseacetat (Handelsname: Trolit), das als dünner Lackfilm auf die Aluminiumfolie aufgetragen wird. Diesen Lackfilm bedampft man mit einer Aluminiumschicht und erhält so den zweiten Belag. Die Eigenschaften ähneln denen des MKT-Kondensators. Normenmäßig bezeichnet man diesen Typ als MKU-Kondensator (U = Cellulose), aber man findet auch die Bezeichnung MKL (L = Lack). Für eine nicht genormte Ausführung kommt auch Polystyrollack als Dielektrikum zur Verwendung. Dieser Kunststoff ist für Hf-Anwendungen vorteilhaft und als Bezeichnung hat man MKY.

Polypropylenkondensatoren tragen die Bezeichnung KP, denn Polypropylen hat den Handelsnamen Hostalen PPH. Dieser Typ hat ähnliche Eigenschaften wie der KT-Kondensator.

Die Styroflexkondensatoren werden mit KS (S = Polystyrol bzw. Styroflex) bezeichnet und eignen sich für hochwertige Bauelemente in Schwingkreisen. Der Wickel wird mit freitragender Belagfolie gefertigt. Nach dem Wickeln lässt man die vorgereckte Styroflexfolie durch Einwirkung von Wärme schrumpfen, wodurch sich ein sehr kompakter Wickel ergibt, der nur geringe Feuchtigkeit aus der Luft aufnehmen kann. Besonders vorteilhaft ist auch, dass der Verlustfaktor im Gegensatz zu den anderen Materialien für das Dielektrikum praktisch frequenzunabhängig und sehr niedrig ($0{,}1 \cdot 10^{-2}$) ist. Die Kontaktierung erfolgt durch Verschweißen der Anschlussdrähte mit den auf der Stirnseite überstehenden und zusammengepressten Belagfolien. Dadurch wird der Kondensator sehr dämpfungsarm. Styroflexkondensatoren gibt es bis zu 1 µF.

Das Dielektrikum bei Keramikkondensatoren besteht aus einer Keramikmasse, meist Bariumtitanat, deren Dielektrikumskonstante durch geeignete Zusätze zwischen 10 bis 10000 verändert werden kann. Es ist zwischen sogenannten NDK-Werkstoffen (NDK = niedriger DK) zu unterscheiden, die in den Normen mit Typ I bezeichnet werden und ε_r-Werte zwischen 10 und 200 aufweisen, und den HDK-Werkstoffen (HDK = hoher DK) mit der normgerechten Bezeichnung Typ II, deren DK bis zu 10000 betragen kann. NDK-Werkstoffe verfügen über eine gute Konstanz und geringe Verluste, weshalb man sie in hochkonstanten Schwingkreisen einsetzt. HDK-Werkstoffe benutzt man dagegen, wenn es nur auf eine große Kapazität mit geringen Bauvolumen ankommt. Beide Typen weisen wegen der hohen DK nur kleine Abmessungen auf und werden vorzugsweise in der Hf-Technik eingesetzt.

6.1.6 • Elektrolytkondensatoren

Wenn man Kondensatoren mit Kapzitätswerten von 1 µF bis 10000 µF und höher benötigt, setzt man Elektrolytkondensatoren ein. Sie bestehen im Prinzip aus einer mit dem Pluspol der Spannungsquelle zu verbindenden Elektrode (Anode), die mit einem gut isolierenden Oxid bedeckt ist, das als Dielektrikum dient. Die Gegenelektrode ist ein Elektrolyt, also eine leitende Flüssigkeit, wobei es sich um eine spezielle Säurelösung handelt. Ein metallisches Gehäuse stellt den Anschluss für den Minuspol her. Während man bei Papierkondensatoren je Volt Betriebsspannung eine Isolationsdichte von 6 µm benötigt, genügt bei einem Aluminium-Elektrolytkondensator bereits eine Oxidschicht von 0,001 µm. Die geringe Dicke und die relativ hohe Dielektrikumskonstante ergeben sehr hohe Kapazitätswerte je Volumeneinheit.

Die Anode besteht bei Aluminium-Elektrolytkondensatoren aus einem Band von Aluminium mit einer Reinheit von 99,9%. Ein saugfähiges Material, der sogenannte Abstandshalter, nimmt den Elektrolyten auf. Aluminiumband und Abstandshalter sind aufgewickelt und werden in einem Aluminiumgehäuse untergebracht. Schließt man eine Spannungsquelle zwischen Anode und Gehäuse an, bildet sich bei richtiger Polung auf der Anodenseite eine Schicht aus Aluminiumoxid, deren ε_r-Wert zwischen 7 und 8 liegt. Diesen Vorgang bezeichnet man als Formieren und dieser wird solange fortgesetzt, bis die für eine bestimmte Betriebsspannung erforderliche Größe erreicht ist. Für Betriebsspannungen bis 100 V ist das Dielektrikum z.B. 1 µm dick. Durch Aufrauhen der Aluminiumoberfläche auf chemischen Weg vergrößert sich ihre wirksame Oberfläche, wodurch sich die Kapazität je Volumeneinheit bis auf das zehnfache steigern lässt. In Abb. 6.4 ist der Vorgang für die Formierung bei einem Aluminium-Elektrolytkondensator gezeigt.

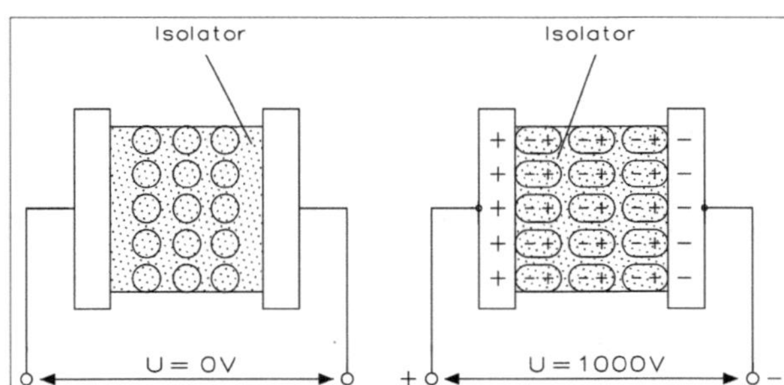

Abb. 6.4 • Vorgang der Formierung bei einem Aluminium-Elektrolytkondensator.

Während des Betriebszustands muss ein Elektrolytkondensator stets richtig gepolt sein. Bei Falschpolung baut sich die Oxidschicht ab und der Kondensator nimmt einen sehr hohen Strom auf, bis er sich selbst zerstört. Dabei entstehen Gase, die zu einer Explosion führen können und daher sind Elektrolytkondensatoren mit großen Kapazitäten häufig mit einem Sicherheitsventil ausgerüstet.

Es gibt auch ungepolte Elektrolytkondensatoren. Diese bestehen aus zwei formierten Aluminiumfolien, die durch den mit dem Elektrolyt getränkten Abstandshalter voneinander getrennt sind, so dass sich demnach zwei gegeneinander geschaltete Kondensatoren ergeben. Die Betriebsgleichspannung liegt jedoch hauptsächlich an dem gerade richtig gepolten Teilkondensator. Diesen Typ findet man jedoch kaum in der Praxis, außer in speziellen Systemen der Militärelektronik.

Weitere Eigenheiten eines Elektrolytkondensators sind die Eigenspannung und der Nachladungseffekt. Durch die Zusammensetzung aus einem Elektrolyten und verschieden behandelten Elektroden kann sich im Innern eine galvanische Zelle ausbilden, die eine Spannung bis zu 0,5 V abzugeben vermag. Der Nachladungseffekt lässt dagegen auf dem Kondensator nach erfolgter Entladung wieder einen Teil der zuvor anliegenden Spannung entstehen, mitunter bis zu 50%.

Die Oxidschicht auf dem Aluminium ist kein idealer Isolator. Deshalb fließt bei anliegender Spannung stets ein geringer Reststrom. Dieser sollte gewisse Grenzwerte nicht überschreiten, um unzulässige Erwärmungen des Kondensators und unnötige Belastung der Stromquelle zu vermeiden. Andererseits hält der Reststrom die Formierung aufrecht und kann auch Fehlstellen wieder zu einer Oxidschicht verhelfen. Nach längerer Lagerung oder Betriebsunterbrechung ist der Ladestrom anfangs recht hoch, doch formiert sich die Oxidschicht nach längerer Betriebsdauer wieder und der Reststrom geht auf einen zulässigen Wert zurück. In der Praxis unterscheidet man zwischen dem Stromwert für den Abgabezustand und für den Betriebszustand, der als Richtwert anzusehen ist. Dieser wird etwa eine Stunde nach Anlegen der Betriebsgleichspannung erreicht.

Verwendet man für die Anode anstelle von Aluminium Tantal, der mit einer dünnen Schicht Tantalpentoxid als Dielektrikum bedeckt ist, lassen sich Kondensatoren mit noch größeren Kapazitäten pro Volumeneinheit verwirklichen. Tantalpentoxid hat mit DK ≈ 26 einen sehr viel größeren Wert als Aluminiumoxyd. Zudem verträgt Tantal aggressivere Elektrolyten, deren Widerstand niedriger und weniger temperaturabhängig ist. Dadurch ergibt sich auch ein geringerer Verlustfaktor, der nur in seltenen Fällen einen Wert von 10^{-1} erreicht. Die Tantalfolien werden unter Zwischenlage von Papier zusammengewickelt und in ein Silberröhrchen gesteckt. Der Wickel erhält im Vakuum eine Tränkung mit dem Elektrolyten und daher die Bezeichnung „halbnass“. Diese Typen werden bis zu einer Betriebsspannung von 150 V hergestellt, kosten aber wegen des aufwendigen Herstellungsprozesses auch erheblich mehr.

Eine weitere Steigerung als der halbnasse Typ bringen die trockenen Tantal-Elektrolytkondensatoren. Hier setzt man das gesinterte Tantalpulver ein. Unter Sintern versteht man das Zusammenbacken von Metall oder Metalloxidpulver bei hoher Temperatur nach vorherigem Zusammenpressen der Materialien. Es entsteht ein poröser Körper, dessen wirksame Gesamtoberfläche außerordentlich groß ist. Beim Brennen wird diese Oberfläche zugleich mit einer Oxidschicht bedeckt. In die Poren des Sinterkörpers lässt man eine Manganverbindung eindringen, die in gut leitendes Manganoxid umgewandelt wird und als Elektrolyt funktioniert. Da es sich hierbei um einen trockenen Elektrolyten handelt, spricht man auch vom trockenen Kondensator. Die vielen feinen Poren ergeben eine große wirksame Oberfläche, so dass sich in ein Volumen von 1 cm^3 bis zu 200 µF unterbringen lassen. Allerdings sind diese Kondensatoren nur bis zu Betriebsspannungen von 35 V zugelassen.

6.1.7 • Veränderbare Kondensatoren

Zum Einstellen eines bestimmten Kapazitätswerts benötigt man veränderbare Kondensatoren, die meist als Drehkondensatoren funktionieren. Diese bestehen aus zwei Plattenpaketen: dem feststehenden Teil bzw. Stator und dem beweglichen Teil bzw. dem Rotor. Der Rotor wird so eingestellt, dass sich ein mehr oder weniger großer Teil der Plattenflächen überdeckt, d. h. es ändert sich dabei also die wirksame Fläche des Kondensators. Im Prinzip benötigt man für einen Drehkondensator nur zwei Platten, praktisch werden jedoch immer mehrere Platten übereinandergestapelt, um die gewünschte Kapazität auf engstem Raum zu erhalten. Beträgt die Summe von Stator- und Rotorplatten *n*, berechnet sich die Kapazität aus

$$C = 8,854 \cdot 10^{-12} \cdot \varepsilon_r (n-1) \cdot \frac{A}{s}$$

Befindet sich zwischen den Platten nur Luft, gilt für $\varepsilon_0 = 1$. Der Verlauf der Kapazität C mit dem Drehwinkel α ist weitgehend abhängig von der Form der Platten. In der Praxis unterscheidet man zwischen mehreren Typen:

- Beim Kreisplattenkondensator nimmt die Kapazität C proportional mit dem Drehwinkel α zu oder ab. Eine gewisse Anfangskapazität C_0 ist immer vorhanden, auch wenn die Platten vollständig herausgedreht sind. Die Kapazität verläuft von 10 pF bis 200 pF.

- Befindet sich ein Drehkondensator in einem Schwingkreis, arbeitet er umgekehrt proportional der Wurzel aus dem Drehwinkel. Die Frequenzskala würde durch diese Funktion am Anfang sehr zusammengedrängt werden und eine exakte Ablesung gestaltet sich schwierig. Man zieht deshalb einen linearen Zusammenhang zwischen Drehwinkel und Resonanzfrequenz vor und die Rotorplatten sind nicht linear, sondern weisen eine langgestreckte Form auf. Damit erreicht man die Funktion eines frequenzgeraden Kondensators.

- Wenn man keinen frequenzgeraden, sondern einen wellengeraden Kondensator benötigt, weisen die Platten ein nierenförmiges Aussehen auf.

- Ist im Drehwinkelbereich an allen Stellen eine prozentual gleiche Ablesegenauigkeit erforderlich, gibt man den Platten eine solche Form, dass sich die Kapazität nach einer Potenzfunktion ändert. In diesem Fall hat man einen Logarithmus der Kapazität und der Logarithmus der Wellenlänge ist mit dem Drehwinkel proportional, während der Logarithmus der Frequenz linear mit der Frequenz abnimmt. Es ergibt sich die Wirkungsweise eines logarithmischen Kondensators.

- Für den UKW-Bereich setzte man früher Drehkondensatoren ein, die eine Schmetterlingsform aufweisen. Dieser besteht aus zwei gleichen Statorpaketen, zwischen denen sich der nicht angeschlossene Rotor bewegt, d.h. zwischen den beiden Anschlüssen A und B hat man praktisch zwei Teilkondensatoren mit gleicher Kapazität.

- Speziell in der Messtechnik findet man den Differentialdrehkondensator. Auch dieser hat zwei Statoren, aber einen Rotor in Kreisplattenform und ist mit nur einem Anschluss versehen. Beim Durchdrehen nimmt die Kapazität zwischen dem einen Stator und dem Rotor zu, während sie nach dem zweiten Stator hin abnimmt.

Die Achsen dieser Drehkondensatoren können aus Stahl und mit dem Rotor direkt verbunden sein. In diesem Fall muss der Rotor stets mit der Gerätemasse verbunden sein, damit sich für die Abstimmung keine Fehlfunktionen ergeben. Berührt man mit der Hand einen Drehkondensator, ändert dieser seine Kapazität, denn bei diesen Bauelementen ergibt sich eine erhebliche „Handempfindlichkeit". Ist dagegen eine Massefreiheit des Rotors erforderlich, setzt man beim Drehkondensator eine isolierende Keramikachse ein.

Bei Miniaturausführungen setzt man zwischen die Platten spezielle Folien aus dem verlustarmen Kunststoff ein, so dass sich trotz geringer Abmessungen ebenso hohe Kapazitätswerte erzielen lassen. Es ergeben sich Kapazitätsänderungen von 20 pF bis 500 pF oder 40 pF bis 1000 pF. Es ist jedoch nicht der volle Wert der Dielektrizitätskonstante ε_r wirksam, da zwischen den Platten immer ein geringer Luftspalt vorhanden bleibt, damit man die Plattenpakete gegeneinander verstellen kann.

6.2 • Kondensator an Rechteckspannung

Betreibt man einen Kondensator an Rechteckspannung, unterscheidet man zwischen einem Integrier- und einem Differenzierglied. Beide Schaltungen bestehen aus einem Widerstand und einem Kondensator und unterscheiden sich nur in der Verschaltung.

6.2.1 • Vorgänge am RC-Glied

Bei Anlegen einer Gleichspannung an eine *RC*-Kombination lädt sich der Kondensator über den Widerstand nach einer e-Funktion auf. Im Einschaltmoment verhält sich der ungeladene Kondensator wie ein Kurzschluss, so dass bei Beginn des Ladevorgangs der Ladestrom I_0 fließt, der nur durch den Widerstand R begrenzt wird. Mit zunehmender Ladung sinkt der Strom ab, während die Ladespannung zunimmt. Beide Größen ändern sich nach einer e-Funktion. Tabelle 6.4 zeigt die Zeitabhängigkeit der Ladespannung und des Ladestroms.

Tabelle 6.4 • Zeitabhängigkeit der Ladespannung U_L und des Ladestroms I_L bei einem RC-Glied.

Ladezeit	U_L in %	I_L in %
0 τ	0	100
1 τ	63	37
2 τ	86,5	13,5
3 τ	95	5
4 τ	98,2	1,8
5 τ	99,3	0,7

Nach einer Zeit von 5 τ ist der Vorgang der Ladung abgeschlossen, d. h. am Kondensator ist die volle Spannung erreicht und der Strom reduziert sich auf null.

Tabelle 6.5 • Zeitabhängigkeit der Entladespannung U_E und des Entladestroms I_E bei einem RC-Glied.

Ladezeit	U_E in %	I_E in %
0 τ	100	100
1 τ	37	37
2 τ	13,5	13,5
3 τ	5	5
4 τ	1,8	1,8
5 τ	0,7	0,7

Die Entladung eines aufgeladenen Kondensators beginnt in dem Moment, wenn die beiden Anschlusspunkte eines RC-Glieds kurzgeschlossen werden. Der Kondensator *C* kann sich über den Widerstand *R* nach einer e-Funktion entladen. Tabelle 6.5 zeigt die Zeitabhängigkeit der Entladespannung und des Entladestroms.

Alle Lade- und Entladefunktionen beim Kondensator sind zeitabhängig.

6.2.2 • RC-Glied an symmetrischer Rechteckspannung

Mittels des Simulationsprogramms lässt sich ein *RC*-Glied einfach untersuchen. Für den Widerstand verwenden wir $R = 1\ \text{k}\Omega$ und für den Kondensator $C = 1\ \mu\text{F}$. Die Zeitkonstante errechnet sich aus

$$\tau = R \cdot C = 1\ \text{k}\Omega \cdot 1\ \mu\text{F} = 1\ \text{ms}$$

d. h. nach 5 τ hat sich der Kondensator aufgeladen und nach weiteren 5 τ wieder entladen, wenn man das RC-Glied mit einer symmetrischen Rechteckspannung betreiben will.

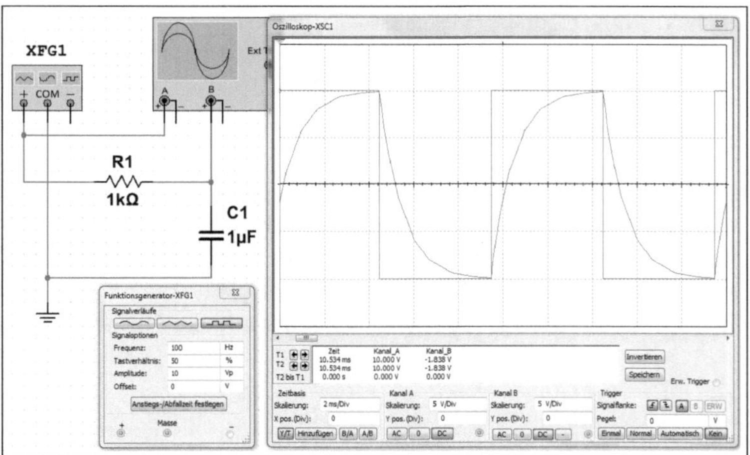

Abb. 6.5 • RC-Glied an symmetrischer Rechteckspannung, wenn der Lade- und Entladevorgang komplett abgeschlossen sein soll.

Bei der Schaltung von Abb. 6.5 erkennt man, dass der Lade- und Entladevorgang komplett abgeschlossen ist, d.h. es ergibt sich eine Gesamtzeit von 10 τ, was einer Frequenz von 100 Hz entspricht. Aus diesem Grunde ist der Frequenzgenerator auf 100 Hz eingestellt. Um eine symmetrische Rechteckspannung zu ermöglichen, wird das Tastverhältnis auf 50 eingestellt. Als Ausgangsspannung für die Rechteckspannung wurde 1 V gewählt.

Das Oszilloskop arbeitet im Zweikanalbetrieb. Oben ist die Eingangsspannung mit 100 Hz und unten die Ausgangsspannung, die direkt am Kondensator abgegriffen wird, gezeigt. Man erkennt aus dieser Einstellung, dass sich der Kondensator vollständig auf- und entladen kann. Wichtig für die Einstellung ist die Beachtung für die beiden Y-POS-Abgleichmöglichkeiten: Der Kanal A hat einen Wert von +1,20 und der Kanal B von −1,20. Damit lassen sich die beiden Kanäle verschieben und es ergibt sich eine übersichtliche Darstellung auf dem Oszilloskop.

Dieses RC-Glied bezeichnet man als Integrierglied. Die Ladung des Kondensators nimmt mit jedem Impuls etwas zu bzw. ab, da die Auf- bzw. Entladung in diesem Bereich bei gleichen Zeitabschnitten schneller vor sich geht als die Ent- bzw. Aufladung. Dieses Zusammenfügen von Impulsen zu einer zusammenhängenden Spannungs-Zeit-Fläche bezeichnet man als Integration.

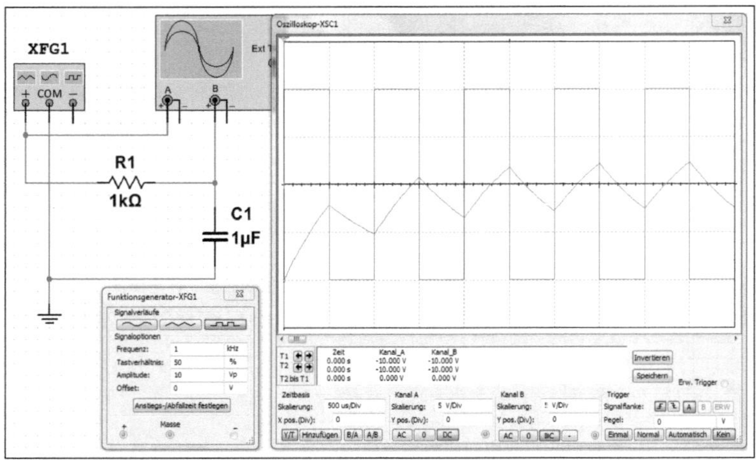

Abb. 6.6 • *RC*-Glied an symmetrischer Rechteckspannung, wenn die Bedingung $\tau = t_i$ gilt.

Für die Zeitkonstante des RC-Glieds gilt: τ = 1 ms. Wenn man die Frequenz von 100 Hz auf 1 kHz erhöht, wie Abb. 6.6 zeigt, kann sich der Kondensator nicht mehr vollständig auf- und entladen. Es entsteht eine flache Sägezahnspannung. Erhöht man die Frequenz, wird die Sägezahnspannung immer flacher. Verringert man dann wieder die Frequenz ab 1 kHz, vergrößert sich wieder die Lade- und Entladezeit des Kondensators und die Ausgangskurve wird ausgeprägter.

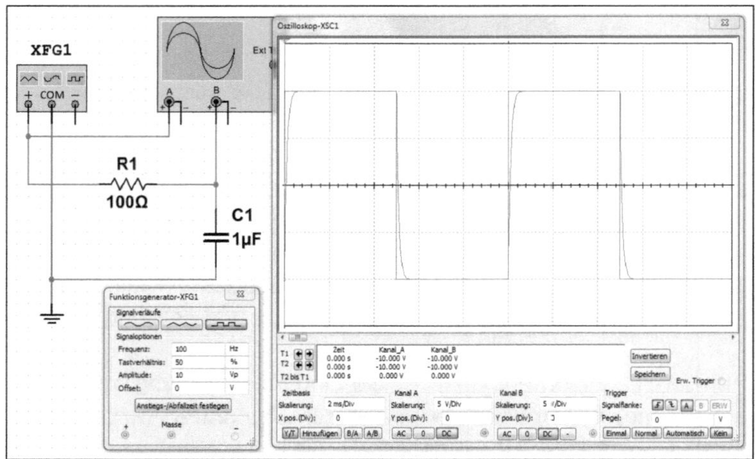

Abb. 6.7 • *RC*-Glied an symmetrischer Rechteckspannung, wenn die Bedingung gilt: $\tau < t_i$.

Stellt man die Frequenz wieder auf 100 Hz ein und verringert den Widerstandswert von 1 kΩ auf 100 Ω, ergibt sich die Bedingung $\tau < t_i$. Abb. 6.7 zeigt den Kurvenverlauf für dieses Integrierglied. Bei dieser Bedingung erkennt man fast keinen Unterschied zwischen der Ein- und der Ausgangsspannung, und in diesem Fall hat man keine nennenswerten Verformungen an der Ausgangsfunktion.

6.2.3 • Integrierglied an unsymmetrischer Rechteckspannung

Durch Änderung des Tastverhältnisses am Funktionsgenerator kann man die Rechteckspannung für die Untersuchung eines Integrierglieds einsetzen.

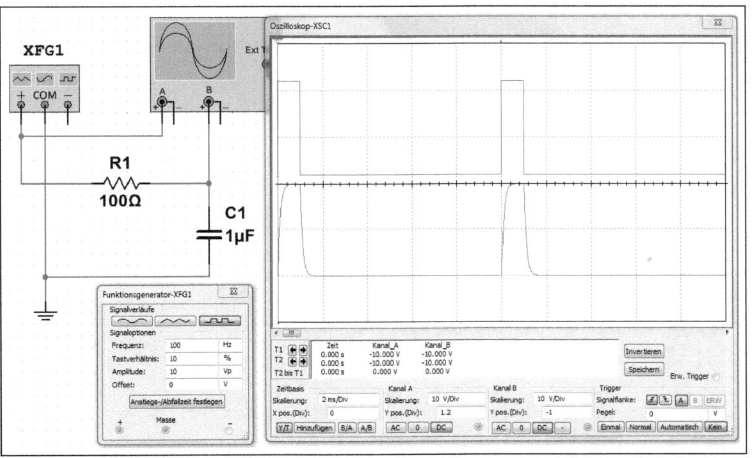

Abb. 6.8 • *RC*-Glied an unsymmetrischer Rechteckspannung (Tastverhältnis 10%).

Bei der Schaltung von Abb. 6.8 hat man wieder die Zeitkonstante von τ = 1 ms, aber das Tastverhältnis der Frequenz von f = 100 Hz wurde auf 10 % eingestellt. Der Kondensator kann sich nicht vollständig aufladen, aber vollständig entladen.

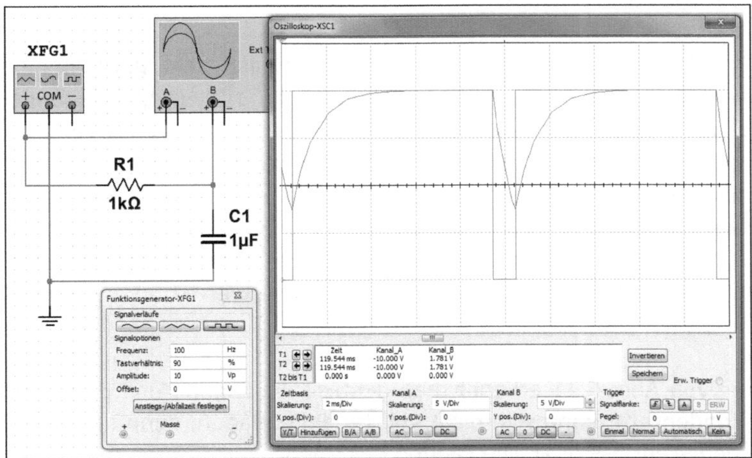

Abb. 6.9 • *RC*-Glied an unsymmetrischer Rechteckspannung (Tastverhältnis 90%).

In der Schaltung von Abb. 6.9 wurde das Tastverhältnis auf 90% eingestellt. Der Kondensator kann sich vollständig aufladen, jedoch die Entladung nicht vollständig abschließen.

6.2.4 • Differenzierglied

Tauscht man bei einem Integrierglied den Widerstand und den Kondensator aus, erhält man ein Differenzierglied. Die Rechteckspannung führt zu einer ständigen Auf- und Entladung des Kondensators, während die Ausgangsspannung am Widerstand abgegriffen wird. Damit wird der Strom, der über den Widerstand R fließt, in einen Spannungsfall umgesetzt und im Oszilloskop dargestellt.

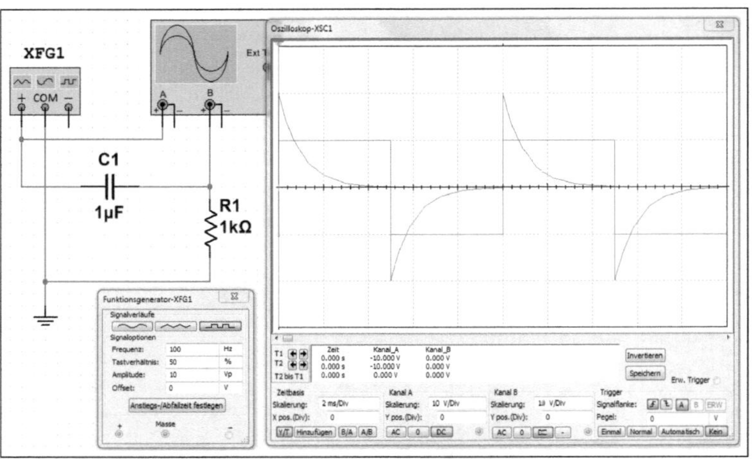

Abb. 6.10 • Differenzierglied an symmetrischer Rechteckspannung.

Bei der Schaltung von Abb. 6.10 ergibt der Kondensator und der Widerstand folgende Zeitkonstante:

$$\tau = R \cdot C = 1\ \text{k}\Omega \cdot 1\ \mu\text{F} = 1\ \text{ms}$$

Die Zeitkonstante zwischen Integrier- und Differenzierglied ändert sich nicht, aber die Ausgangsspannung. Bei einer symmetrischen Rechteckspannung von 100 Hz kann sich der Kondensator vollständig auf- und entladen. Es entstehen Spannungen in positiver bzw. negativer Richtung und diesen Vorgang bezeichnet man als Differentiation. Eine Rechteckfunktion hat bei einer steigenden Flanke einen unendlich großen positiven Anstieg und an der fallenden Flanke einen unendlich großen negativen Anstieg. Zwischen den Rechteckflanken ist der Anstieg dagegen null. Bei der Differentiation erhält man also im mathematischen Sinn an den Flanken unendlich große positive und negative Werte und dazwischen liegt der Wert auf Null.

Bei dem Impulsdiagramm von Abb. 6.11 erkennt man deutlich die Ladung und Entladung des Kondensators. Der Kondensator kann sich nicht vollständig entladen, denn der Rechteckimpuls geht bereits wieder auf 0-Signal. Die Ladung des Kondensators kann man dagegen als vollständig bezeichnen. Je weiter man die Länge der Impulsdauer verkürzt, umso mehr verkürzt sich die Entladung.

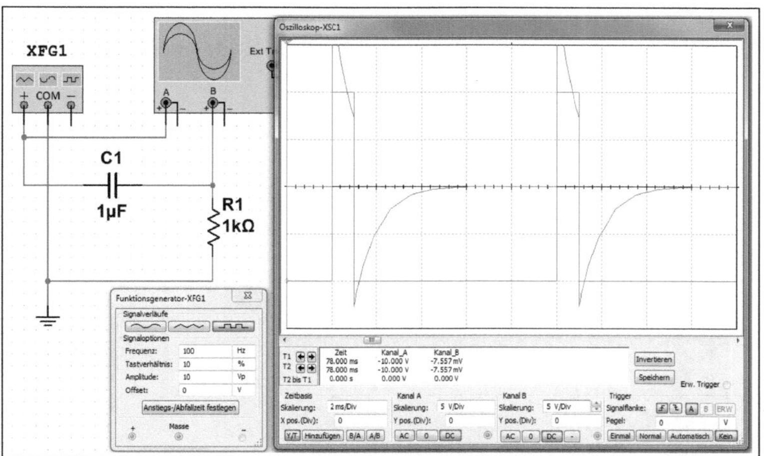

Abb. 6.11 • Differenzierglied an unsymmetrischer Rechteckspannung (Tastverhältnis 10%).

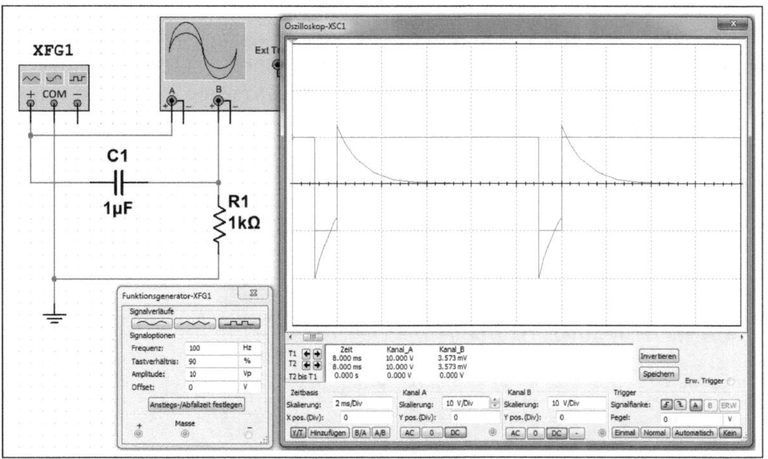

Abb. 6.12 • Differenzierglied an unsymmetrischer Rechteckspannung (Tastverhältnis 90%).

Ändert man das Tastverhältnis von 10% auf 90%, ergeben sich für den Kondensator andere Lade- und Entladebedingungen, wie Abb. 6.12 zeigt. Der Kondensator kann sich nicht mehr vollständig aufladen, während die Entladung vollständig durchgeführt wird.

6.2.5 • Nadelimpulsgenerator

Ein Nadelimpulsgenerator erzeugt Nadelimpulse (Spikes) in positiver und negativer Richtung. Schaltet man in Reihe mit dem Widerstand ein Potentiometer, lässt sich die Lade- bzw. Entladezeit in weiten Bereichen einstellen.

Mit dem Potentiometer in Abb. 6.13 lässt sich die Lade- bzw. Entladezeit des Kondensators einstellen. Dadurch erhält man je nach Einstellung steilere oder flachere Impulse durch das Differenzierglied.

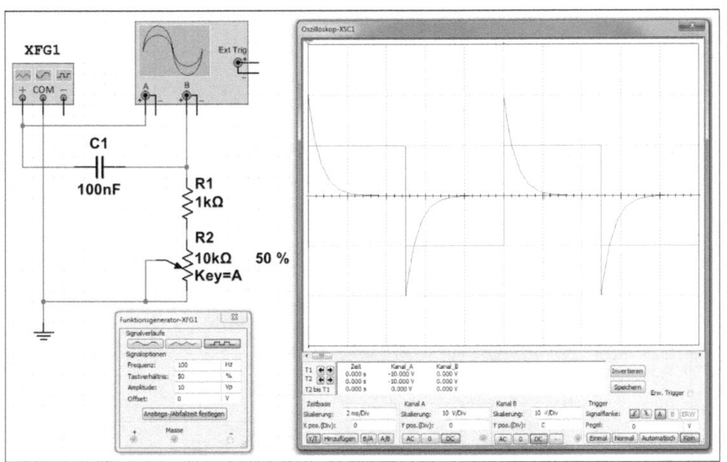

Abb. 6.13 • Einstellbarer Nadelimpulsgenerator.

6.2.6 • KO-Tastkopf mit frequenzkompensiertem Spannungsteiler

Um den Spannungsbereich eines Oszilloskops erweitern zu können, setzt man einen 1:10-, 1:20- oder 1:100-Abschwächer ein. Der Eingangswiderstand eines realen Oszilloskops liegt bei R_e = 1 MΩ. Wenn man einen KO-Tastkopf (Kathodenstrahl-Oszilloskop) mit einem 1:10-Abschwächer einsetzt, wird die Eingangsspannung im Verhältnis 10:1 geteilt, d.h. zeigt ein Oszilloskop eine Spannung von 1 V_{SS} an, liegt am Tastkopf eine Spannung von 10 V_{SS} an.

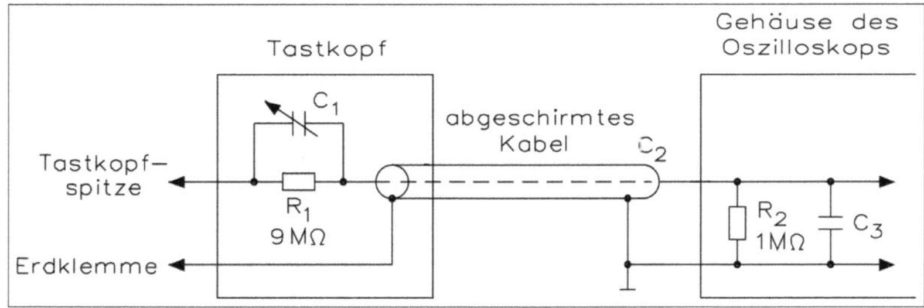

Abb. 6.14 • Innenschaltung eines Tastkopfes mit einer 1:10-Abschwächung und einem frequenzkompensierten Spannungsteiler.

Der Tastkopf von Abb. 6.14 enthält einen Widerstand von R_1 = 9 MΩ und der Innenwiderstand des Oszilloskops beträgt R_2 = 1 MΩ. Damit wird die Eingangsspannung im Verhältnis 10:1 geteilt. Gleichzeitig erhöht sich auch der Eingangswiderstand auf 10 MΩ.

Das Problem bei einem Tastkopf ist das Koaxialkabel zwischen Tastkopf und Oszilloskop. Jedes Koaxialkabel hat eine bestimmte Kapazität C_2 und diese verfälscht das Messergebnis. Aus diesem Grunde ist ein Kompensationskondensator C_1 vorhanden, der die Kapazität des Koaxialkabels kompensieren kann. Bei einem exakten Abgleich spricht man von einem frequenzkompensierten Spannungsteiler. Hat man jedoch keinen Abgleich vorgenommen, ergibt sich ein über- oder unterkompensierter Spannungsteiler.

Die Bedingung für einen frequenzkompensierten Spannungsteiler lautet:

$$R_1 \cdot C_1 = R_2 \cdot C_2$$

Wenn die Kapazität des Koaxialkabels einen Wert von C_2 = 1 nF hat, ergibt sich für den Kompensationskondensator C_1 welche Kapazität?

$$C_1 = \frac{R_2 \cdot C_2}{R_1} = \frac{1\,\text{M}\Omega \cdot 1\,\text{nF}}{9\,\text{M}\Omega} = 0{,}11\,\text{nF}$$

In der Simulationsschaltung von Abb. 6.15 hat man den ohmschen Spannungsteiler mit R_1 = 1 MΩ und R_2 = 9 MΩ. Die Kapazität wird mit einem Wert von C_2 = 1 nF angenommen. Damit muss der Drehkondensator auf einen Wert von 0,11 nF (55%) eingestellt sein.

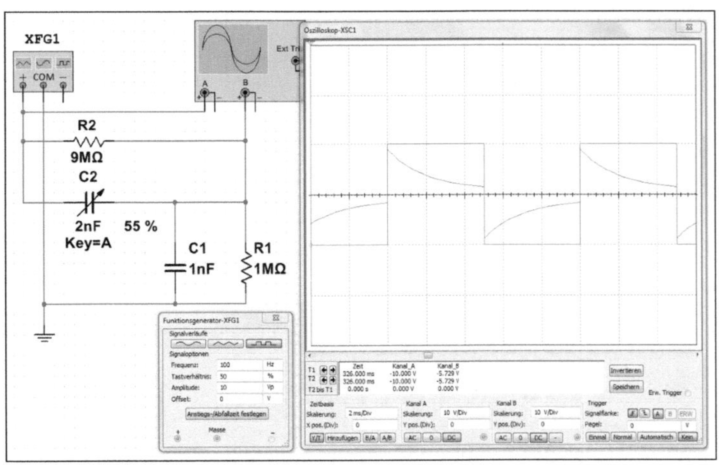

Abb. 6.15 • Simulationsschaltung mit einem frequenzkompensierten Spannungsteiler, der sich in einem 10:1-Abschwächermesskopf befindet.

Bei einem Tastkopf ist der genaue Wert des Kondensators C_2 abhängig von der Kapazität des Messkabels, denn es gibt zwei verschiedene Längen. Auch das Oszilloskop hat am Eingang noch einen Kondensator C_3. Bevor man in der Praxis mit einem Tastkopf arbeitet,

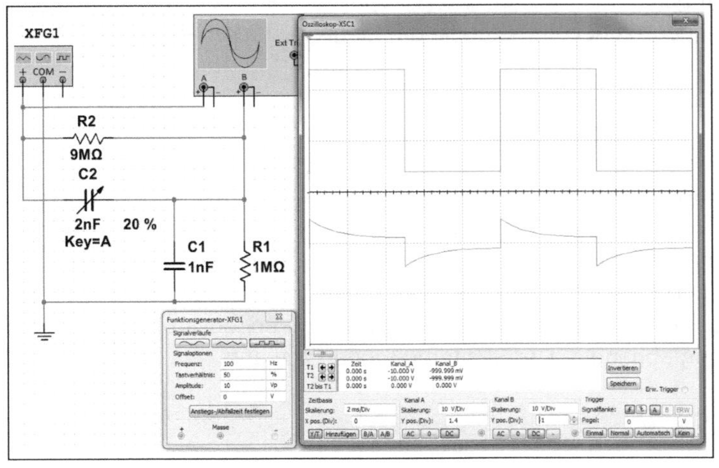

Abb. 6.16 • Unterkompensierter Spannungsteiler im Tastkopf.

muss ein Abgleich an der internen Rechteckspannung erfolgen, die an der Frontplatte vorhanden ist oder an einem externen Rechteckgenerator.

Bei der Kompensation von Abb. 6.16 ist der Drehkondensator auf 30% eingestellt und damit hat man eine Kapazität von 0,06 nF oder 60 pF. Damit gilt die Bedingung

$$R_1 \cdot C_1 < R_2 \cdot C_2$$

und es kommt zu einer Unterkompensation. Damit werden die hochfrequenten Rechtecksignale am Eingang stärker abgeschwächt als niederfrequente.

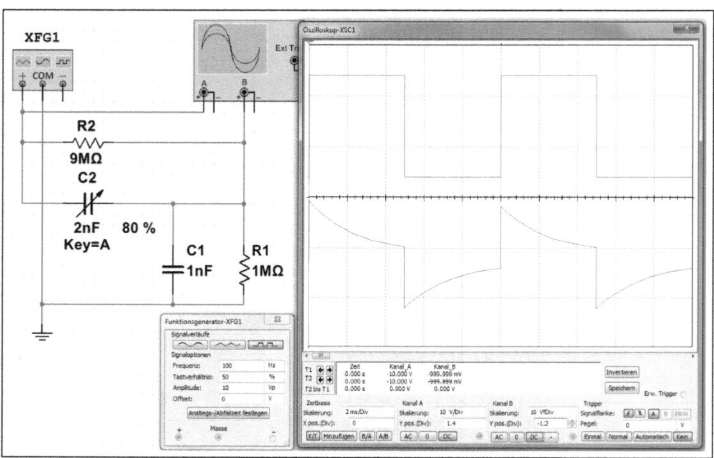

Abb. 6.17 • Überkompensierter Spannungsteiler im Tastkopf.

Bei der Kompensation von Abb. 6.17 ist der Drehkondensator auf 80% eingestellt und damit hat man eine Kapazität von 0,16 nF oder 160 pF. Damit gilt die Bedingung

$$R_1 \cdot C_1 > R_2 \cdot C_2$$

Es kommt zu einer Überkompensation. Eine zu große Kapazität bewirkt das Gegenteil und damit werden die niederfrequenten Rechtecksignale am Eingang stärker abgeschwächt als die hochfrequenten.

6.3 • Kondensator an Wechselspannung

Beim Anschluss an eine sinusförmige Wechselspannung wird ein Kondensator kontinuierlich geladen und entladen. Die Umladung erfolgt umso rascher, je höher die Frequenz ist. Ein in den Stromkreis geschaltetes Messgerät zeigt den Lade- und Entladestrom an und es fließt scheinbar ein Strom durch den Kondensator. Der scheinbar fließende Strom ist von der Schnelligkeit der Umladung, der Frequenz, der Kapazität des Kondensators und von der angelegten Wechselspannung abhängig. Der Strom errechnet sich aus

$$I = U \cdot 2 \cdot \pi \cdot f \cdot C = \omega \cdot C \cdot U$$

Durch Umstellung der Formel und aufgrund der angestellten Überlegungen ergibt sich ein kapazitiver Blindwiderstand von

$$X_C = \frac{1}{2 \cdot \pi \cdot f \cdot C} = \frac{1}{\omega \cdot C}$$

Der kapazitive Blindwiderstand eines Kondensators ist frequenzabhängig.

6.3.1 • Kapazitätsmessung durch Strom und Spannung

Die einfache Messung einer Kapazität eines unbekannten Kondensators ist die Strom- und Spannungsmessung an Wechselspannung.

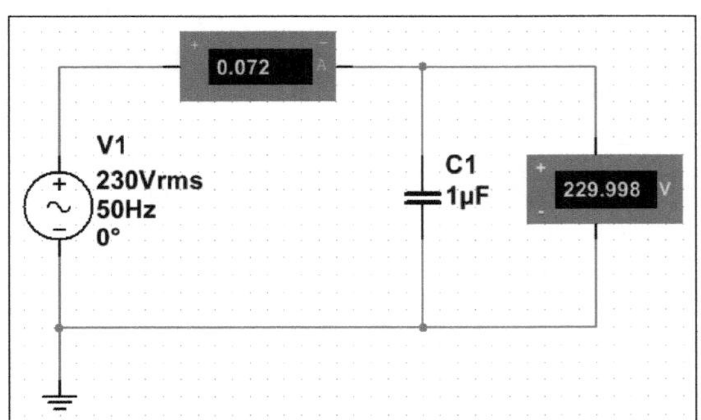

Abb. 6.18 • Bestimmung der Kapazität eines Kondensators durch Strom- und Spannungsmessung an einer Wechselspannung.

Bei der Schaltung von Abb. 6.18 liefert die Wechselspannungsquelle eine Spannung von U = 230 V mit einer Frequenz von f = 50 Hz. Das Amperemeter zeigt einen Strom von I = 69,1 mA und das Voltmeter eine Spannung von U = 230 V an. Damit lässt sich der kapazitive Blindwiderstand des Kondensators berechnen:

$$X_C = \frac{U}{I} = \frac{230\ \text{V}}{69{,}1\ \text{mA}} = 3{,}33\ \text{k}\Omega$$

Die Kapazität berechnet sich aus

$$C = \frac{1}{2 \cdot \pi \cdot f \cdot X_C} = \frac{1}{2 \cdot 3{,}14 \cdot 50\ \text{Hz} \cdot 3{,}33\ \text{k}\Omega} = 0{,}96\ \mu\text{F} \approx 1\ \mu\text{F}$$

Der Kondensator hat einen Wert von 1 µF, der auch eingestellt wurde. Wenn die beiden Messgeräte keinen Wert anzeigen, so liegt es daran, dass sie nicht auf AC umgeschaltet worden sind. Durch einen Doppelklick auf das Symbol erscheint das Fenster für die Einstellung. Die Grundstellung ist immer auf DC und damit wird bei Wechselspannung kein Wert ausgegeben. Erst durch die Umstellung auf AC erhält man die richtigen Messwerte.

Mit dieser Schaltung und einer entsprechenden Rechnung lässt sich auch der kapazitive Blindwiderstand des Kondensators bestimmen. Bei Gleichstrom hat der Kondensator einen sehr hohen Widerstandswert und es fließt kein messbarer Strom. Legt man dagegen eine Wechselspannung an, kommt es zum Stromfluss in beiden Richtungen. Wenn man eine Frequenz von 1 Hz einstellt, sieht man die Änderungen im Stromfluss, d. h. beim Aufladen fließt ein Strom in den Kondensator hinein, während beim Entladen ein Strom aus dem Kondensator in die Wechselstromquelle hineinfließt.

Wenn man bei konstanter Frequenz die Amplitude der Wechselspannungsquelle erhöht, vergrößert sich der Strom I, denn der Strom I ist proportional zur Spannung U. Damit entspricht das Verhalten eines Kondensators bei konstanter Frequenz des ohmschen Widerstands. Der Blindwiderstand eines Kondensators ist frequenzabhängig, d. h. bei einer niedrigen Frequenz erhält man einen hochohmigen Wert und mit zunehmender Frequenz wird der Wert entsprechend geringer.

6.3.2 • Kapazitätsmessung durch Spannungsvergleich

Durch den Spannungsvergleich innerhalb einer Messbrücke lässt sich nach der Formel

$$\frac{C_X}{C_N} = \frac{U_N}{U_X}$$

die Kapazität eines unbekannten Kondensators bestimmen.

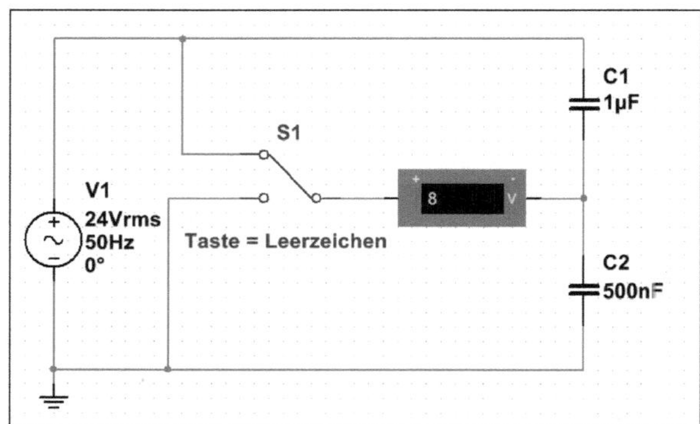

Abb. 6.19 • Bestimmung eines Kapazitätswerts durch Spannungsvergleich.

Beim Spannungsvergleich ist C_X die unbekannte Kapazität und C_N die bekannte Normalkapazität. Mit der Formel

$$C_X = \frac{U_N \cdot C_N}{U_X} = \frac{8\ \text{V} \cdot 1\ \mu F}{16\ \text{V}} = 0{,}5\ \mu\text{F}$$

kann man die Kapazität des unbekannten Kondensators berechnen. Durch die Betätigung des Umschalters S1 erhalten wir die beiden Spannungen von U_N = 8 V und U_X = 16 V.

6.3.3 • Parallelschaltung von Kondensatoren

Die Parallelschaltung mehrerer Kondensatoren entspricht einer Vergrößerung der Plattenoberfläche. Die Gesamtkapazität ist gleich der Summe der Einzelkapazitäten mit

$$C_g = C_1 + C_2 + \ldots + C_n$$

Bei der Messschaltung von Abb. 6.20 wird der Strom durch einen Kondensator mit C_1 = 1 µF gemessen. Es fließt ein Strom von I_1 = 69,1 mA. Damit lässt sich der kapazitive Blindwiderstand mit

$$X_C = \frac{U}{I} = \frac{230\ \text{V}}{69{,}1\ \text{mA}} = 3328\ \Omega$$

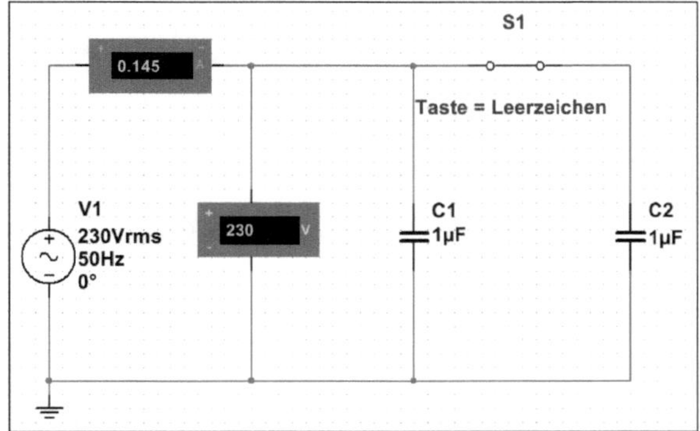

Abb. 6.20 • Untersuchung einer Parallelschaltung von Kondensatoren.

und die Kapazität mit

$$C = \frac{1}{2 \cdot \pi \cdot f \cdot X_C} = \frac{1}{2 \cdot 3{,}14 \cdot 50\ \text{Hz} \cdot 3328\ \Omega} = 1\ \mu\text{F}$$

berechnen. Betätigt man den Umschalter S1, wird der zweite Kondensator zugeschaltet. Der Strom erhöht sich auf 138,4 mA und damit reduziert sich der gesamte Blindwiderstand auf X_C = 1590 Ω. Wenn man die Kapazität der Parallelschaltung berechnet, ergibt sich ein Wert von 2 µF.

6.3.4 • Reihenschaltung von Kondensatoren

Die Reihenschaltung zweier oder mehrerer Kondensatoren entspricht einer Vergrößerung des Plattenabstands und damit tritt eine Verringerung der Gesamtkapazität auf. Die Gesamtkapazität ist kleiner als die kleinste Einzelkapazität und es gilt

$$\frac{1}{C} = \frac{1}{C_1} + \frac{1}{C_2} + \ldots + \frac{1}{C_n}$$

Sind zwei Kondensatoren in einer Reihenschaltung, gilt auch die Formel

$$C = \frac{C_1 \cdot C_2}{C_1 + C_2}$$

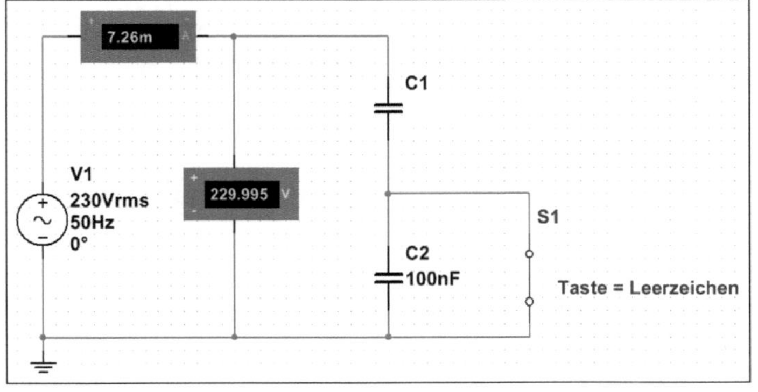

Abb. 6.21 • Untersuchung einer Reihenschaltung von zwei Kondensatoren.

Damit verhält sich im Prinzip die Reihenschaltung von Kondensatoren wie die Parallelschaltung von Widerständen.

Ist der Schalter von Abb. 6.21 geschlossen, wird der untere Kondensator überbrückt und es ist nur der obere Kondensator wirksam. Es fließt ein Strom von I_1 = 6,9 mA. Damit lässt sich der kapazitive Blindwiderstand berechnen mit

$$X_C = \frac{U}{I} = \frac{230\ \text{V}}{6{,}91\ \text{mA}} = 33{,}28\ \text{k}\Omega$$

Die Kapazität berechnet sich aus

$$C = \frac{1}{2 \cdot \pi \cdot f \cdot X_C} = \frac{1}{2 \cdot 3{,}14 \cdot 50\ \text{Hz} \cdot 33{,}28\ \text{k}\Omega} = 0{,}1\ \mu\text{F}$$

Betätigt man den Umschalter S1, wird der zweite Kondensator zugeschaltet. Der Strom verringert sich auf 3,5 mA und damit erhöht sich der gesamte Blindwiderstand auf 63,7 kΩ. Wenn man die Kapazität der Parallelschaltung berechnet, erhält man einen Wert von 0,05 µF bzw. 50 nF.

6.3.5 • Kapazitive Blindleistung

Die Leistung bei Gleichstrom berechnet sich aus

$$P = U \cdot I$$

Diese Formel gilt auch für Wechselspannung, wenn man sich auf die Augenblickswerte von Spannung und Strom bezieht. Liegt eine Wechselspannung an einem ohmschen Widerstand (Heizgerät), sind Spannung und Strom phasengleich. Durch Multiplikation der Augenblickswerte von Spannung und Strom ergibt sich der Augenblickswert der Leistung. Die Leistungskurve ist immer positiv, da Spannung und Strom beim Wirkwiderstand entweder gleichzeitig positiv oder negativ sind. Positive Leistung bedeutet, dass die Leistung vom Erzeuger direkt zum Verbraucher übergeht, also keine Blindleistung vorhanden ist.

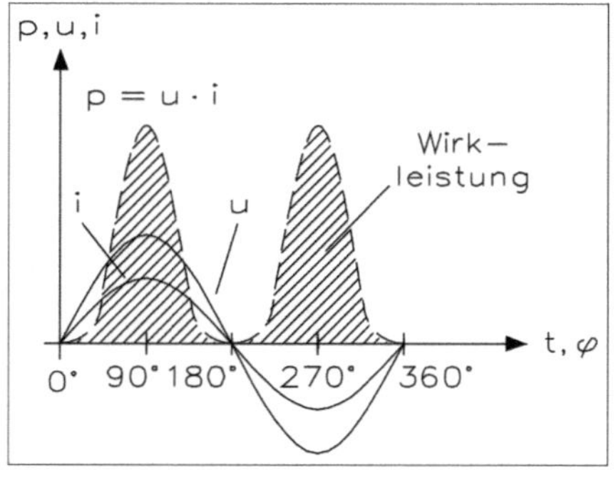

Abb. 6.22 • Spannungs-, Strom- und Leistungsverlauf bei einem ohmschen Verbraucher.

Die Wechselstromleistung von Abb. 6.22 hat den Scheitelwert bei $\hat{u} \cdot \hat{i}$ und lässt sich durch Flächenwandlung in eine gleichwertige Gleichstromleistung, der sogenannten Wirkleistung *P*, umwandeln. Wenn man einen Kondensator an Wechselspannung betreibt, erhält man eine Wechselstromleistung, die vom Produkt $\hat{u} \cdot \hat{i}$ abhängig ist. Da der Strom bei einem

Kondensator der Spannung um 90° vorauseilt, ergibt sich für die Leistung der Kurvenverlauf von Abb. 6.23.

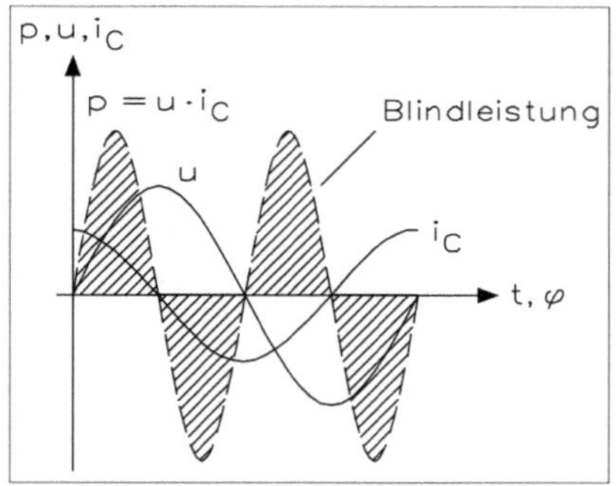

Abb. 6.23 • Spannungs-, Strom- und Leistungsverlauf bei einem rein kapazitiven Verbraucher.

Bei einem Kondensator eilt die Spannung dem Strom um 90° nach. Die Multiplikation der Augenblickswerte von Spannung und Strom führt zur Leistungskurve im positiven und negativen Bereich. Die positive Leistung bedeutet, dass aus dem Netz (Wechselspannungsquelle) eine Leistung entnommen wird, während bei der negativen Leistung die Ladung des Kondensators wieder an das Netz (Wechselspannungsquelle) zurückgeht. Die Leistung, die kurzzeitig aus dem Netz entzogen wird, dient zum Aufbau des elektrostatischen Felds, die Leistung, die in das Netz zurückfließt, zum Abbau des elektrischen Felds. Da keine Wirkleistung in dem Kondensator umgesetzt wird, spricht man von einer Blindleistung. Die Blindleistung errechnet sich aus

$$Q_C = U \cdot I_C$$

Die kapazitive Blindleistung hat die Bezeichnung „var" (volt-ampere-reaktiv, reaktiv = rückwirkend).

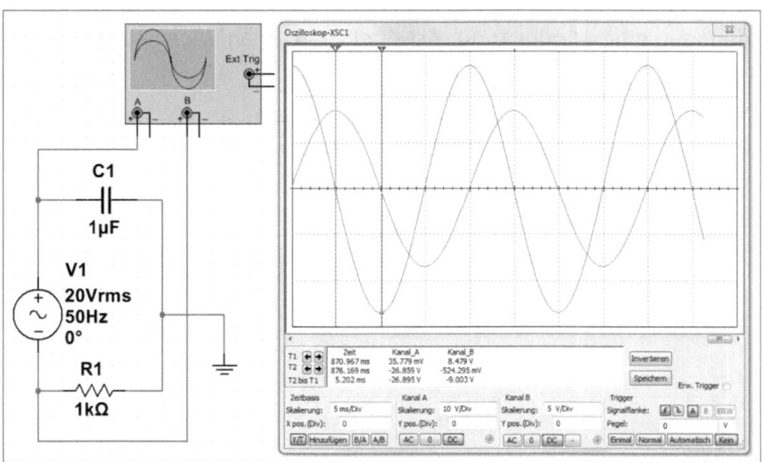

Abb. 6.24 • Schaltung zur Messung der Phasenverschiebung an einem Kondensator.

Ein Oszilloskop ist grundsätzlich ein spannungsempfindliches Messgerät, d. h. man kann nur Spannungen messen und keine Ströme und Widerstände. Wenn man Ströme messen muss, kann dies nicht direkt erfolgen, sondern nur über das Prinzip des Spannungsfalls. Man setzt das ohmsche Gesetz für die indirekte Strommessung ein.

Bei der Schaltung von Abb. 6.24 ist die Wechselspannungsquelle nicht mit Masse verbunden, sondern mit dem Kondensator und dem Widerstand. Der Anschluss des Kondensators ist mit dem B-Eingang des Oszilloskops und der Widerstand mit dem A-Eingang verbunden. Auf der anderen Seite werden Kondensator und Widerstand mit Masse verbunden.

Aus dem Diagramm des Oszilloskops erkennt man eine Phasenverschiebung von 90° und der Strom eilt der Spannung um 90° voraus. Der Strom errechnet sich aus

$$I_C = \frac{U}{R} = \frac{2{,}8\ \text{Div} \cdot 5\ \text{V/Div}}{1\ \text{k}\Omega} = \frac{14\ \text{V}}{1\ \text{k}\Omega} = 14\ \text{mA}$$

$$14\ \text{mA} \times 0{,}707 = 9{,}9\ \text{mA}$$

Die Blindleistung erhält man aus

$$Q_C = U \cdot I_C = 20\ \text{V} \cdot 9{,}9\ \text{mA} = 0{,}198\ \text{var}$$

6.3.6 • Wirkleistung und Phasenverschiebung

Bei der Leistung kennt man drei Größen:

- Scheinleistung *S* in VA
- Wirkleistung *P* in W
- Blindleistung *Q* in var

Liegt ein Kondensator an einer Wechselspannung, ergibt sich eine Blindleistung, bei einem ohmschen Widerstand dagegen eine Wirkleistung. Schaltet man einen Widerstand in Reihe mit einem Kondensator, tritt eine Scheinleistung auf.

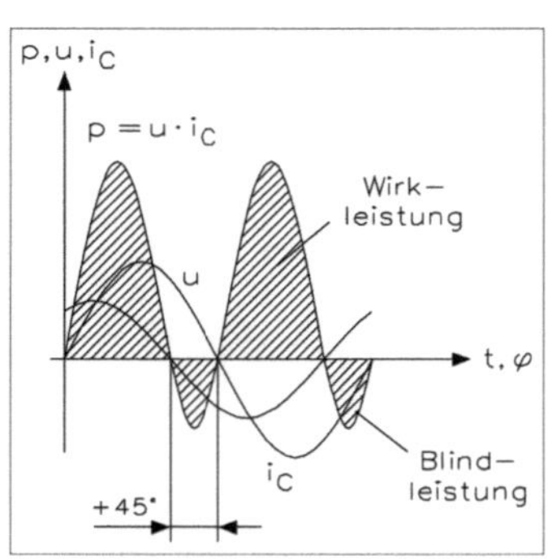

Abb. 6.25 • Spannungs-, Strom- und Leistungsverlauf bei einer Reihenschaltung von Widerstand und Kondensator.

Bei Abb. 6.25 erkennt man, dass der Strom der Spannung um etwa 45° voreilt, d. h. damit entsteht eine Wirk- und eine Blindleistung. Die Wirkleistung *P* errechnet sich aus

$$P = U \cdot I \cdot \cos \varphi$$

Die Blindleistung Q ist

$$Q = U \cdot I \cdot \sin \varphi$$

und die Scheinleistung S aus

$$S = U \cdot I = \sqrt{P^2 + Q^2}$$

Das Problem bei der Messung ist die Phasenverschiebung zwischen Strom und Spannung, damit kann man Wirk- und Blindleistung berechnen. Bevor die Messung durchgeführt wird, soll die Theorie für eine Reihenschaltung betrachtet werden. Ein Widerstand mit R = 1 kΩ und ein Kondensator mit C = 10 µF liegen in Reihe an einer Wechselspannung von 20 V/50 Hz. Für den kapazitiven Blindwiderstand gilt

$$X_\text{C} = \frac{1}{2 \cdot \pi \cdot f \cdot C} = \frac{1}{2 \cdot 3{,}14 \cdot 50\ \text{Hz} \cdot 10\ \mu\text{F}} = 318\ \Omega$$

Der Scheinwiderstand Z errechnet sich aus

$$Z = \sqrt{R^2 + X_\text{C}^2} = \sqrt{(1\ \text{k}\Omega)^2 + (318\ \Omega)^2} = 1{,}05\ \text{k}\Omega$$

Die Phasenverschiebung ist dann

$$\cos\varphi = \frac{R}{Z} \qquad \sin\varphi = \frac{X_\text{l}}{Z} \qquad \tan\varphi = \frac{X_\text{C}}{R}$$

Die Phasenverschiebung errechnet sich für das Beispiel aus

$$\tan\varphi = \frac{X_\text{C}}{R} = \frac{318\ \Omega}{1\ \text{k}\Omega} = 0{,}318 \quad \rightarrow \quad \varphi = 17{,}6^\circ$$

Es tritt eine Phasenverschiebung von 17,6° auf. Abb. 6.26 zeigt die Schaltung zur direkten Messung der Phasenverschiebung.

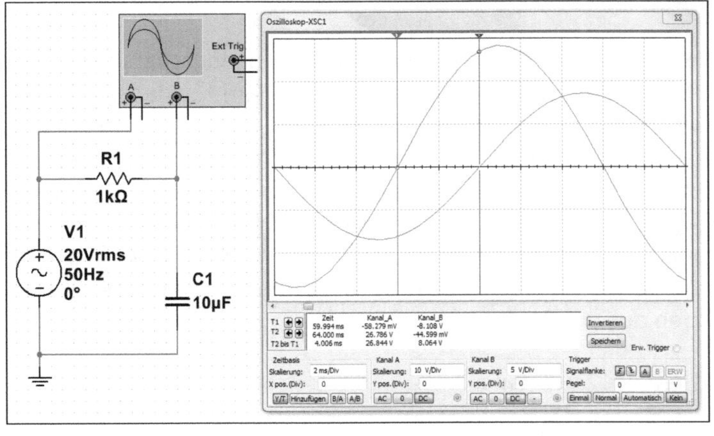

Abb. 6.26 • Schaltung zur Messung der Phasenverschiebung zwischen Strom und Spannung.

Die Phasenverschiebung misst man zwischen den beiden Nulldurchgängen der beiden Amplituden im Oszilloskop. Die komplette Sinusschwingung misst 10 Divisionen und die Phasenverschiebung zwischen den beiden Sinusschwingungen dagegen 1,8 Divisionen. Mittels des Dreisatzes erhält man die Phasenverschiebung mit

$$4\ \text{Div} \mathrel{\hat{=}} 360^\circ$$

$$0{,}8\ \text{Div} \mathrel{\hat{=}} ? \qquad \frac{360^\circ \cdot 0{,}8\ \text{Div}}{4\ \text{Div}} = 72^\circ$$

Es ergibt sich eine Phasenverschiebung von $\varphi = 18°$, denn bedingt durch die Schaltung muss man die Differenz von $90^\circ - 72^\circ = 18^\circ$ bilden. Kennt man die Spannung und den Strom, lassen sich die Wirk-, Blind- und Scheinleistung berechnen.

6.3.7 • Phasenmessung mittels Lissajous-Figur

Ein Zweikanal-Oszilloskop hat zwei identische Y-Eingänge, die mittels der Zeitablenkung zwei Amplituden über den Bildschirm anzeigen. Für die Messung der Phasenverschiebung lässt sich das Oszilloskop auf einen X-Y-Betrieb umschalten. Bei dem simulierten Oszilloskop hat man hierzu die beiden Felder B/A und A/B und das Umschalten erfolgt durch Anklicken mit der Maus.

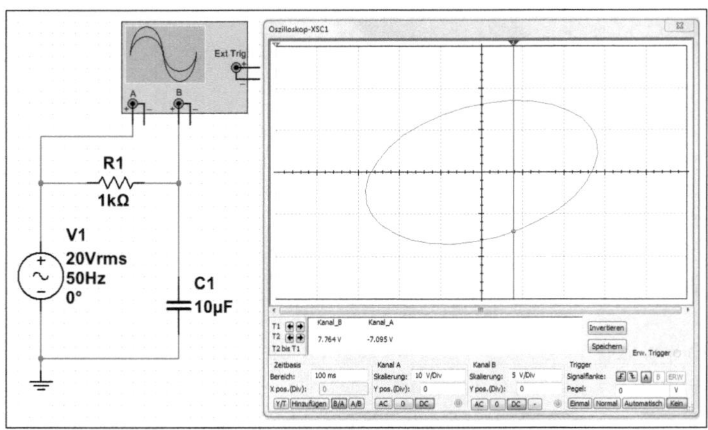

Abb. 6.27 • Phasenmessung mittels Lissajous-Figur.

Der A-Eingang des Oszilloskops von Abb. 6.27 erhält direkt die Eingangsspannung, während die Spannung für den B-Eingang zwischen Widerstand und dem Kondensator abgegriffen wird. Damit ergibt sich eine Phasenverschiebung zwischen den beiden Eingängen. Der Elektronenstrahl wird genau entsprechend dem augenblicklichen Spannungswert der beiden Amplituden abgelenkt und damit lässt sich bei periodischen Vorgängen ein charakteristisches Kurvenbild erzeugen, die sogenannte Lissajous-Figur. Bei gleicher Amplitude, gleicher Frequenz und Phasenlage entsteht ein nach rechts um 45° geneigter Strich und bei einer Phasenverschiebung von 90° ein Kreis. Aus dem Oszillogramm lässt sich der Phasenverschiebungswinkel berechnen aus

$$\sin\varphi = \frac{Y_0}{Y_{\max}} = \frac{2{,}7\ \text{Div}}{2{,}8\ \text{Div}} = 0{,}96 \quad \rightarrow \quad \varphi = 74^\circ$$

Auch hier ergibt sich durch den Schaltungsbau ein messtechnisches Problem. Aus diesem Grunde ist die Differenz von $90^\circ - 75^\circ = 15^\circ$ die Phasenverschiebung.

6.3.8 • Reihenschaltung von Kondensator und Widerstand

Ein Widerstand mit R = 1 kΩ und ein Kondensator mit C = 2 µF liegen in Reihe an einer Wechselspannung von 20 V/50 Hz. Bevor mit der Messung begonnen wird, sollen alle wichtigen Werte dieser Schaltung berechnet werden. Für den kapazitiven Blindwiderstand gilt

$$X_C = \frac{1}{2 \cdot \pi \cdot f \cdot C} = \frac{1}{2 \cdot 3{,}14 \cdot 50\ \text{Hz} \cdot 2\ \mu\text{F}} = 1{,}59\ \text{k}\Omega$$

Der Scheinwiderstand Z errechnet sich aus

$$Z = \sqrt{R^2 + X_C^2} = \sqrt{(1\ \text{k}\Omega)^2 + (1{,}59\ \text{k}\Omega)^2} = 1{,}88\ \text{k}\Omega$$

Der Strom durch die Reihenschaltung ist

$$I = \frac{U}{Z} = \frac{20\ \text{V}}{1{,}88\ \text{k}\Omega} = 10{,}6\ \text{mA}$$

Durch die Reihenschaltung fließt ein Strom von 10,6 mA (rechnerisch) und die simulierte Schaltung von Abb. 6.28 zeigt ebenfalls diesen Strom an.

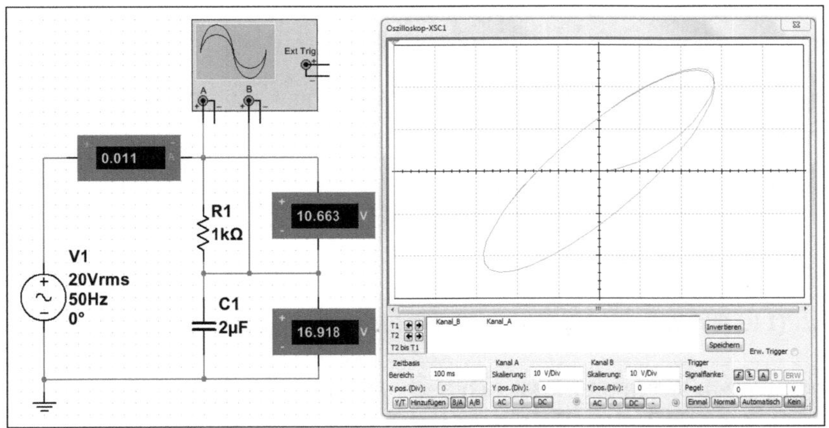

Abb. 6.28 • Schaltung zur Untersuchung einer Reihenschaltung von Widerstand und Kondensator.

Aus dem Strom und dem Wert des Widerstands R bzw. des kapazitiven Blindwiderstands errechnen sich die Spannungsfälle mit

$$U_R = I \cdot R = 10{,}6\ \text{mA} \cdot 1\ \text{k}\Omega = 10{,}6\ \text{V}$$
$$U_C = I \cdot X_C = 10{,}6\ \text{mA} \cdot 1{,}59\ \text{k}\Omega = 16{,}9\ \text{V}$$

Die Phasenverschiebung ergibt sich aus

$$\cos\varphi = \frac{R}{Z} \qquad \sin\varphi = \frac{X_l}{Z} \qquad \tan\varphi = \frac{X_C}{R}$$

Die Phasenverschiebung errechnet sich aus

$$\tan\varphi = \frac{X_C}{R} = \frac{1{,}59\ \text{k}\Omega}{1\ \text{k}\Omega} = 0{,}318 \quad \rightarrow \quad \varphi = 57{,}8°$$

Es tritt eine rechnerische Phasenverschiebung von 57,8° auf. Die Lissajous-Figur zeigt die Werte

$$\sin\varphi = \frac{Y_0}{Y_{max}} = \frac{2{,}7\ \text{Div}}{2{,}8\ \text{Div}} = 0{,}96 \quad \rightarrow \quad \varphi = 75°$$

Durch die Differenz von 90° - 30° = 60° ergibt sich eine weitgehende Übereinstimmung zwischen der rechnerischen und der messtechnischen Lösung.

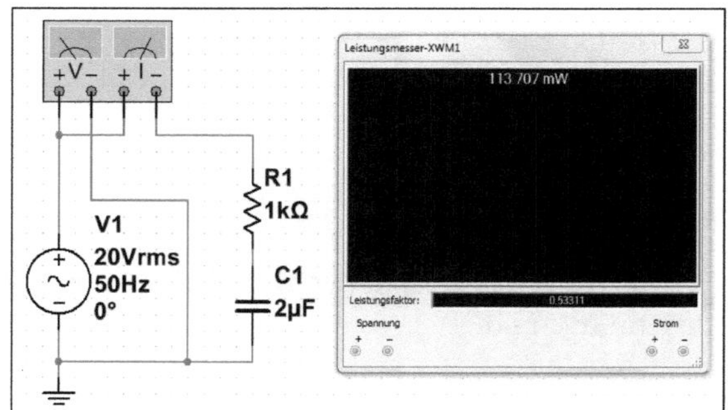

Abb. 6.29 • Messung mit dem Wattmeter.

Mit dem Wattmeter lassen sich die Wirkleistung und der Leistungsfaktor messen. Die Blindleistung errechnet sich aus

$$Q = P \cdot \sin\varphi = 113{,}7\ \text{mW} \cdot 0{,}96 = 109{,}15\ \text{mvar}$$

Die Scheinleistung S ergibt sich aus

$$S = \sqrt{P^2 + Q^2} = \sqrt{(113{,}7\ \text{mW})^2 + (109{,}15\ \text{mvar})^2} = 157\ \text{mVA}$$

Durch die Messung mit dem Wattmeter lässt sich auch der Strom berechnen

$$I = \frac{P}{U \cdot \cos\varphi} = \frac{113{,}7\ \text{mW}}{20\ \text{V} \cdot 0{,}532} = 10{,}7\ \text{mA}$$

Daraus ergibt sich der Spannungsfall am Widerstand und Kondensator

$$U = I \cdot R = 10{,}6\ \text{mA} \cdot 1\ \text{k}\Omega = 10{,}6\ \text{V}$$

$$X_C = \frac{1}{2 \cdot \pi \cdot f \cdot C} = \frac{1}{2 \cdot 3{,}14 \cdot 50\ \text{Hz} \cdot 2\ \mu\text{F}} = 1{,}59\ \text{k}\Omega$$

$$U = I \cdot X_C = 10{,}6\ \text{mA} \cdot 1{,}59\ \text{k}\Omega = 16{,}9\ \text{V}$$

Die Gesamtspannung ist

$$U = \sqrt{U_R^2 + U_C^2} = \sqrt{(10{,}7\ \text{V})^2 + (17{,}0\ \text{V})^2} = 20\ \text{V}$$

Die Phasenverschiebung bei einer Reihenschaltung errechnet sich aus

$$\cos\varphi = \frac{U_R}{I} \qquad \sin\varphi = \frac{U_C}{I} \qquad \tan\varphi = \frac{U_C}{U_R}$$

$$\cos\varphi = \frac{R}{Z} \qquad \sin\varphi = \frac{X_!}{Z} \qquad \tan\varphi = \frac{X_C}{R}$$

$$\cos\varphi = \frac{P}{S} \qquad \sin\varphi = \frac{Q_C}{S} \qquad \tan\varphi = \frac{Q_C}{P}$$

Der Phasenwinkel liegt immer zwischen -90° und 0°. Weitere Formeln sind

$$I = \frac{U_R}{R} \qquad I = \frac{U_C}{X_C} \qquad I = \frac{U}{Z}$$

$$P = U_R \cdot I \qquad Q_C = U_C \cdot I \qquad S = U \cdot I$$

Mit diesen Formeln lassen sich alle Werte berechnen.

6.3.9 • Parallelschaltung von Kondensator und Widerstand

Bei der Parallelschaltung dient die Spannung als gemeinsame Größe für die Berechnung der einzelnen Ströme. Die einzelnen Ströme berechnet man nach dem ohmschen Gesetz.

Ein Widerstand mit R = 500 Ω und ein Kondensator mit C = 5 µF sollen parallel geschaltet sein. Für den Kondensator errechnet sich ein kapazitiver Blindwiderstand von X_C = 637 Ω. Durch die beiden Widerstände fließt ein Strom von

$$I_R = \frac{U}{R} = \frac{20\ \text{V}}{500\ \Omega} = 40\ \text{mA} \qquad I_C = \frac{U}{X_C} = \frac{20\ \text{V}}{637\ \Omega} = 31{,}4\ \text{mA}$$

Wenn man die gemessenen Werte von Abb. 6.30 betrachtet, ergibt sich eine Übereinstimmung.

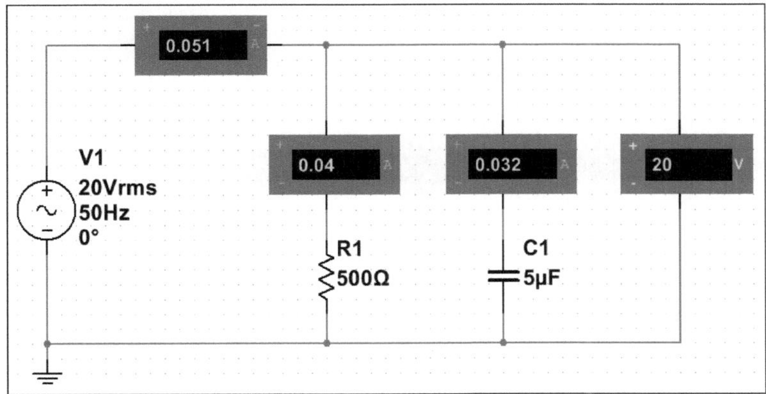

Abb. 6.30 • Schaltung zur Untersuchung einer Parallelschaltung von Widerstand und Kondensator.

Der Gesamtstrom berechnet sich aus

$$I_R = \sqrt{I_R^2 + I_C^2} = \sqrt{(40\ \text{mA})^2 + (31{,}4\ \text{mA})^2} = 50{,}9\ \text{mA}$$

Rechenergebnis und Messung sind identisch.

Der Gesamt- oder Scheinwiderstand ergibt sich aus

$$Z = \frac{U}{I} = \frac{20\ \text{V}}{50{,}9\ \text{mA}} = 393\ \Omega$$

Da bei einer Parallelschaltung häufig mit dem Leitwert gerechnet wird, ist dieser

$$Y = \frac{1}{Z} = \frac{1}{393\ \Omega} = 2{,}54\ \text{mS}$$

Die Phasenverschiebung bei einer Parallelschaltung errechnet sich aus

$$\cos\varphi = \frac{I_R}{I} \qquad \sin\varphi = \frac{I_C}{I} \qquad \tan\varphi = \frac{I_C}{I_R}$$

$$\cos\varphi = \frac{Z}{R} \qquad \sin\varphi = \frac{Z}{X_C} \qquad \tan\varphi = \frac{R}{X_C}$$

$$\cos\varphi = \frac{P}{S} \qquad \sin\varphi = \frac{Q_C}{S} \qquad \tan\varphi = \frac{Q_C}{P}$$

Der Phasenwinkel liegt immer zwischen 0° und 90°. Weitere Formeln sind

$$U = I_R \cdot R \qquad U = I_C \cdot X_C \qquad U = I \cdot Z$$

$$\mathbf{P} = U \cdot I_R \qquad Q_C = U \cdot I_C \qquad S = U \cdot I$$

Mit diesen Formeln lassen sich alle Werte berechnen.

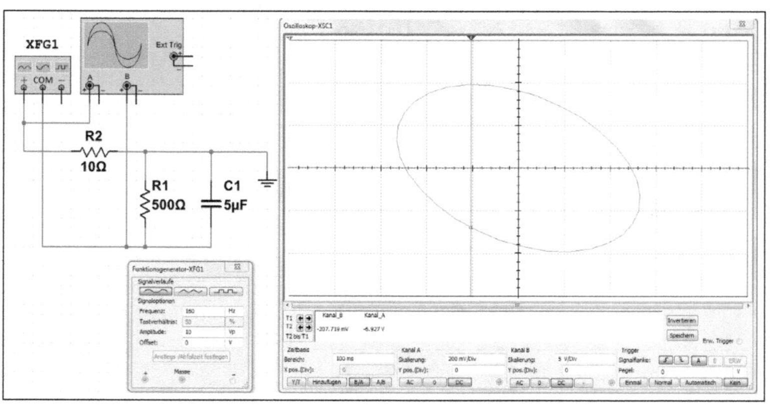

Abb. 6.31 • Messung der Phasenverschiebung.

Bei der Messung der Phasenverschiebung (Abb. 6.31) muss durch den Widerstand R_2 der Strom durch die Parallelschaltung gemessen werden, damit man die Phasenverschiebung erhält. Die Phasenverschiebung errechnet sich aus

$$\tan\varphi = \frac{I_C}{I_R} = \frac{31{,}4\ \text{mA}}{40\ \text{mA}} = 0{,}785 \quad \rightarrow \quad \varphi = 38{,}13^\circ$$

Es tritt eine rechnerische Phasenverschiebung von 38,13° auf. Die Lissajous-Figur zeigt die Werte

$$\sin\varphi = \frac{Y_0}{Y_{max}} = \frac{0{,}9\ \text{Div}}{1{,}5\ \text{Div}} = 0{,}6 \quad \rightarrow \quad \varphi = 36{,}8^\circ$$

Es ergibt sich eine weitgehende Übereinstimmung zwischen der rechnerischen und der messtechnischen Lösung.

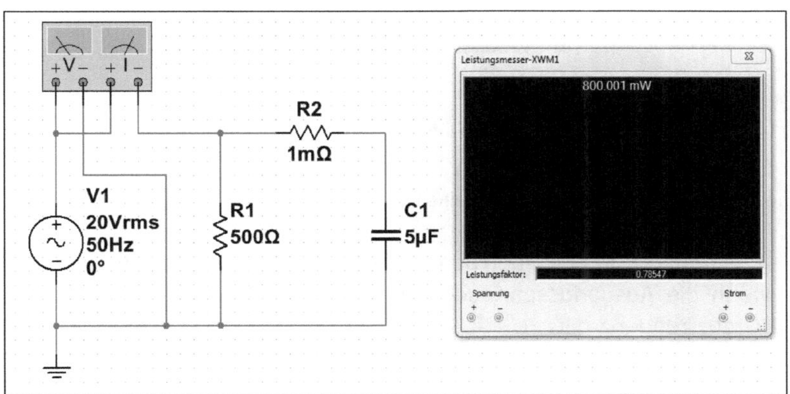

Abb. 6.32 • Messung der Wirkleistung und des Leistungsfaktors.

Vor dem Kondensator befindet sich ein niederohmiger Widerstand. Dies ist unbedingt in der Simulation erforderlich, da der Kondensator nicht parallel zu einer Spannungsquelle betrieben werden darf. Das Wattmeter zeigt eine Leistung von P = 400 mW und einen cos φ = 0,786 an. Es ergibt sich

$$P = U \cdot I_R = 20\ \text{V} \cdot 40\ \text{mA} = 800\ \text{mW}$$

$$Q_C = U \cdot I_C = 20\ \text{V} \cdot 31{,}4\ \text{mA} = 628\ \text{mW}$$

$$S = U \cdot I = 20\ \text{V} \cdot 50{,}8\ \text{mA} = 1016\ \text{mW}$$

$$\cos\varphi = \frac{I_R}{I} = \frac{40\ \text{mA}}{50{,}8\ \text{mA}} = 0{,}787 \quad \rightarrow \quad \varphi = 38^\circ$$

Es ergibt sich eine weitgehende Übereinstimmung zwischen der rechnerischen und der messtechnischen Lösung.

6.4 • Filterschaltungen mit Widerständen und Kondensatoren

In der Elektronik verwendet man Filter, die einen bestimmten Frequenzbereich sperren oder durchlassen. Man unterscheidet zwischen einem Tief- und einem Hochpass. Ein Tiefpass lässt die unteren Frequenzen passieren und sperrt die oberen, während ein Hochpass die hohen Frequenzen durchlässt und die unteren sperrt.

6.4.1 • RC-Tiefpass

Ein Tiefpass lässt alle Frequenzen unterhalb seiner Grenzfrequenz f_g passieren und sperrt alle darüber liegenden Frequenzen. Ein Tiefpass ist im Prinzip ein frequenzabhängiger Spannungsteiler aus einem ohmschen Widerstand und einem Kondensator. Die Ausgangsspannung wird am Kondensator abgegriffen, wie Abb. 6.33 zeigt.

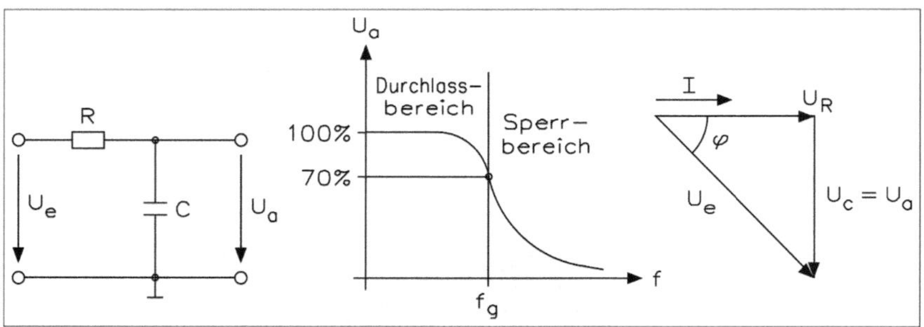

Abb. 6.33 • Schaltung, Frequenz- und Zeigerdiagramm für einen RC-Tiefpass.

Der Übergang von dem Durchlass- in den Sperrbereich bezeichnet man als Grenzfrequenz. Diese wird erreicht, wenn die Ausgangsspannung auf 0,707 der Eingangsspannung abgesunken ist. Für die Grenzfrequenz gilt: $R = X_C$. Damit ergibt sich ein Phasenwinkel von $\varphi = -45°$. Die Ausgangsspannung errechnet sich aus

$$U_a = U_e \cdot \frac{X_C}{Z} = U_e \cdot \frac{X_C}{\sqrt{R^2 + X_C^2}}$$

Für die Grenzfrequenz gilt

$$f_g = \frac{1}{2 \cdot \pi \cdot R \cdot C}$$

Für die Messschaltung von Abb. 6.34 wurde ein Widerstandswert von $R = 1\ k\Omega$ und für den Kondensator $C = 1\ \mu F$ gewählt. Man erhält eine Grenzfrequenz von $f_g = 160$ Hz.

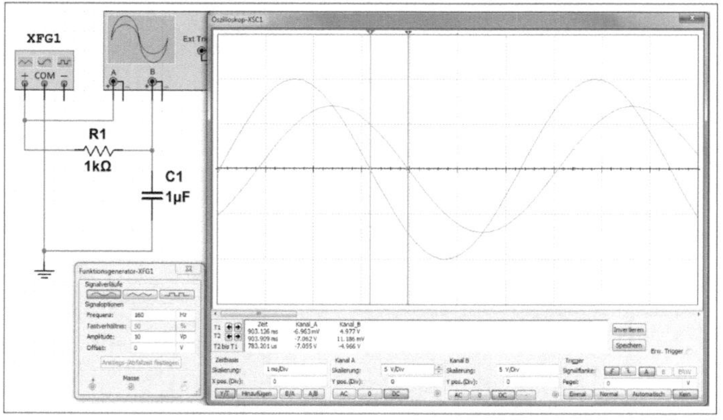

Abb. 6.34 • RC-Tiefpassschaltung.

Die Darstellung im Oszillogramm zeigt eine Ausgangsspannung, die um 0,707 kleiner ist als die Eingangsspannung. Gleichzeitig tritt eine Phasenverschiebung von 45° auf. Erhöht man die Frequenz, verringert sich die Ausgangsspannung, während die Phasenverschiebung größer wird.

Für die Kurve einer RC-Tiefpassschaltung gelten folgende drei Bedingungen:

- Durchlassbereich: $f < f_g$
- Sperrbereich: $f > f_g$
- Grenzfrequenz: f_g bei $R = X_C$

Beträgt die Eingangsspannung U_e = 1 V, hat die Ausgangsspannung bei der Grenzfrequenz einen Wert von U_a = 0,707 V. Die Dämpfung ist dann

$$a_{dB} = 20 \cdot \log \frac{U_e}{U_a} = 20 \cdot \log \frac{1\,\text{V}}{0{,}707\,\text{V}} = 20 \cdot \log 1{,}414 = 20 \cdot 0{,}15 = 3\,\text{dB}$$

Der Tiefpass hat eine Dämpfung von 3 dB.

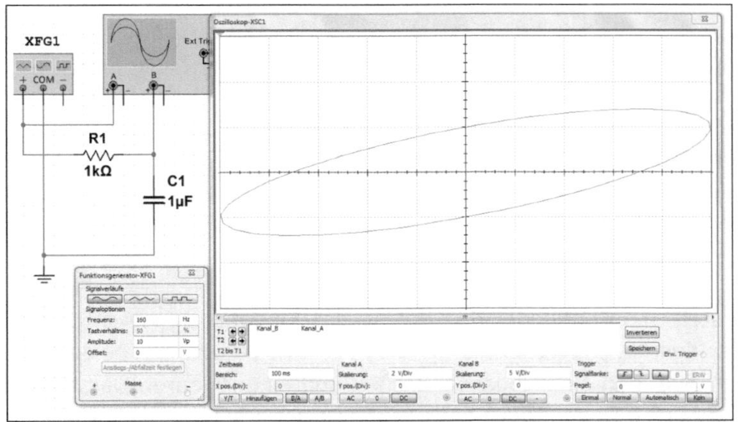

Abb. 6.35 • Lissajous-Figur für einen RC-Tiefpass bei einer Phasenverschiebung von 45°.

Abb. 6.35 zeigt die Lissajous-Figur für einen RC-Tiefpass bei einer Phasenverschiebung von 45°.

$$\sin\varphi = \frac{Y_0}{Y_{max}} = \frac{1\,\text{Div}}{1{,}4\,\text{Div}} = 0{,}71 \quad \rightarrow \quad \varphi = 45^\circ$$

Es ergibt sich eine weitgehende Übereinstimmung zwischen der rechnerischen und der messtechnischen Lösung.

6.4.2 • Arbeiten mit dem Bode-Plotter

Mit Hilfe des Bode-Plotters lässt sich das Frequenzverhalten von passiven und aktiven Schaltungen untersuchen. Ein Bode-Plotter ist in der Praxis ein hochinteressantes Messgerät, das man aber nur selten findet. Der Grund liegt im hohen Anschaffungspreis.

Mittels des Bode-Diagramms kann man die Amplitude und die Phasenverschiebung der Ausgangsgröße einer elektronischen Schaltung bei verschiedenen Frequenzen der Eingangsgröße darstellen. In einem Bode-Diagramm wird der Logarithmus des Amplitudenverlaufs über den Logarithmus der Frequenz in einem Bild aufgetragen. Im zweiten darunterliegenden Bild stellt man den Phasenverlauf über dem Logarithmus der Frequenz dar.

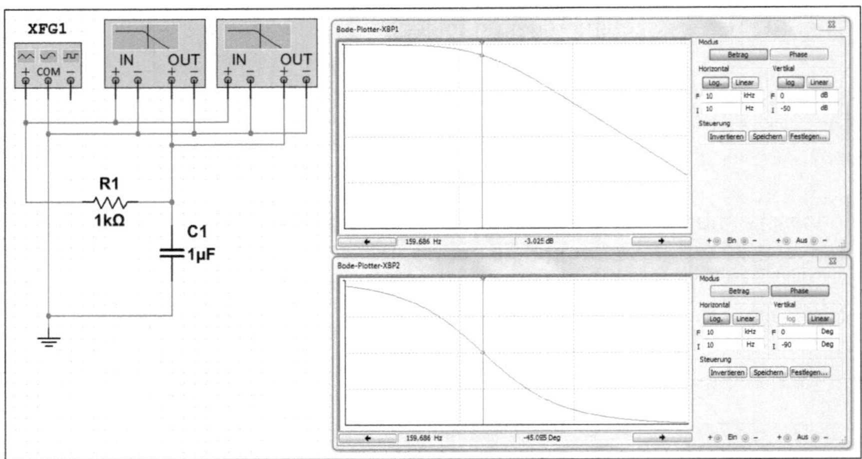

Abb. 6.36 • Untersuchung einer RC-Tiefpassschaltung mittels Bode-Plotter.

Der Bode-Plotter besitzt einen eigenen Wobbelgenerator, der in Abb. 6.36 einen Frequenzbereich von 10 Hz (Startwert I für Initial) bis 10 kHz (Endwert F für Final) durchläuft. Dieser Frequenzbereich lässt sich entsprechend zwischen 1 mHz und 10 GHz einstellen, wobei man noch zwischen einer logarithmischen und einer linearen Darstellung für die X-Achse wählen kann.

Auf der vertikalen Achse stellt man entweder den Betrag des Eingangssignals in Dezibel (dB) bzw. in Volt (V) oder das Phasenverhältnis in Grad (°) ein. Mittels der beiden Felder LOG und LIN lässt sich zwischen einer logarithmischen und einer linearen Darstellung wählen. Für die Einstellung Betrag (Magnitude) bewirkt die Option LOG die Skalierung der Y-Achse in Dezibel, während die Option LIN eine direkte Darstellung in Volt zur Folge hat. Stellt man die Phase dar, haben die Einstellungen von LOG und LIN keine Auswirkungen.

Über die beiden Pfeile steuert man den vertikalen Balken nach rechts oder links über das Oszillogramm. Bei Abb. 6.36 erkennt man, dass sich der Balken nahe der Grenzfrequenz befindet. Die Messwertanzeige zeigt einen Wert von –3,047 dB bei einer Frequenz von 160,5 Hz an.

Durch die Steuerung über die beiden Pfeiltasten lässt sich der Balken beliebig verschieben und die Messwertanzeige gibt den aktuellen Stand der Dämpfung bei der jeweiligen Frequenz aus. Es ergibt sich eine Phasenverschiebung von –45,3°.

6.4.3 • RC-Hochpass

Ein Hochpass lässt alle Frequenzen oberhalb seiner Grenzfrequenz passieren und sperrt die unteren Frequenzen. Jeder Hochpass verhält sich in gleicher Weise, wie beim Tiefpass beschrieben, als frequenzabhängiger Spannungsteiler. Abb. 6.37 zeigt die Schaltung zur Untersuchung eines RC-Hochpasses.

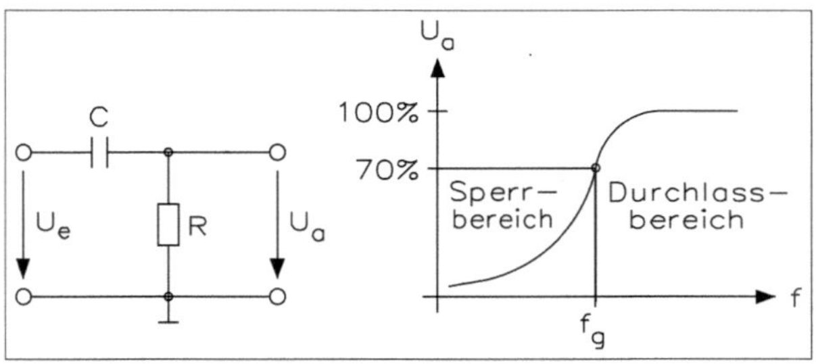

Abb. 6.37 • Schaltung zur Untersuchung eines RC-Hochpasses.

Die Ausgangsspannung wird über den Widerstand R abgegriffen. Mit steigender Frequenz verringert sich der Blindwiderstand des Kondensators, der Strom durch die Reihenschaltung steigt und damit auch die Spannung über dem Widerstand R.

Für die Simulation wird ein Widerstand mit R = 1 kΩ und ein Kondensator mit C = 1 µF an einer Eingangsspannung von U_e = 10 V betrieben. Wie groß ist die Ausgangsspannung und die Phasenverschiebung bei f = 200 Hz?

$$X_C = \frac{1}{2 \cdot \pi \cdot f_u \cdot C} = \frac{1}{2 \cdot 3{,}14 \cdot 200\ \text{Hz} \cdot 1\ \mu\text{F}} = 796\ \Omega$$

$$Z = \sqrt{R^2 + X_C^2} = \sqrt{(1\ \text{k}\Omega)^2 + (796\ \Omega)^2} = 1{,}28\ \text{k}\Omega$$

$$I_R = \frac{U}{Z} = \frac{10\ \text{V}}{1{,}28\ \text{k}\Omega} = 7{,}8\ \text{mA}$$

$$U_a = I \cdot R = 7{,}8\ \text{mA} \cdot 1\ \text{k}\Omega = 7{,}8\ \text{V}$$

$$\tan\varphi = \frac{X_C}{R} = \frac{796\ \Omega}{1\ \text{k}\Omega} = 0{,}796 \quad \rightarrow \quad \varphi = 38{,}5^\circ$$

$$a_{dB} = 20 \cdot \log\frac{U_e}{U_a} = 20 \cdot \log\frac{10\ \text{V}}{7{,}8\ \text{V}} = 20 \cdot \log 1{,}27 = 20 \cdot 0{,}108 = 2{,}14\ \text{dB}$$

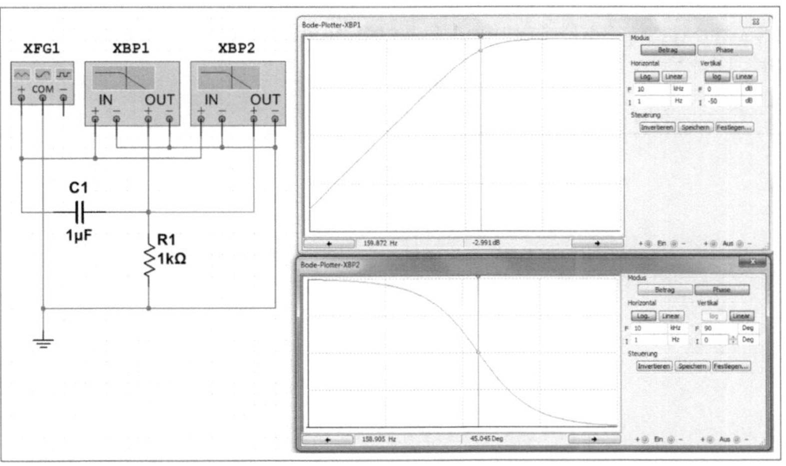

Abb. 6.38 • Untersuchung einer RC-Tiefpassschaltung mittels Bode-Plotter.

Wenn man die Schaltung eines Tiefpasses nach der Funktion für den Hochpass umstellt, kann man die Rechnung überprüfen. Abb. 6.38 zeigt eine Schaltung zur Untersuchung einer RC-Tiefpassschaltung mittels Bode-Plotter.

Über die beiden Pfeile steuert man den vertikalen Balken nach rechts oder links über das Oszillogramm. Bei der Abb. 6.38 erkennt man, dass sich der Balken nach der Grenzfrequenz befindet. Die Messwertanzeige zeigt einen Wert von –2,99 dB bei einer Frequenz von f = 159,9 Hz an. Durch die Steuerung über die beiden Pfeiltasten lässt sich der Balken beliebig verschieben und die Messwertanzeige gibt den aktuellen Stand der Dämpfung bei der jeweiligen Frequenz aus. Es ergibt sich eine Phasenverschiebung von $\varphi = -45{,}05°$.

6.5 • Temperaturverhalten bei Kondensatoren

$$\Delta C = \alpha \cdot C_k \cdot \Delta\vartheta$$

ΔC = Kapazitätsänderung
α = Temperaturkoeffizient
$\Delta\vartheta$ = Temperaturänderung in K
C_k = Kapazität bei Kalttemperatur
C_w = Kapazität bei Warmtemperatur

Ein Kondensator hat bei 20 °C eine Kapazität von 200 pF. Wie groß ist seine Kapazität bei 60 °C, wenn der Temperaturkoeffizient $\alpha = -150 \cdot 10^{-6}$ beträgt?

$$C_w = C_k\,(1 + \alpha \cdot \Delta\vartheta) = 200\text{ pF}\,(1 + -150 \cdot 10^{-6} \cdot 40\text{ K}) = 198{,}8\text{ pF}$$

- Parallelschaltung

$$\alpha = \frac{\alpha_1 \cdot C_1 + \alpha_2 \cdot C_2}{C_1 + C_2}$$

α = Gesamttemperaturkoeffizient in 1/K
α_1, α_2 = Temperaturkoeffizient der einzelnen Kondensatoren
C_1, C_2 = Einzelkapazität in F

Wie groß ist der Temperaturkoeffizient einer Parallelschaltung von C_1 = 60 pF mit einem Temperaturkoeffizienten $\alpha_1 = -330 \cdot 10^{-6}$ und C_2 = 40 pF mit einem Temperaturkoeffizienten $\alpha_2 = -100 \cdot 10^{-6}$?

$$\alpha = \frac{\alpha_1 \cdot C_1 + \alpha_2 \cdot C_2}{C_1 + C_2} = \frac{-330 \cdot 10^{-6} \cdot 60\text{ pF} + (-100 \cdot 10^{-6}) \cdot 40\text{ pF}}{60\text{ pF} + 40\text{ pF}} = -238 \cdot 10^{-6}$$

- Reihenschaltung

$$\alpha = \frac{\alpha_2 \cdot C_1 + \alpha_1 \cdot C_2}{C_1 + C_2}$$

Welchen Wert muss C_2 in einer Reihenschaltung bei vollständiger Temperaturkompensation haben, wenn C_g = 50 pF sein soll. Beide Kondensatoren weisen $\alpha_1 = -470 \cdot 10^{-6}$ und $\alpha_2 = +100 \cdot 10^{-6}$ auf?

$$C_2 = \frac{C \cdot (\alpha_1 - \alpha_2)}{\alpha_1} = \frac{50\,\text{pF} \cdot (-470 \cdot 10^{-6} - 100 \cdot 10^{-6})}{-470 \cdot 10^{-6}} = 60{,}6\,\text{pF}$$

$$\frac{1}{C_1} = \frac{1}{C} - \frac{1}{C_2} = \frac{1}{50\,\text{pF}} - \frac{1}{60{,}6\,\text{pF}} = 285{,}5\,\text{pF}$$

7 • Spulen, Transformatoren, Relais und Lautsprecher

Jeder stromdurchflossene Leiter ist von einem Magnetfeld umgeben, denn die Ursache eines magnetischen Felds wird durch den elektrischen Strom hervorgerufen. Dieses Magnetfeld lässt sich durch Erhöhen des Stroms oder durch Parallelschalten mehrerer Leiter verstärken. Wickelt man einen Leiter auf einen Körper, ergibt sich durch die Parallelschaltung der einzelnen Wicklungen die Wirkungsweise einer Spule.

Jede stromdurchflossene Spule baut ein Magnetfeld auf. Bei jeder Feldänderung in der Wicklung entsteht eine Selbstinduktionsspannung, die ihrer Ursache, der Feldänderung, entgegenwirkt. Diese Eigenschaft bezeichnet man als „Induktivität“. Bei allen Spulen steigt die Induktivität L mit dem Quadrat der Windungszahl N an. Der Einfluss ist bei Spulen ohne Kern, den Luftspulen, oft nur näherungsweise mittels einer Formel zu erfassen. Genaue Induktivitätswerte ermittelt man zweckmäßigerweise durch Messen der Größe L.

7.1 • Physikalische Grundlagen

Die Ursache eines magnetischen Felds in einer Spule ist die magnetische Durchflutung Θ, die man auch als magnetische Spannung bezeichnet:

$$\Theta = N \cdot I$$

Θ = Durchflutung in A (≙ magnetische Spannung)
N = Windungszahl (Zahlenwert)
I = Strom in A

Durch eine Spule mit einer Windungszahl von $N = 100$ fließt ein Strom von $I = 1{,}5$ A. Wie groß ist die magnetische Durchflutung?

$$\Theta = N \cdot I = 100 \text{ Wdg} \cdot 1{,}5 \text{ A} = 150 \text{ A}$$

Wickelt man mehrere Drahtwindungen zu einer Spule, addieren sich die magnetischen Wirkungen der einzelnen Wicklungen innerhalb der Spule. Aus vielen gleichgerichteten Anteilen der kreisförmigen Magnetfelder entsteht in der Spule ein Feldlinienverlauf ähnlich wie bei einem Stabmagneten. Die Kraftwirkung im Magnetfeld der Spule dient als Maß für die magnetische Feldstärke H. Diese Feldstärke in der Spule wächst mit der Stromstärke I in den Spulenwindungen. Erhöht man die Windungszahl, erhöht sich ebenfalls die Feldstärke, da sich jetzt mehr magnetische Einzelwirkungen addieren. In Abb. 7.1 ist eine Spule mit

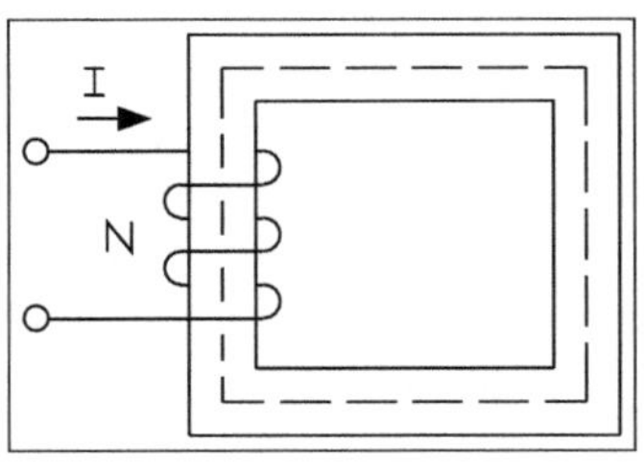

Abb. 7.1 • Aufbau einer Spule mit geschlossenem Eisenkern.

Eisenkern gezeigt, die den Zusammenhang zwischen der magnetischen Feldstärke H, dem Strom I, der Windungszahl und der mittleren Feldlinienlänge erklärt.

Die magnetische Feldstärke verringert sich, wenn man die Windungen einer Spule auseinanderzieht. Hierbei wird die mittlere Feldlinienlänge l größer und die Magnetfelder der einzelnen Windungen wirken weniger konzentriert zusammen. Die magnetische Feldstärke H errechnet sich aus

$$H = \frac{N \cdot I}{l}$$

H = magnetische Feldstärke in A/m
N = Windungszahl (Zahlenwert)
I = Strom in A
l = mittlere Feldlinienlänge in m

Durch eine Spule mit einer Windungszahl von N = 100 und einer mittleren Feldlinienlänge von l = 10 cm fließt ein Strom von I = 1,5 A. Wie groß ist die magnetische Feldstärke?

$$H = \frac{N \cdot I}{l} = \frac{100\ \text{Wdg} \cdot 1{,}5A}{0{,}1\ \text{m}} = 1500\ \text{A/m}$$

7.1.1 • Magnetischer Fluss und magnetische Feldstärke

Für die Beurteilung der Stärke eines Magneten bzw. der Güte eines magnetischen Werkstoffs dient die Angabe der Feldlinienzahl pro m^2 und die magnetische Flussdichte B. Zwischen magnetischer Flussdichte und dem magnetischen Fluss besteht folgender Zusammenhang

$$\Phi = B \cdot A$$

Φ = magnetischer Fluss in Wb (1 Wb = 1 Weber = 1 Vs)
B = magnetische Flussdichte in T (1 T = 1 Tesla = 1 Vs/m^2)
A = Fläche in m^2

Der magnetische Fluss stellt die Summe aller gedachten Feldlinien dar, wie Abb. 7.2 zeigt.

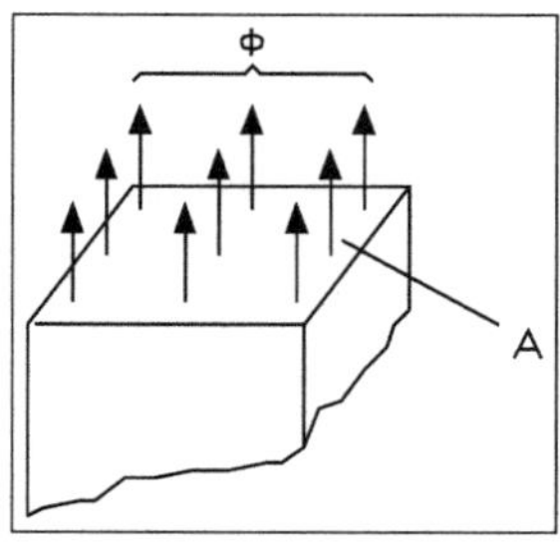

Abb. 7.2 • Magnetische Flussdichte in Abhängigkeit des magnetischen Flusses und der Fläche.

Die magnetische Flussdichte ist die Anzahl der Feldlinien, die senkrecht durch eine bestimmte Flächeneinheit hindurchtritt. Die Elektronenbewegung im Leiter ist die Ursache des Magnetfelds. Man bezeichnet deshalb die der Elektronenstromstärke I proportionale magnetische Feldstärke auch als Ursache der magnetischen Feldlinien. Die Gesamtzahl der magnetischen Feldlinien definiert man als magnetischen Fluss, auch wenn man darunter kein „fließen“ versteht. Diese Messgröße ist durch die Wirkung (Induktion) des magnetischen Felds gekennzeichnet.

Wie groß ist die magnetische Flussdichte, wenn ein magnetischer Fluss von $\Phi = 2 \cdot 10^{-2}$ Vs und eine Fläche von $A = 10\ \text{cm}^2$ vorhanden ist?

$$B = \frac{\Phi}{A} = \frac{2 \cdot 10^{-2}\ \text{Vs}}{10 \cdot 10^{-4}\ \text{m}^2} = 20\ \text{Vs/m}^2 = 20\ \text{T}$$

Es ist eine magnetische Flussdichte von 20 T (Tesla) vorhanden. Der Wert T = 1 ist identisch der Flächendichte eines homogenen magnetischen Flusses 1 Wb, der die Fläche 1 m² senkrecht durchsetzt. 1 Weber ist gleich dem magnetischen Fluss, bei dessen gleichmäßiger Abnahme während der Zeit 1 s auf Null in einer ihn umfassenden Windung die elektrische Spannung 1 V induziert. Es gilt

$$1\ \text{T} = 1\ \frac{\text{Vs}}{\text{m}^2} = 1\ \frac{\text{Wb}}{\text{m}^2}$$

7.1.2 • Magnetische Feldstärke und magnetische Flussdichte

Ist in einem beliebigen Material eine bestimmte magnetische Feldstärke vorhanden, erzeugt diese eine magnetische Flussdichte bzw. einen magnetischen Fluss. Die zustandekommende magnetische Flussdichte ist von der magnetischen Leitfähigkeit des Materials abhängig und es gilt

$B = \mu \cdot H$

B = magnetische Flussdichte in T
μ = Permeabilität in Vs/Am
H = Feldstärke in A/m

Die Permeabilität setzt sich zusammen aus

$\mu = \mu_0 \cdot \mu_r$

μ_0 = magnetische Feldkonstante mit $1{,}2566 \cdot 10^{-6}$ Vs/Am
μ_r = Permeabilitätskonstante (r = relativ) oder Permeabilitätszahl

In Luftspulen besteht zwischen der magnetischen Feldstärke H (Ursache) und der Feldliniendichte B (Wirkung) der Zusammenhang zwischen

$B = \mu_0 \cdot H$

Die magnetische Feldkonstante μ_0 verbindet die Einheiten Tesla und A/m miteinander. Für eine Feldstärke von 1 A/m ergibt sich beispielsweise eine Feldliniendichte von etwa 1,26 µT.

Durch bestimmte Werkstoffe (Gusseisen, Eisen, Blech, Dynamoblech, usw.) lässt sich das Magnetfeld einer stromdurchflossenen Spule verstärken, da die Feldliniendichte im Kern bei gleicher Feldstärke größer ist als in der Luft oder im Vakuum.

Die Permeabilitätszahl μ_r kennzeichnet diese Eigenschaften und der Zahlenwert gibt an, um welchen Faktor sich die Feldliniendichte im Kernmaterial bei gleicher Feldstärke gegenüber Luft erhöht.

Tabelle 7.1 zeigt die Permeabilitätszahl verschiedener Werkstoffe bei einer magnetischen Feldstärke von $H = 1{,}6$ A/m.

Tabelle 7.1 • Permeabilitätszahl (Permeabilitätskonstante) von Werkstoffen bei einer magnetischen Feldstärke von H = 1,6 A/m.

Werkstoff	Permeabilitätszahl μ_r
Luft	1
Rötraperm	≈400
Nicalloy 400	405
Dynamoblech III	500
Dynamoblech IV	700
Nicalloy	1700
M 89 blau	1800
Mu-Metall	≈15000
Hyperm 766	≈15000

Aus den genormten Magnetisierungskurven lässt sich für verschiedene magnetische Werkstoffe die magnetische Induktion als Funktion der Feldstärke ablesen. In Abb. 7.3 sind die Magnetisierungskurven von Eisen und Luft gezeigt.

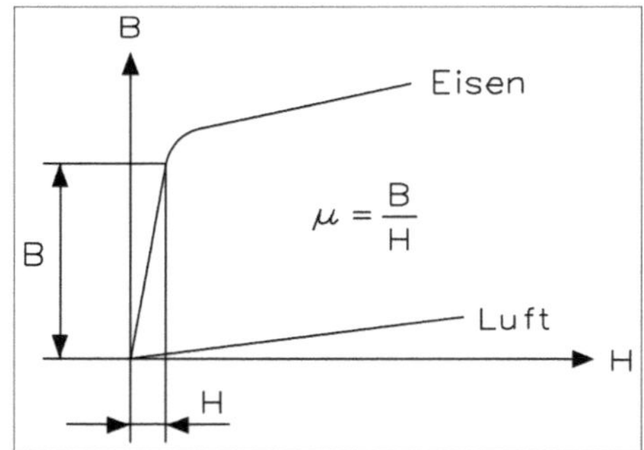

Abb. 7.3 • Magnetisierungskurven.

Die Feldliniendichte B ist der Feldstärke H allerdings nur solange proportional, wie sich die Permeabilitätszahl eines Werkstoffs konstant verhält. Bei hoher Feldliniendichte richten sich jedoch die Molekularmagnete aus und die Feldliniendichte nimmt ab diesem Punkt fast nicht mehr zu, auch wenn man die Feldstärke weiter vergrößert. Man kommt in den Sättigungsbereich des Werkstoffs. Aus diesem Grund ist die Permeabilitätszahl stets für eine bestimmte Feldstärke angegeben, wie Tabelle 7.1 zeigt.

Für Luft gilt die Permeabilitätszahl von 1. Die Feldliniendichte in Luftspulen wächst gleichmäßig mit der magnetischen Feldstärke. Die Permeabilitätszahl μ_r ist dem Quotienten B/H proportional. Die Steigung der Magnetisierungslinie ist für jede Feldstärke gleich groß. Beim einmaligen Magnetisieren verläuft die Magnetisierungskurve von Eisen zunächst sehr steil, d. h. μ_r ist groß. Ab einer bestimmten Feldstärke verringert sich die Steigung jedoch merklich, μ_r nimmt ab, und die Steigung nimmt im Sättigungsverlauf immer mehr ab. Alle Molekularmagnete sind ausgerichtet und bei hohen Feldstärken entspricht die Permeabilitätszahl von Eisen etwa der von Luft.

7.1.3 • Hysterese

In der Praxis kennt man folgende Werkstoffe:

- Werkstoffe mit μ_r >>1 und $\chi > 0$ wie Eisen, Kobalt und Nickel bezeichnet man als ferromagnetisch; sie verstärken das magnetische Feld erheblich.
- Werkstoffe mit $\mu_r > 1$ und $\chi > 0$ wie Platin, Aluminium und Luft bezeichnet man als paramagnetisch; sie verstärken das magnetische Feld nur geringfügig.
- Werkstoffe mit $\mu_r < 1$ und $\chi < 0$ wie Silber, Kupfer und Bismat bezeichnet man als diamagnetisch; sie schwächen das magnetische Feld sehr geringfügig ab.
- Oberhalb einer bestimmten, aber werkstoffabhängigen Temperatur (Curie-Temperatur oder -Punkt) werden ferromagnetische Werkstoffe paramagnetisch, d. h. sie verlieren ihre spontane Magnetisierung, denn die Elementarmagnete werden zerstört. die Curie-Temperatur von Eisen liegt bei 769 °C, von Nickel bei 360 °C und von Kobalt bei 1075 °C. Erhitzung über die Curie-Temperatur stellt immer eine vollständige Entmagnetisierung dar. Kühlt man den Werkstoff unter die Curie-Temperatur ab, bilden sich wieder von selbst (spontan) Elementarmagnete. Diese liegen jedoch regellos im Körper, d. h. der Körper ist zwar wieder magnetisierbar, aber noch nicht im technischen Sinne magnetisiert.

Das Besondere der ferro- bzw. ferrimagnetischen Stoffe ist, dass unterhalb einer stoffspezifischen Temperatur (Curie-Temperatur) spontane Magnetisierung einsetzt. Die atomaren Elementarmagnete sind dann innerhalb makroskopischer Bereiche parallel gerichtet. Diese sogenannten Weißschen Bezirke sind im Normalfall so orientiert, dass von innen nach außen keine magnetische Wirkung auftritt. Anders ist es, wenn man einen ferromagnetischen Körper in ein Magnetfeld bringt und mit Hilfe einer Probespule die Flussdichte B in Abhängigkeit von der magnetischen Feldstärke H misst. Man erhält von $H = 0$ und $B = 0$ zunächst die sogenannte Neukurve.

Bei kleinen Feldstärken wachsen günstige zum Magnetfeld orientierte Bereiche auf Kosten ungünstig orientierter. Es kommt zu sogenannten Wandverschiebungen. Bei größeren Feldstärken klappen ganze Bereiche magnetisch um – hier ist dann der steilste Teil der Kurve – und zuletzt werden die magnetischen Momente aus ihren durch das Kristallgitter gegebenen Vorzugslagen in die Feldrichtung gedreht (Drehprozesse), bis die Sättigung erreicht ist, d. h. bis alle im Stoff vorhandenen Elementarmagnete in Feldrichtung liegen. Nimmt man jetzt H wieder zurück, so ist der Verlauf von B ein völlig anderer.

Im Vakuum gilt $\mu_r = 1$ und in ferro- oder ferrimagnetischen Werkstoffen wird die Relation $B(H)$ nicht linear und die Steigung der Hysterese ist $\mu_r >> 1$.

Für die grundlegenden Parameter der Hystereseschleife sind folgende Punkte zu beachten:

- **Neukurve**: Die Neukurve beschreibt den Zusammenhang zwischen $B = \mu_0 \cdot \mu_r \cdot H$ für die erste Magnetisierung nach einer vollständigen Entmagnetisierung. Die Verbindung der Endpunkte aller „Unterschleifen" und auch nach der Bedingung von $H = 0$ nach $H = H_{max}$ ergibt sich ebenfalls eine Neukurve.

- **Sättigungsmagnetisierung**: Die Sättigungsmagnetisierung B_S ist als die maximale in einem Material erreichbare Flussdichte, d. h. für eine sehr hohe Feldstärke definiert. Oberhalb dieses Werts B_S lässt sich $B(H)$ auch durch eine weitere Steigerung von H nicht mehr erhöhen. Mikroskopisch bedeutet dies, dass bei $B = B_S$ alle Elementarmagnete ausgerichtet sind. Technisch wird B_S als Flussdichte bei einer Feldstärke von $H = 1200$ A/m definiert. Wie in den tatsächlichen Magnetisierungskurven bei den Herstellern bestätigt wird, bleibt die $B(H)$-Charakteristik oberhalb von 1200 A/m in etwa konstant. Dies gilt für alle Ferrite mit hoher Permeabilität, d. h. für $\mu > 100$.

- **Remanente Flussdichte**: Die remanente Flussdichte $B_R(H)$ (Restmagnetisierungsdichte) ist ein Maß dafür, wie hoch die Restmagnetisierung des Ferrits nach Durchlaufen einer Hystereseschleife ist. Wenn das Magnetfeld H anschließend auf Null reduziert wird, hat der Ferrit immer noch eine materialspezifische Flussdichte $B_R \neq 0$, wie der Schnittpunkt mit der Ordinate $H = 0$ ergibt.

- **Koerzitivfeldstärke**: Die Flussdichte B lässt sich durch Anlegen eines bestimmten Gegenfelds-H_C wieder auf null reduzieren. Der entmagnetisierte Zustand kann jederzeit wieder durch folgende Bedingungen hergestellt werden:

  a) Durchfahren der Hystereseschleife mit höherer Frequenz und gleichzeitiger Reduzierung der Feldstärke H auf $H = 0$, und

  b) durch Überschreiten der Curie-Temperatur T_C.

7.1.4 • Permeabilität

Für die verschiedenen elektromagnetischen Anwendungsfälle sind auf der Basis der Hystereseschleife verschiedene Permeabilitäten μ definiert. Die Anfangspermeabilität berechnet sich aus

$$\mu_i = \frac{1}{\mu_0} \cdot \frac{\Delta B}{\Delta H} \quad (H \to 0)$$

und definiert die relative Permeabilität bei sehr kleinen Aussteuerungen und stellt die wichtigste Materialvergleichsgröße für ferro- und ferrimagnetische Stoffe dar.

Die meisten heute verwendeten Kernformen verwenden keine geschlossenen magnetischen Wege – nur Ring-, Doppel-E- oder Doppellochkerne weisen geschlossene magnetische Kreise auf – sondern der Kreis besteht aus Bereichen mit $\mu_i \neq 1$ (Ferritmaterial) und $\mu_i = 1$ (Luftspalt). Für Kerne mit Luftspalt definiert man in der Praxis eine effektive Permeabilität μ_e von

$$\mu_e = \frac{1}{\mu_0} \cdot \frac{L}{N^2} \cdot \frac{1}{A}$$

wobei das Summenzeichen den Formfaktor darstellt. Erwähnt sei, dass sich z. B. der Verlustfaktor tan δ und der Temperaturkoeffizient bei Kernen mit Luftspalt gegenüber den luftspaltlosen Kernen im Verhältnis μ_e/μ_i reduzieren. Abb. 7.4 zeigt einen Vergleich der Hystereseschleife für einen Kern mit und ohne Luftspalt.

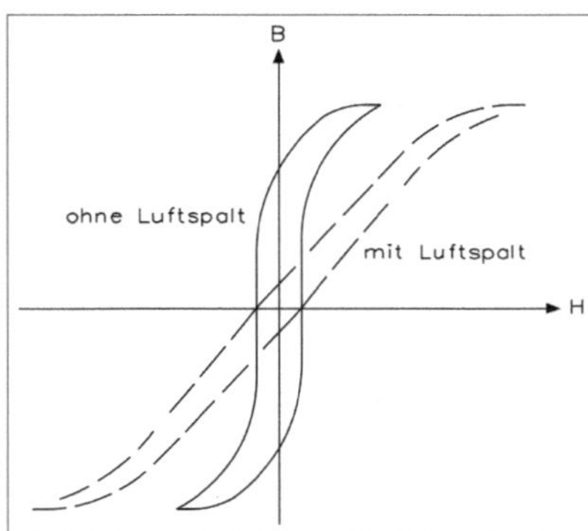

Abb. 7.4 • Vergleich der Hystereseschleife für einen Kern mit und ohne Luftspalt.

Für einen Luftspalt $s << l_e$ gilt näherungsweise

$$s = \frac{\mu_i}{1 + \frac{s}{l_e} \cdot \mu_i}$$

s = Breite des Luftspalts
l_e = effektive magnetische Weglänge

Für die wirksame Permeabilität μ_{app} gilt

$$\mu_{app} = \frac{L}{L_0} = \frac{\text{Induktivität mit Kern}}{\text{Induktivität ohne Kern}}$$

Die Definition von μ_{app} ist besonders wichtig für die Spezifizierung der Permeabilität bei Spulen mit Rohr-, Zylinder- und Schraubenkernen, da aufgrund der großen Streuinduktivitäten keine eindeutigen Zuordnungen zwischen Anfangspermeabilität μ_i und effektiver Permeabilität μ_e möglich ist. Aufbau der Wicklung und räumliche Korrelation von Spule und Kern beeinflussen μ_{app} hierbei erheblich. Eine genaue Spezifizierung von μ_{app} erfordert eine genaue Definition der Messspulenanordnung.

7.1.5 • Magnetische Kernformgrößen

Permeabilitäten und auch andere magnetische Parameter sind in der Regel als materialspezifische Größen definiert. In den jeweiligen Kernformen werden die magnetischen Daten jedoch erheblich von der Geometrie beeinflusst. So ist die Induktivität einer „schlanken" Ringluftspule definiert als

$$L = \mu_0 \cdot \mu_r \cdot N^2 \cdot \frac{A}{l}$$

Weichmagnetische Ferritkerne im Feld einer solchen Spule ändern sich aufgrund ihrer Geometrie der Flussparameter derart, dass es nötig ist, in jedem Datenbuch immer eine Reihe von effektiven Kernformparametern anzugeben. Definiert sind

l_e = effektive magnetische Länge
A_e = effektiver magnetischer Querschnitt
A_{min} = minimaler magnetischer Querschnitt des Kerns, wird für die Berechnung der maximalen Flussdichte benötigt
$V_e = A_e \cdot I_e$ = effektives magnetisches Volumen

7.1.6 • Magnetischer Widerstand

Bei der Berechnung von magnetischen Kreisen mit größeren Luftwegen (einige Millimeter) kann man die Feldlinien der Wege durch das Eisen vernachlässigen, da praktisch die gesamte Durchflutung in dem Luftspalt benötigt wird.

Der magnetische Widerstand errechnet sich aus

$$R_m = \frac{\Theta}{\Phi} = \frac{l}{\mu \cdot A}$$

Wie groß ist der magnetische Widerstand in einem geschlossenen Eisenkreis mit einer mittleren Feldlinienlänge von l = 10 cm, einer Fläche von A = 2 cm² und einer Permeabilitätszahl von μ_r = 1500?

$$R_m = \frac{l}{\mu \cdot A} = \frac{0{,}1\,\text{m}}{1{,}2566 \cdot 10^{-6}\,\text{Vs/Am} \cdot 1500 \cdot 2 \cdot 10^{-4}\,\text{m}^2} = 0{,}265 \cdot 10^6\,\frac{\text{A}}{\text{Vs}} = 265 \cdot 10^3\,\frac{\text{A}}{\text{Wb}}$$

Das Ohmsche Gesetz für den Magnetismus lautet

$$\Theta = \Phi \cdot R_m$$

Wenn man einen magnetischen Kreis mit Luftspalt hat, wie Abb. 7.5 zeigt, ändert sich das Verhalten durch den Eisenkern.

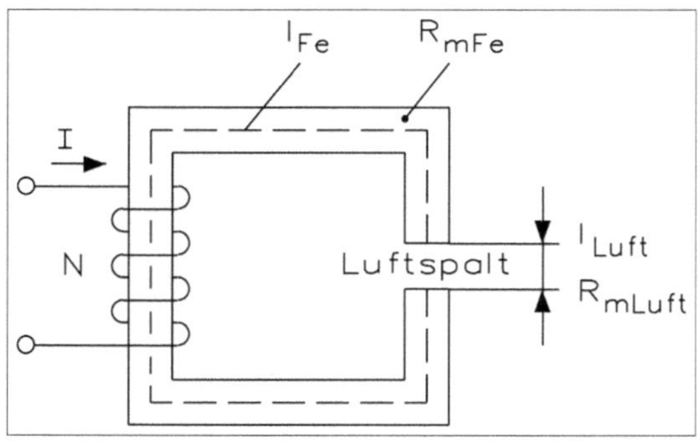

Abb. 7.5 • Aufbau von Spulen mit Eisenkern und Luftspalt.

Der magnetische Widerstand des Eisenkerns und des Luftspalts ist eine Reihenschaltung mit 0,265 · 10⁶ bei einer mittleren Feldlinienlänge von

$$R_{mges} = R_{mFe} + R_{mLuft}$$

und in Abb. 7.5 lässt sich diese Reihenschaltung nachvollziehen.

In dem geschlossenen Eisenkern soll ein Luftspalt von 2 mm vorhanden sein. Wie groß ist der magnetische Widerstand im Luftspalt?

$$R_m = \frac{l}{\mu \cdot A} = \frac{0{,}002\,\text{m}}{1{,}2566 \cdot 10^{-6}\,\text{Vs/Am} \cdot 1 \cdot 2 \cdot 10^{-4}\,\text{m}^2} = 8 \cdot 10^6\,\frac{\text{A}}{\text{Vs}}$$

Vergleicht man den magnetischen Widerstand von dem geschlossenen Eisenkern in der Spule, erhält man bei einer mittleren Feldlinienlänge von = 10 cm einen Wert von $0{,}265 \cdot 10^6$ A/Vs. Bei dem Luftspalt von l = 2 mm vergrößert sich der Wert bereits auf $8 \cdot 10^6$ A/Vs.

7.1.7 • Kräfte und Energie im Magnetfeld

Jeder Magnet übt auf Stromleiter und ferromagnetische Werkstoffe eine Anzugskraft aus. Parallele Leiter mit gleicher Stromrichtung ziehen sich an, während sich bei entgegengesetzter Stromrichtung die Leiter abstoßen:

$$F = \frac{\mu_0}{2 \cdot \pi} \cdot \frac{l}{b} \cdot I_1 \cdot I_2$$

F = Kraft in N
l = Leiterlänge in m
b = Abstand zwischen den Stromleitern
I = Leiterstrom in A

Wie groß ist die Kraft zwischen zwei Leitern, wenn l = 10 m, b = 1 cm und $I_1 = I_2 = 100$ A ist?

$$F = \frac{\mu_0}{2 \cdot \pi} \cdot \frac{l}{b} \cdot I_1 \cdot I_2 = \frac{1{,}2566 \cdot 10^{-6}\,\text{Vs/Am} \cdot 10\,\text{m} \cdot 100\,\text{A} \cdot 100\,\text{A}}{2 \cdot 3{,}14 \cdot 0{,}01\,\text{m}} = 2\,\text{N}$$

Bewegt sich eine elektrische Ladung senkrecht zu einem Magnetfeld, wirkt auf die Ladung eine Kraft, die zum Magnetfeld und zur Stromrichtung senkrecht steht. Wirkt die Ladung nicht senkrecht auf das Magnetfeld, muss der Winkel zwischen Bewegungs- und Feldrichtung beachtet werden. Die Kraft auf einen stromdurchflossenen Leiter errechnet sich aus

$$F = B \cdot I \cdot l \cdot z$$

B = Flussdichte
l = wirksame Leiterlänge
z = Leiterzahl

In einem Magnetfeld der wirksamen Breite von l = 10 cm und der Flussdichte von B = 1,5 T befindet sich eine Spule mit z = 20 Windungen. Welche Kraft F wirkt auf die Spule, wenn durch diese ein Strom von I = 0,5 A fließt?

$$F = B \cdot I \cdot l \cdot z = 1{,}5\,\text{Vs/m}^2 \cdot 0{,}5\,\text{A} \cdot 0{,}1\,\text{m} \cdot 20\,\text{Wdg.} = 1{,}5\,\text{N}$$

Die Zugkraft für einen Elektromagneten berechnet sich aus

$$F = \frac{B^2 \cdot A}{2 \cdot \mu_0}$$

Bei der Berechnung für einen Elektromagneten ist zu beachten, dass Luftzwischenräume den größten Teil der Durchflutung mit $I \cdot N$ beanspruchen. Bei unterschiedlichem Ankerstand muss die im ersten Teil der Gleichung stehende Flussdichte *B* von Fall zu Fall aus der Durchflutung berechnet werden.

Wie groß ist die Zugkraft eines Magneten, wenn die magnetische Flussdichte $B = 1{,}5$ T beträgt und die Fläche $A = 1$ cm² hat?

$$F = \frac{B^2 \cdot A}{2 \cdot \mu_0} = \frac{(1{,}5\ \text{Wb/m}^2)^2 \cdot 10^{-4}\ \text{m}^2}{2 \cdot 1{,}2566 \cdot 10^{-6}\ \text{Wb/Am}} = 89{,}5\ \text{N}$$

Bei diesem Beispiel nimmt man an, dass die gesamte magnetische Spannung am Luftspalt verbraucht wird.

Die Induktion der Bewegung berechnet sich aus

$$U = B \cdot l \cdot v \cdot z \qquad v = \text{Geschwindigkeit in m/s}$$

Eine Spule mit $z = 10$ Windungen und einer Spulenlänge von $l = 30$ cm bewegt sich mit einer Geschwindigkeit von $v = 20$ m/s durch ein Magnetfeld, das eine Flussdichte von 0,6 T hat. Wie groß ist die induzierte Spannung?

$$U = B \cdot l \cdot v \cdot z = 0{,}6\ \text{Wb/m}^2 \cdot 0{,}3\ \text{m} \cdot 20\ \text{m/s} \cdot 10\ \text{Wdg.} = 36\ \text{V}$$

Die induzierte Spannung hat einen Wert von 36 V.

7.2 • Aufbau und Wirkungsweise von Spulen

Spulen setzt man in Schwingkreisen ein und sie dienen für die Unterdrückung von Störspannungen, arbeiten in Relais und Schützen oder als Drosseln bei Leuchtstofflampen oder in getakteten Netzgeräten. Spulen lassen sich grundsätzlich mit und ohne Eisenkern realisieren.

7.2.1 • Luftspulen

Spulen ohne magnetisierbaren Kern bezeichnet man als Luftspulen, auch wenn die Drähte auf einem Isolierkörper (meistens Kunststoff) aufgewickelt sind. Eine genaue Berechnung der Induktivität ist nur dann möglich, wenn der Verlauf aller von ihr erzeugten Feldlinien bekannt ist. Das ist praktisch nur bei einer ringförmigen Ausführung der Fall, bei der der gesamte magnetische Fluss im Inneren verläuft. In der Praxis hat man jedoch eine längliche Bauform, wie Abb. 7.6 zeigt.

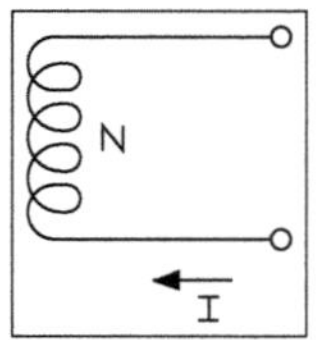

Abb. 7.6 • Aufbau einer Luftspule.

Luftspulen verwendet man mit wenigen Ausnahmen für Induktivitätsnormale und als Leistungsspulen in Endstufen von HF-Sendern. Durch eine Luftspule vermeidet man bei hohen Induktivitäten auftretende Hystereseverluste.

Für die Realisierung einer Luftspule benötigt man einen isolierten Draht, den man um einen Gegenstand wickelt, der den entsprechenden Umfang hat. Die Induktivität der Luftspule errechnet sich dann aus

$$L = 10^{-6} \cdot N^2 \cdot \frac{D^2}{l}$$

L = Induktivität in H (Henry)
N = Windungszahl (Zahlenwert)
D = Windungsdurchmesser in m
l = Spulenlänge in m

Beim Anschalten an Wechselspannung sind bei einer Spule immer zwei in Reihe geschaltete Widerstände wirksam. Der ohmsche Widerstand wird von dem Widerstand des Spulendrahts gebildet, den man durch die Berechnung des Drahtwiderstands erhält. An diesem ohmschen Widerstand sind Spannung und Strom in Phase.

Der induktive Widerstand bzw. der induktive Blindwiderstand entsteht aufgrund der Selbstinduktionsspannung, die sich in der Spule ergibt. Die Selbstinduktionsspannung ist nach dem Induktionsgesetz ihrer Ursache (der äußeren Spannungen) entgegengerichtet und benötigt die angelegte Spannung für die Erhaltung des Magnetfelds. Dabei wird ein Teil der Spannung verbraucht und der Strom verringert sich, d. h. der Widerstand vergrößert sich „scheinbar". Der induktive Widerstand ist damit von der Größe der in der Spule möglichen Selbstinduktionsspannung abhängig, wobei die Güte, der Querschnitt und die Windungszahl der Spule zu berücksichtigen sind. Diese Abhängigkeit von der Bauart der Spule bezeichnet man als Selbstinduktionskoeffizient oder kurz als Induktivität L (H = Henry).

Die in der Spule erzeugte Selbstinduktionsspannung ist außerdem noch von der Änderungsgeschwindigkeit des magnetischen Wechselfelds abhängig. Da dieses Wechselfeld von dem Wechselstrom erzeugt wird, ändert sich dieses Feld umso schneller, je höher die Frequenz bzw. die Kreisfrequenz der anliegenden Wechselspannung ist.

7.2.2 • Spulen mit magnetisierbarem Kern

Luftspulen werden meistens auf Kunststoffkörper, selten auf Keramikkörper gewickelt. Metalle sind nicht verwendbar, da sie wie eine Kurzschlusswindung wirken und sowohl die Induktivität L als auch den Gütefaktor Q mindern. Die Windungen bestehen aus reinen lack- oder speziell lackisolierten Volldrähten oder Litzen. Spulen auf Keramikkörpern lassen sich

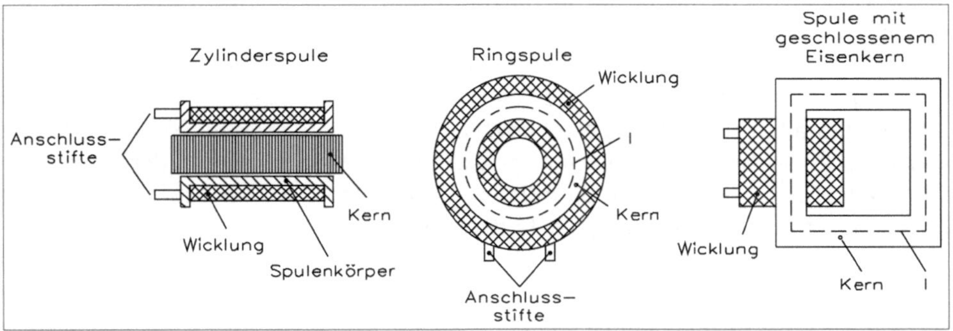

Abb. 7.7 • Aufbau einer Zylinderspule, Ringspule und Spule mit geschlossenem Eisenkern.

durch eine eingebrannte Silberschicht verwirklichen, in welche die Windungen eingeschliffen sind. Durch die Bandform des Leiters ist der Skin- bzw. Hauteffekt besonders gering, wodurch sich bei hohen Frequenzen Schwingkreisspulen hoher Güte ergeben.

In der Praxis kennt man die Grundformen der Spulen von Abb. 7.7 und aus diesen lassen sich zahlreiche Bauformen ableiten. Bei einer Zylinderspule hat man einen entsprechenden Gewindekern, jedoch sind die Gewinde der Schraubkerne im eigentlichen Sinn nicht metrisch. Sie weichen sowohl in der Gewindeform als auch in den Abmessungen von den üblichen Normgewinden ab. Grund dafür ist, dass Gewindekerne keine Befestigungselemente sind. Das Gewinde dient hier lediglich als Führung zur Erzielung einer einwandfreien Längsverstellung. Bei der Festlegung der Durchmessermaße ist auch eine Kernbremse noch zu berücksichtigen.

Rechteckrohrkerne, d. h. Rohrkerne mit rechteckigem Querschnitt und rechteckigem Durchbruch, finden in Breitbandübertragern Verwendung, besonders im Eingang von UKW- und Fernsehempfängern. Ihrer Funktion nach handelt es sich um Ringkerne. Die Wicklungen werden jedoch nicht als Draht auf den Kern aufgebracht, sondern als Leiterzüge nach Art der gedruckten Schaltungen beidseitig auf eine gabelförmige Steckkarte. Diese wird durch die Durchbrüche von Kern und Printplatte hindurchgesteckt und dient so gleichzeitig als Halterung. Beim Tauchlöten werden die Leiterzüge der Steckkarte mit denen der Printplatte verbunden.

Bei der Ringspule verwendet man Kappen- und Wannenkerne zur Führung des Magnetfelds. Kappenkerne dienen der Konzentration und Führung des äußeren magnetischen Felds vorwiegend solcher Spulen, die mit Gewinde- oder Nippelkernen aufgebaut sind. Dadurch wird eine enge Abschirmung bei hoher Spulengüte möglich. Die Ausführungsformen sind allgemein an bestimmte Spulenkörperformen gebunden. Die Befestigung der Kappenkerne geschieht je nach Typ durch Kleben oder mittels Spiralkeil. Für das Verkleben von Kernteilen miteinander ist eine Mischung von Araldithärz und einem Härter gut geeignet. Die Topfzeit (Lagerungszeit in einem offenen Bearbeitungsgefäß) beträgt etwa eine Stunde und die Härtung erfolgt in sechs Stunden bei Temperaturen um 60 °C. Voraussetzung für einwandfreie Klebungen ist völlige Sauberkeit der Klebeflächen von Staubteilchen und Fett. Während der Härtezeit müssen die zu verklebenden Teile unter Druck zusammengehalten werden.

Da alle Kleber mit Blick auf spezifische Anwendungen und Auftragstechniken optimiert sind, unterscheiden sie sich naturgemäß auch in vielen ihrer Parameter. Es gibt ein- und zweikomponentige, gefüllte und ungefüllte Kleber; solche, die bei Zimmertemperatur oder erst oberhalb 120 °C aushärten etc. Zweikomponentenkleber sind wesentlich länger lagerfähig, zeigen oft höhere mechanische Festigkeit und sind vielseitiger hinsichtlich ihrer Aushärteeigenschaften und der anderen physikalischen Größen. Der wesentliche Vorteil einkomponentiger Systeme besteht darin, dass sie vor Gebrauch nicht in dem jeweiligen Mischungsverhältnis angerührt werden müssen. Dafür ändert sich jedoch die Konsistenz (Viskosität, Thixotropität) langsam im Laufe der Lagerung.

Zum Ausgleich des Spiels zwischen Gewindekern und Spulenkörper ist es üblich, den Kern mit einem fest aufgebrachten Bremsstreifen aus elastischem Material, z. B. Silikonkautschuk, zu versehen (D-Bremsen).

Wannenkerne dienen ebenso wie Kappenkerne in Verbindung mit Gewinde- oder Nippelkernen der Führung und Konzentration des äußeren Magnetfelds. Da Wannenkerne die Wicklung an beiden Stirnseiten umfassen, ergeben sich gegenüber Kappenkernen höhere A_L-Werte. Die Verwendung von Wannenkernen setzt entsprechende Spulenkörper voraus.

Zur Realisierung von Ringspulen verwendet man Rollenkerne. Soweit sie nicht mit anderen Kernen wie z. B. Kappenkernen mit Außengewinde kombiniert werden, sind Rollenkerne nicht abgleichbar und finden hauptsächlich als Drosselkerne praktische Verwendung. Charakteristisch ist ihre relativ hohe wirksame Permeabilität, die den Erfordernissen der Miniaturisierung entgegenkommt. Die Wicklung wird direkt auf den Kern aufgebracht, so dass ein Spulenkörper entfällt.

Die Induktivität einer Spule lässt sich mit

$$L = \frac{\mu \cdot A \cdot N^2}{l}$$

berechnen. Die Permeabilitätskonstante ist $\mu = \mu_0 \cdot \mu_r$.

7.2.3 • Blechkerne

Kerne für die Netzfrequenz und für den niederfrequenten Bereich (unter 500 Hz) bestehen aus Blechen mit einer Dicke zwischen 0,1 bis 0,5 mm. Je dünner man das Blech wählt, umso höhere Frequenzen sind für den Kern möglich. Zur gegenseitigen Isolation genügt eine dünne Oxidschicht oder aufgeklebtes Papier. Durch die Aufteilung in Lamellen lassen sich die Wirbelströme unterbrechen und die Wirkung stark reduzieren.

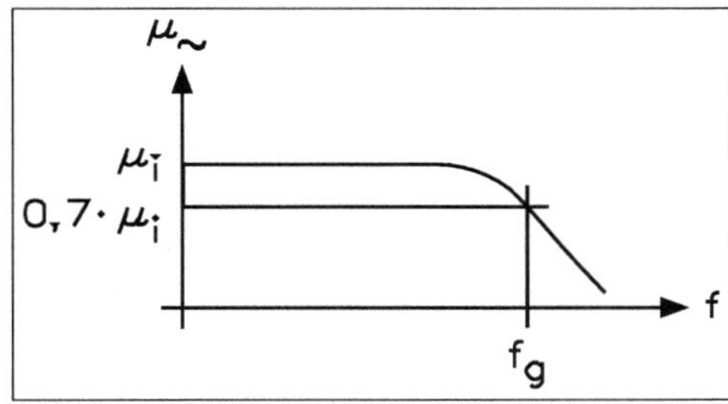

Abb. 7.8 • Frequenzabhängigkeit der Permeabilität.

Zur Beurteilung des Verhaltens eines magnetischen Werkstoffs bei höheren Frequenzen misst man den Frequenzgang der Permeabilität $\mu_{\sim}$, wie Abb. 7.8 zeigt. Diejenige Frequenz, bei der $\mu_{\sim}$ auf den √2-Wert bei tiefen Frequenzen gemessenen Wert abgesunken ist, bezeichnet man als magnetische Grenzfrequenz f_g des Eisens. Ein großer Gütefaktor Q lässt sich nur weit unterhalb von f_g erreichen. Für Breitbandübertrager kann man jedoch auch weit die f_g-Grenzen überschreiten, ohne dass es zu Problemen kommt.

Für die Realisierung einer Spule mit Blechkern kommen zwei Formen in Frage, die in Abb. 7.9 gezeigt sind. Bei dem M-Schnitt ist die Mittelzunge einseitig losgestanzt, damit sie sich in den Spulenkörper einführen lässt. Ein vielleicht notwendiger Luftspalt wird ebenfalls an dieser Stelle ausgeschnitten. Spaltbreiten von 0,3 mm bis 2 mm sind üblich. Meist benutzt man Bleche, die bereits mit einem Luftspalt versehen sind. Ist dieser unerwünscht, schich-

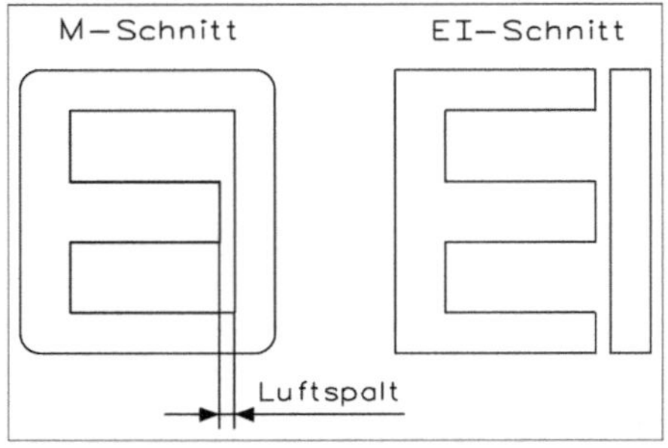

Abb. 7.9 • Formen von Kernblech-Schnitten im Mantelkernschnitt (M-Form) oder EI-Kern.

tet man die Bleche wechselseitig, d. h. man ordnet den Luftspalt einmal auf der einen und dann auf der anderen Seite an, so dass er praktisch überbrückt wird. Benötigt man einen Luftspalt, schichtet man den M-Schnitt einseitig. M-Schnitt-Bleche erhält man in Stärken von 0,05 mm bis 1 mm. Noch dünnere Metallfolien lassen sich nur als Bandkern herstellen. Hierbei sind Stärken bis in den µm-Bereich realisierbar. Mitunter werden Bandkerne und Blechpakete mit Kunstharz verklebt. Zur einfacheren Montage für den Spulenkörper schneidet man die Bandkerne in zwei Hälften. Die Schnittflächen sind eben geschliffen, damit beim Wiederzusammensetzen kein Luftspalt entsteht. Diese Art der Transformatoren bezeichnet man in der Praxis als Schnittbandkerne.

Beim EI-Schnitt besteht der Hauptteil des Kerns aus einer E-Form und der fehlende Schenkel hat eine I-Form. Bei dieser Ausführung kann an den drei Auflageflächen jeweils ein kleiner Luftspalt entstehen, der nicht genau definiert ist. Da man den EI-Schnitt aber nur bei größeren Kernen einsetzt, stört der zusätzliche Luftspalt kaum.

In einigen Spezialanwendungen findet man noch den L-, UI- und den EE-Schnitt. Beim L-Schnitt weisen die beiden Schenkel eine L-Form auf und werden entsprechend bei der Montage verschraubt. Beim UI-Schnitt fehlt die innere Zunge im EI-Schnitt. Diesen Schnitt findet man häufig bei Drosseln für größere Leistungen. Der EE-Schnitt ist eine abgewandelte Form des EI-Schnitts. Statt der I-Form hat man einen weiteren Eisenkern in E-Form.

7.2.4 • Ferritkerne

Für Hochfrequenzspulen und Spulen mit großer Güte sind Bleche wegen ihrer Verluste nicht einsetzbar. Bis zum Erscheinen der Ferrite stellte man für diese Anwendung Kerne her, die aus pulverisiertem Eisen bestanden, das mit Kunstharz verpresst wurde, meistens in den Formen als Topf- oder Schalenkerne. Die winzigen Eisenteilchen waren durch Kunstharz gegeneinander isoliert, so dass keine Wirbelströme entstehen konnten. Wegen des relativ geringen Eisengehalts solcher Kerne hatten diese auch nur geringe Permeabilitätswerte und zwar zwischen 4 und 12. Sie werden heute kaum noch eingesetzt.

In der Praxis verwendet man heute nur noch die wesentlich besseren Ferrite. Magnetische Ferrite sind Verbindungen aus Eisenoxid (Fe_2O_3) mit einem oder mehreren Oxiden anderer Metalle wie Nickel, Mangan, Zink, Magnesium oder Kupfer. Die feingemahlenen Oxide werden beim Herstellungsprozess zunächst in Formen gepresst und dann wie Keramik in Öfen gebrannt. Ferrite unterscheiden sich von den rein metallischen Kernen durch ihre um 7 bis

10 Zehnerpotenzen geringere elektrische Leitfähigkeit, die das Entstehen von Wirbelströmen und der damit verbundenen Verluste unterbindet.

Die Ferritsorten sind nach dem Nennwert der Anfangspermeabilität μ_i in Haupt- und Untergruppen eingeteilt, ähnlich wie die Blechkernsorten. Die Anfangspermeabilität ist die Permeabilität eines magnetischen Werkstoffs bei sehr geringem magnetischem Feld, ohne Vormagnetisierung und ohne äußere Störeinflüsse. Die Berechnung lautet

$$\mu_i = \frac{1}{\mu_0} \cdot \frac{\Delta B}{\Delta H}$$

Dabei ist $H = 0$ und $\Delta H \rightarrow \infty$. Praktisch wird μ_i aus der Induktivität eines Kerns bestimmt mit

$$\mu_i = \frac{1}{\mu_0} \cdot \frac{L}{H^2} \cdot \frac{1}{A}$$

Bei magnetisch geschlossenen Kernen mit ungleichem Querschnitt für den magnetischen Fluss ist durch den Formfaktor 1/A zu ersetzen. Diese Beziehung gilt nur für Kerne ohne magnetische Störeinflüsse von außen, wobei zu beachten ist, dass mehrteilige Kerne, wie E- und Schalenkerne, auch wenn sie luftspaltlos sind, speziell zu betrachten sind. Die Anfangspermeabilität μ_i wird auch Ring- bzw. Werkstoffpermeabilität bezeichnet. Sie ist in einem weiten Bereich frequenzunabhängig. In den Werkstoffstabellen bezeichnet man $f_{0,8}$ als diejenige Frequenz, bei der μ_i auf 80 % des Katalogwerts abgesunken ist.

Die effektive Permeabilität μ_e entspricht der Anfangspermeabilität μ_i eines gedachten Kernwerkstoffs, der bei gleicher Kernform, gleichem Verlauf des magnetischen Felds und gleichen Messbedingungen die gleiche Induktivität ergeben würde. Wegen der Voraussetzung des gleichen Feldverlaufs kann μ_e sinnvoll nur bei relativ hochpermeablen Kernen mit geringen Einflüssen und vernachlässigbarem Streufeld verwendet werden. Diese Voraussetzung ist z. B. bei E- oder Schalenkernen bei den üblichen Luftspaltbreiten gegeben. Den Quotient von μ_e/μ_i bezeichnet man als Scherungsverhältnis.

7.2.5 • Ferritkerne mit und ohne Luftspalt

Da sich eine gewisse Rauhigkeit der geschliffenen Flächen auch bei den heute bereits optimal erreichbaren Schliffgüten nicht vermeiden lässt, ist der übliche Begriff „ohne Luftspalt" nicht gleichbedeutend mit der Annahme, dass der Luftspalt null ist. Bei den angegebenen A_L-Werten ist eine gewisse Schliffrauhigkeit an den Trennstellen berücksichtigt. Der A_L-Toleranzwert der Kerne ohne Luftspalt beträgt –20% bis +30% bzw. –30% bis +40%. Kerne mit kleineren Toleranzen lassen sich nicht herstellen. Dies liegt daran, dass bei Kernen ohne Luftspalt die A_L-Streuung praktisch gleich der Streuung der Ringkernpermeabilität ist. Außerdem ist der A_L-Wert noch stark von der Schliffqualität an den Trennflächen abhängig.

In der Praxis definiert man:

- feinstgeschliffene/geläppte Kerne mit $s_{Rest} < 1$ µm
- normalgeschliffene Kerne mit $s_{Rest} \approx 10$ µm und
- Kerne mit Luftspalt von $s > 0{,}01$ mm

Der Restluftspalt s_{Rest} ist hierbei die Summe der Restluftspalte an den Schenkel- bzw. Mittelbutzenberührungsflächen.

Mit wachsender Werkstoffpermeabilität nimmt der Einfluss des unvermeidlichen Restluftspalts auf das Verhalten der Spule zu. Auch durch die Art des Zusammensetzens der Kerne lässt sich die Streuung des A_L-Werts vergrößern. Montage- und Klebeeinflüsse können dagegen zur Verminderung des A_L-Werts führen.

Für die gebräuchlichsten Kernformen sind die maximalen Windungszahlen für die einzelnen Spulenkörper in den Nomogrammen der Hersteller angegeben. Gebräuchliche Litzen und Drähte sind den einschlägigen Normen wie DIN 46477/46436 zu entnehmen.

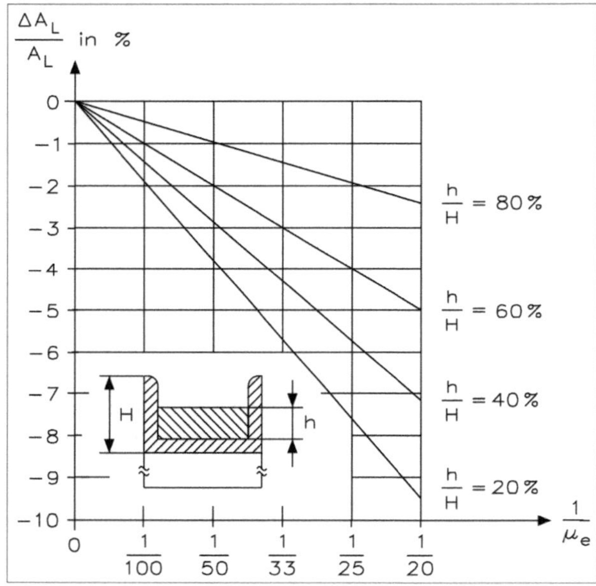

Abb. 7.10 • Prozentuale Änderung des A_L-Werts in Abhängigkeit von der relativen Wickelhöhe h/H.

Wie aus Abb. 7.10 zu sehen ist, sollte ein möglichst hoher Auswickelgrad realisiert werden, denn insbesondere bei kleinen μ_e-Werten kann ein niedriger Auswickelgrad (h/H-Verhältnis) einen A_L-Abfall von bis zu 10% gegenüber dem Maximalwert bei voller Auswicklung bewirken. Die A_L-Werte sind immer auf voll ausgewickelte 100%-Windungsspulen bezogen.

Zu den Spulenkenngrößen gehört auch der Widerstandsfaktor A_R oder kurz A_R-Wert. Dieser Wert, in Analogie zum A_L-Wert, stellt auf die Windungszahl $N = 1$ bezogenen Gleichstromwiderstand R_{Cu} mit

$$A_R = \frac{R_{Cu}}{N^2}$$

dar. Sind A_R-Wert und Windungszahl gegeben, so ist der Gleichstromwiderstand $R_{Cu} = A_R \cdot N^2$. Aus den Wickeldaten usw. lässt sich der A_R-Wert errechnen mit

$$A_R = \frac{\rho \cdot l_N}{f_{Cu} \cdot A_N}$$

ρ = spezifischer Widerstand (für Kupfer 17,2 Ω · mm)
l_N = mittlere Windungslänge in mm
A_N = Wicklungsquerschnitt in mm²
f_{Cu} = Kupferfüllfaktor

Wenn man diese Einheiten benutzt, erhält man den A_R-Wert in μΩ = 10^{-6} Ω. Bei den Spulenkörpern sind neben A_N und l_N auch die A_R-Werte für einen Kupferfüllfaktor f_{Cu} = 0,5 angegeben. Daraus lässt sich für einen beliebigen Füllfaktor f_{Cu} der A_R-Wert berechnen mit

$$A_{R(fCu)} = A_{R(0,5)} \cdot \frac{0,5}{f_{Cu}}$$

7.2.6 • Kerne für Filteranwendungen

Für die Anwendung von Kernen mit Luftspalt für Filter- und Resonanzkreise gelten folgende grundsätzliche Anforderungen:

- niedriger tan δ
- eng tolerierter A_L-Wert
- eng tolerierter Temperaturbeiwert
- großer Abgleichbereich für Korrekturen

Bei kleinen Luftspalten (max. 0,15 mm bei P-Kernen bzw. 0,22 mm bei RM-Kernen) kann der Luftspalt auch nur in einer Kernhälfte eingeschliffen sein. In diesem Fall trägt die Hälfte mit dem geschliffenen Luftspalt die Bestempelung und die andere Hälfte ist ohne Stempel. Durch den Luftspalt lassen sich die Nachwirkungsverluste und der Temperaturbeiwert etwa um den Faktor μ_e/μ_i, die Hystereseverluste etwa um den Faktor $(\mu_e/\mu_i)^2$ herabsetzen. Außerdem können enge A_L-Toleranzen erzielt werden.

Die A_L-Werte für Kerne mit eingeschliffenem Luftspalt sind den Datenblättern der Hersteller zu entnehmen. Außer den zugehörigen Luftspalten ist dort auch die effektive Permeabilität μ_e angegeben, mit deren Hilfe man aus den Ringkernwerten den effektiven Verlustfaktor tan δ_e und den Temperaturbeiwert der effektiven Permeabilität α_e überschlägig ermitteln kann.

An dieser Stelle folgender Tipp: Bei Kernen mit größeren Luftspalten kann das Streufeld in unmittelbarer Nähe des Luftspalts zusätzliche Wirbelstromverluste in der Kupferwicklung verursachen. Bei höheren Anforderungen an die Spulengüte ist es daher zweckmäßig, anstelle des in der Nähe des Luftspalts befindlichen Teils der Wicklung, z. B. in den luftspaltnahen Teil der mittleren Kammer eines dreikammerigen Spulenkörpers, einige Lagen Styroflex- oder Nylonband zu wickeln und damit die Wicklung „aufzupolstern".

Für die Realisierung eines Filters wird eine Induktivität von L = 640 μH bei einer Mindestgüte von Q = 400 (tan $\delta_L = 1/Q = 2{,}5 \cdot 10^{-3}$) für eine Frequenz von f = 500 kHz benötigt. Der Temperaturbeiwert α_e dieser Spule soll im Bereich von +5 °C bis +55 °C bei $100 \cdot 10^{-6}$/K liegen:

- **Werkstoff-Auswahl**: Nach den Werkstofftabellen der Hersteller und den Kurven tan δ/μ_i kommt für 500 kHz z.B. der Werkstoff M33 in Frage.

- **Wahl des A_L-Werts**: Die Güte und die Vorgabe für den Temperaturbeiwert erfordern einen Schalenkern mit Luftspalt. Der bezogene Temperaturbeiwert α_F von M33 beträgt nach der Werkstofftabelle im Mittel etwa $1{,}6 \cdot 10^{-6}$/K. Nachdem der gewünschte α_E-Wert des P-Kerns mit einem Luftspalt von etwa $100 \cdot 10^{-6}$/K liegen soll, folgt für die effektive Permeabilität

  $$\alpha_F = \frac{\alpha_e}{\mu_e} \quad \rightarrow \quad \mu_e = \alpha_e \cdot \frac{\mu_i}{\alpha} = \frac{100 \cdot 10^{-6}}{K} \cdot \frac{K}{1{,}6 \cdot 10^{-6}} = 62{,}5$$

  Beim Schalenkern P 18 x 11 ist μ_e = 47,9 für A_L = 100 nH bzw.
  beim Schalenkern P 22 x 13 ist μ_e = 39,8 für A_L = 100 nH

- **Wahl des Wickelmaterials**: Für das Gebiet um 500 kHz hat sich die Hochfrequenzlitze 20 x 0,05 mit einfacher Naturseidenumspinnung gut bewährt.
  Aus der Litzentabelle, wieder aus den Unterlagen der Hersteller, ergibt sich ein Litzen-Außendurchmesser einschließlich Isolation von 0,367 mm und ein mittlerer Widerstandswert von 0,444 Ω/m. Es wird empfohlen, stets den wahren Litzen-Außendurchmesser der zur Verfügung stehenden Litze zu messen und diesen Wert bei der Berechnung zugrunde zu legen.

- **Ermittlung der Windungszahl und der Bauform**: Für den A_L-Wert von 100 nF ergibt sich aus der Formel $N = (L/A_L)^{1/2}$ für die Induktivität von 640 µH die Windungszahl 80. Aus dem Spulenkörper-Nomogramm der Hersteller entnimmt man, dass für einen Drahtaußendurchmesser von 0,367 mm auf dem zweikammerigen Spulenkörper des Schalenkerntyps P 18x11 die 80 Windungen unterzubringen sind. Man kann also diesen Kerntyp mit einem zweikammerigen Spulenkörper wählen.

- **Drahtbedarf und Gleichstromwiderstand**: Die mittlere Windungslänge l_N beträgt für den gesamten Spulenkörper 35,6 mm. Es werden also für die Wicklung 80 · 35,6 mm = 2848 mm HF-Litze zuzüglich 2 · 10 cm für die Endlänge, also insgesamt 3,04 m benötigt. Nachdem der Widerstandswert dieser Litze im Mittel 0,444 Ω/m beträgt, ergibt sich ein Gleichstromwiderstand R_{Cu} von

  3,0 m · 0,444 Ω/m ≈ 1,35 Ω

  Es sei hier angefügt, dass die in den Datenblättern der Hersteller angegebenen mittleren Windungslängen l_N sich stets auf die voll ausgewickelten Spulenkörper beziehen. Bei nicht voll ausgewickeltem Spulenkörper muss man die mittlere Windungslänge entsprechend dem Auswickelgrad korrigieren.

- **Güteprüfung**: Die rechnerische Ermittlung der Gesamtverluste, d. h. der Kernverluste und der Wicklungsverluste – bei der vorliegenden Frequenz von 500 kHz treten bereits erhebliche dielektrische Verluste und Wirbelstromverluste auf – ist sehr mühsam und nur näherungsweise möglich. Man wird daher anhand einer nach den vorherigen Angaben gewickelten Musterspule die Güte überprüfen. Im vorliegenden Fall ergab sich z.B. eine Güte von 550, wie auch aus den Gütekurven der Hersteller zu ersehen ist.

- **Überprüfung des Temperaturbeiwerts**: Der Schalenkern P 18x11 hat bei einem A_L-Wert von 100 nH eine effektive Permeabilität von $\mu_e = 47{,}9$. Das Material M33 hat einen bezogenen Temperaturbeiwert von $\alpha_F \approx 1{,}6 \cdot 10^{-6}/K$ und demzufolge errechnet man

$$\alpha_e = \mu_e \cdot \alpha_F = 47{,}9 \cdot 1{,}6 \cdot 10^{-6}/K = 76 \cdot 10^{-6}/K$$

Gemessen wurde bei dieser Spule ein Wert von $90 \cdot 10^{-6}/K$. Es sei darauf hingewiesen, dass die Schalenkerne, deren magnetischer Fluss fast nur im Kern verläuft, der TK der Leerspule sehr gering ist. Bei effektiven Permeabilitäten von $\mu_e < 80$ muss jedoch wegen des Einflusses der Wicklung ein zusätzlicher Temperaturbeiwert von $10 \cdot 10^{-6}/K$ bis $30 \cdot 10^{-6}/K$ in Rechnung gesetzt werden.

7.3 • Spule an Gleichstrom

Bei der Spule an Gleichstrom muss man zwischen einem idealen und realen Bauteil unterscheiden. Bei der Simulation in diesem Teilkapitel geht man von einer idealen Spule aus. Wenn man das Symbol der Induktivität (Spule) aus der vertikalen Toolbar der passiven Bauelemente holt, ist ein Wert von 1 mH eingestellt. Durch einen Doppelklick erhält man das Einstellfenster und der Wert der Induktivität lässt sich zwischen 0,0000001 µH und 999999999 H einstellen.

7.3.1 • Messung einer idealen Spule

Betreibt man eine Spule im Gleichstromkreis, wird beim Einschalten ein Magnetfeld aufgebaut. Der Aufbau des Magnetfelds verläuft nicht schlagartig, sondern verzögert, da das aufbauende magnetische Feld in den eigenen Windungen eine Selbstinduktion hervorruft. Durch diese Selbstinduktion entsteht eine Spannung, die der angelegten Spannung entgegenwirkt.

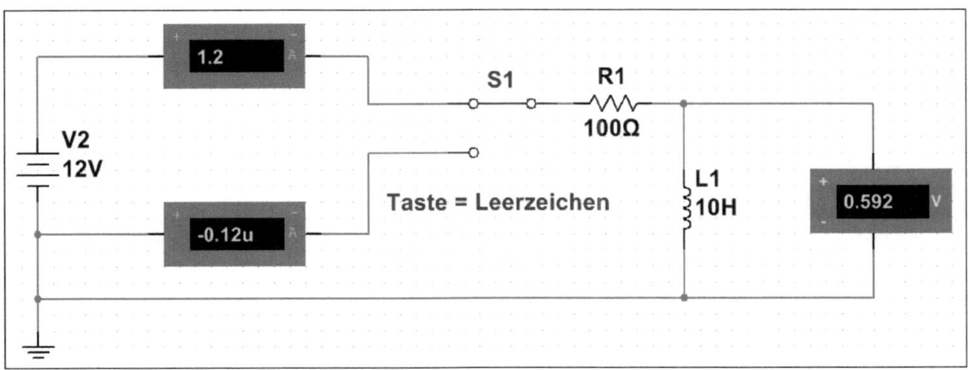

Abb. 7.11: Schaltung zur Untersuchung der Spule.

Durch den Umschalter S1 von Abb. 7.11 liegt die Induktivität L an U und über den Widerstand R fließt ein Strom. Mittels der beiden Werte des Widerstands R und der Spule L lässt sich die Zeitkonstante berechnen:

$$\tau = \frac{L}{R} = \frac{10\ \text{H}}{100\ \Omega} = 100\ \text{ms}$$

Die Zeitkonstante τ wird in Sekunden angegeben, denn die Spule L wird in Vs/A und der Widerstand R in V/A definiert. Der Strom im Einschaltmoment errechnet sich aus

$$I_0 = \frac{U}{R} = \frac{12\ \text{V}}{100\ \Omega} = 120\ \text{mA}$$

Durch die Selbstinduktion kann die angelegte Gleichspannung zunächst nur einen kleinen Strom fließen lassen, der nach einer e-Funktion ansteigt und nach 5τ sein Maximum erreicht. Beim maximalen Stromfluss hat man keine Magnetfeldänderung mehr. Die Spannung an einer Spule nimmt dagegen nach einer e-Funktion ab und die Formeln lauten

$$u_L = U \cdot e^{-\frac{t}{\tau}} \quad \text{und} \quad i_L = \frac{U}{R} \cdot \left(1 - e^{-\frac{t}{\tau}}\right)$$

Eine Spule mit L = 1 H und ein Widerstand mit R = 1 kΩ sind in Reihe geschaltet und liegen an einer Gleichspannung mit U = 12 V. Wie groß ist der Einschaltstrom, die Zeitkonstante τ, die Spannung und der Strom nach 2,5 ms?

$$I_0 = \frac{U}{R} = \frac{12\ \text{V}}{1\ \text{k}\Omega} = 12\ \text{mA}$$

$$\tau = \frac{L}{R} = \frac{1\ \text{H}}{1\ \text{k}\Omega} = 1\ \text{ms}$$

$$u_L = U \cdot e^{-\frac{t}{\tau}} = 12\ \text{V} \cdot e^{-\frac{2{,}5\ \text{ms}}{1\ \text{ms}}} = 0{,}98\ \text{V}$$

$$i_L = \frac{U}{R} \cdot \left(1 - e^{-\frac{t}{\tau}}\right) = \frac{12\ \text{V}}{1\ \text{k}\Omega} \cdot \left(1 - e^{-\frac{2{,}5\ \text{ms}}{1\ \text{ms}}}\right) = 11\ \text{mA}$$

Die Energie einer stromdurchflossenen Spule berechnet sich aus

$$W_{mag} = 0{,}5 \cdot L \cdot I^2$$

Für das Beispiel aus Abb. 7.11 bedeutet dies

$$W_{mag} = 0{,}5 \cdot 10\ \text{H} \cdot (0{,}12\ \text{A})^2 = 72\ \text{mWs}$$

Die magnetisch gespeicherte Energie beträgt 72 mWs.

Betätigt man den Umschalter, wird die Spule kurzgeschlossen und der Abbau des magnetischen Felds beginnt. Durch die Selbstinduktion wird aber eine „unterstützende" Spannung aufgebaut, so dass der Strom wieder nach einer e-Funktion abnimmt. Die Berechnung für den Entladevorgang ist

$$u_L = U \cdot e^{-\frac{t}{\tau}} \quad \text{und} \quad i_L = \frac{U}{R} \cdot e^{-\frac{t}{\tau}}$$

Eine Spule mit L = 100 mH und ein Widerstand mit R = 10 kΩ sind in Reihe geschaltet und liegen an einer Gleichspannung mit U = 12 V. Wie groß ist die Zeitkonstante τ, die Spannung und der Strom nach 15 ms?

$$\tau = \frac{L}{R} = \frac{100\ \text{mH}}{10\ \text{k}\Omega} = 10\ \text{ms}$$

$$u_L = U \cdot e^{-\frac{t}{\tau}} = 12\ \text{V} \cdot e^{-\frac{15\ \text{ms}}{10\ \text{ms}}} = 2{,}67\ \text{V}$$

$$i_L = \frac{U}{R} \cdot e^{-\frac{t}{\tau}} = \frac{12\ \text{V}}{10\ \text{k}\Omega} \cdot e^{-\frac{15\ \text{ms}}{10\ \text{ms}}} = 0{,}267\ \text{A}$$

Durch den Stromfluss ändert sich die Polarität an der Spule und für den Lade- und Entladevorgang gilt Abb. 7.12.

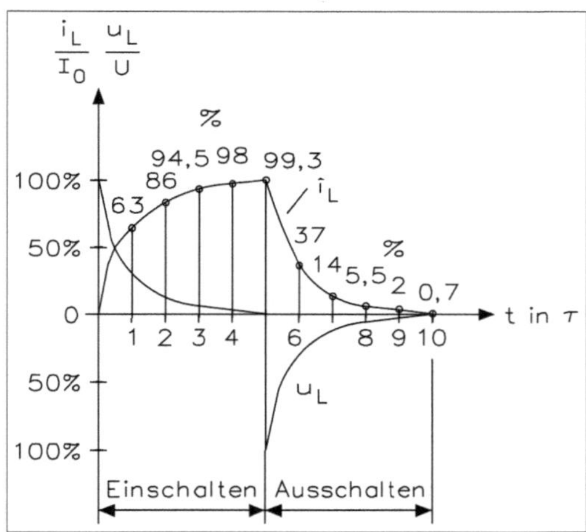

Abb. 7.12 • Induzierte Spannung und der Verlauf des Stroms beim Ein- und Ausschalten der Spule.

Die Selbstinduktionsspannung U bestimmt den Grad der Stromverzögerung in der Spule. Damit ist diese Spannung der Geschwindigkeit der Feldänderung und der Windungszahl proportional:

$$U = -N \cdot \frac{\Delta\Phi}{\Delta t}$$

U = induzierte Spannung in V
$\Delta\Phi/\Delta t$ = zeitliche Änderung des magnetischen Flusses in Wb/s

Die Änderung der Feldlinienzahl ΔΦ ist umso größer,

- je größer die Stromänderung ΔI am Eingang ist
- je mehr Windungen N auf der Spule vorhanden sind
- je kürzer die mittlere Feldlinienlänge ist
- je größer die wirksame Spulenfläche A ist
- je mehr der Spulenkern durch die Permeabilität μ_r das Magnetfeld verstärkt

Die Selbstinduktionsspannung berechnet sich aus

$$U = -L \cdot \frac{\Delta I}{\Delta t}$$

Damit erkennt man als Ursache die stromverzögernde Eigenschaft einer Spule. Eine Spule hat die Induktivität L = 1 H, wenn die Spannung von U = 1 V induziert wird, während sich der Strom in t = 1 s gleichmäßig um I = 1 A ändert.

7.3.2 • Spule an Rechteckspannung

Bei der Schaltung von Abb. 7.13 wird die Induktivität über einen Widerstand an dem Funktionsgenerator angeschlossen. Dadurch ergibt sich ein kontinuierlicher Lade- und Entladevorgang.

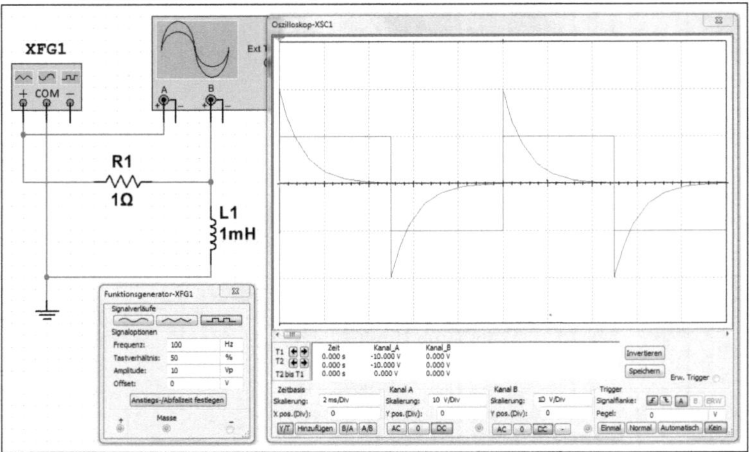

Abb. 7.13 • Spannungsmessung an Spule mittels Rechteckspannung.

Durch die Spule und den Widerstandswert erhält man eine Zeitkonstante von

$$\tau = \frac{L}{R} = \frac{1\,\text{mH}}{1\,\Omega} = 1\,\text{ms}$$

Der Funktionsgenerator erzeugt eine Rechteckspannung mit f = 100 Hz, die an dem *RC*-Glied liegt. Das Oszillogramm zeigt die Eingangs- und die Ausgangsspannung an dem *RL*-Glied. Befindet sich die Eingangsspannung auf +12V, geht die Spannung an der Spule sofort auf 12 V und nimmt dann nach einer *e*-Funktion ab. Schaltet die Spannung am Rechteckgenerator auf 0 V, kommt es zu einer induzierten Spannung mit umgekehrtem Vorzeichen.

Das Verhalten der Spannung ändert sich erheblich, wenn man den Widerstandswert von 1 Ω auf 10 Ω, dann auf 100 Ω und weiter auf 1 kΩ erhöht. Die Zeitkonstante τ verringert sich und damit auch die Spannung u_L.

Der Strom, der durch die Spule fließt, lässt sich mittels der Schaltung von Abb. 7.14 messen. Der Strom fließt über den Widerstand und erzeugt einen bestimmten Spannungsfall, der mit dem Oszilloskop gemessen wird. Der Stromfluss steigt nach einer *e*-Funktion an und nimmt nach einer *e*-Funktion wieder ab.

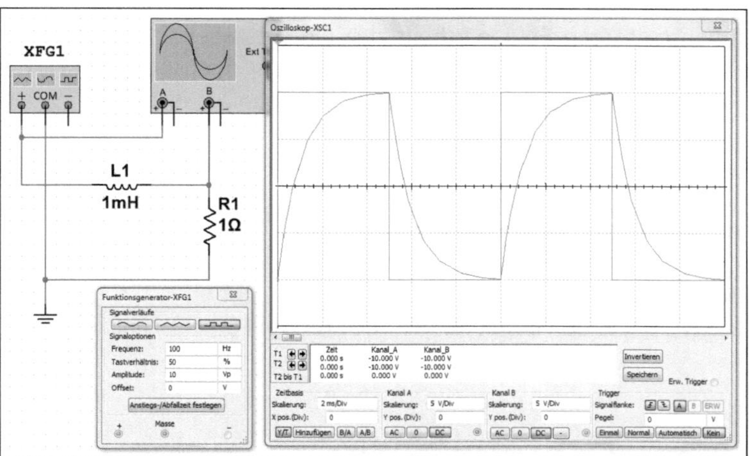

Abb. 7.14 • Strommessung an einer Spule mittels Rechteckspannung.

Der Ausgang des Rechteckgenerators von Abb. 7.15 steuert zwei Spulen an, die abwechselnd auf das Oszilloskop geschaltet werden. Da der Widerstand im Stromkreis gering ist, ist die Induktionsspannung gleich der Rechteckspannung des Generators. Verursacht wird die Induktion durch eine Stromänderung bzw. Feldlinienänderung. Eine große Stromänderung hat eine hohe Spannung zur Folge und die Induktionsspannung ist umso höher, je kürzer die Zeitspanne ist, in der die Stromänderung auftritt.

Die Verknüpfung zwischen Stromänderung und resultierender Induktionsspannung ist von der Abmessung, der Windungszahl und vom jeweiligen Kernmaterial der Spule abhängig. Diese Größen bestimmen den Selbstinduktionskoeffizienten (Selbstinduktion) der Spule. Die Selbstinduktion wird in Henry definiert und die Selbstinduktion einer Spule beträgt 1 H, wenn bei einer Stromänderung von 1 A/s eine Spannung von 1 V auftritt.

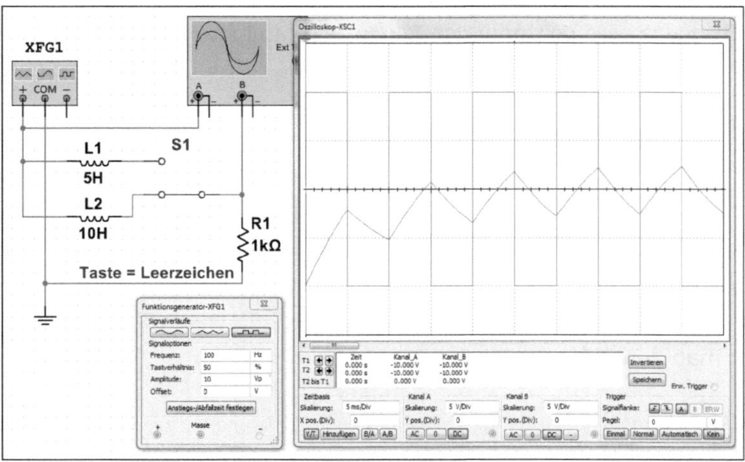

Abb. 7.15 • Messung der Selbstinduktion.

7.3.3 • Reihenschaltung von Spulen

Bei der Reihenschaltung von mehreren Spulen erhöht sich die entstehende induktive Gegenspannung gegenüber einer einzelnen Spule. Die Erhöhung der Gegenspannung ist nur möglich, wenn sich die Gesamtinduktivität auch erhöht. Die Berechnung erfolgt nach

$$L = L_1 + L_2 + L_3 + \ldots + L_n$$

d. h. die Spulen verhalten sich wie die Widerstände.

7.3.4 • Parallelschaltung von Spulen

Da sich die Spulen wie die Widerstände verhalten, gilt auch für die Parallelschaltung

$$\frac{1}{L} = \frac{1}{L_1} + \frac{1}{L_2} + \ldots + \frac{1}{L_n}$$

Hat man zwei parallele Spulen, verwendet man die Formel

$$L = \frac{L_1 \cdot L_2}{L_1 + L_2}$$

7.4 • Spule im Wechselstromkreis

Beim Anschluss einer Spule an Wechselspannung muss man zwischen einem idealen und einem realen Bauteil unterscheiden. Bei einer realen Spule hat man zwei in Reihe geschaltete Widerstände, bestehend aus dem ohmschen Widerstand R und dem induktiven Blindwiderstand X_L. Der ohmsche Widerstand wird von dem Leitungswiderstand des Spulendrahts gebildet. An diesem Widerstand sind Spannung und Strom in Phase. Der induktive Blindwiderstand berechnet sich aus

$$X_L = 2 \cdot \pi \cdot f \cdot L$$

d. h. mit zunehmender Frequenz wird der induktive Blindwiderstand immer größer.

7.4.1 • Messung einer idealen Spule

Durch eine Strom- und Spannungsmessung lässt sich der induktive Blindwiderstand einer Spule mit

$$X_L = \frac{U}{I}$$

berechnen, wie die Schaltung von Abb. 7.16 zeigt.

Aus der Schaltung erhält man den Blindwiderstand mit

$$X_L = \frac{U}{I} = \frac{12\ \text{V}}{38{,}2\ \text{mA}} = 314\ \Omega$$

Stellt man die Formel $X_L = 2 \cdot \pi \cdot f \cdot L$ nach L um, lässt sich die Induktivität bestimmen:

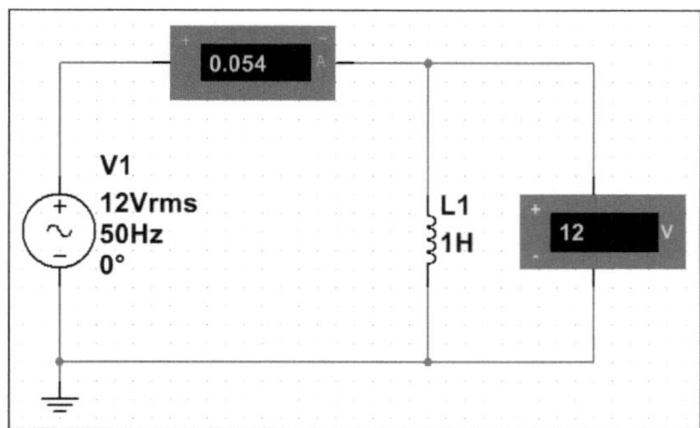

Abb. 7.16 • Bestimmung eines Blindwiderstands durch eine Spannungs-Strom-Messung.

$$L = \frac{X_L}{2 \cdot \pi \cdot f} = \frac{314\ \Omega}{2 \cdot 3{,}14 \cdot 50\ \text{Hz}} = 1\ \text{H}$$

7.4.2 • Messung einer realen Spule

Bei der realen Spule muss man den Widerstandswert der Drahtwicklung berücksichtigen. Aus diesem Grunde führt man zuerst eine Gleichstrom- und danach eine separate Wechselstrommessung durch.

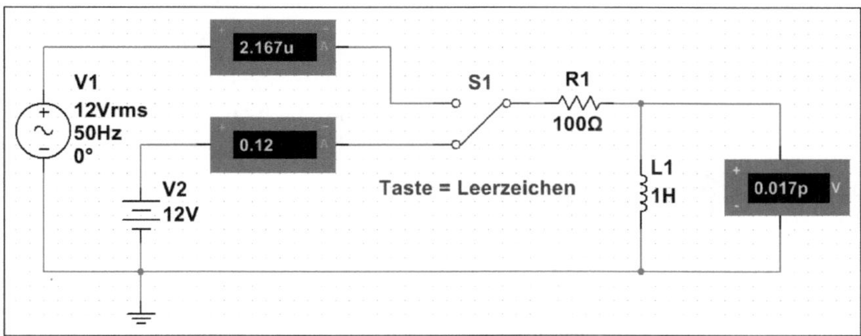

Abb. 7.17 • Messung einer realen Spule.

Die Spule von Abb. 7.17 ist eine Reihenschaltung eines Widerstands und einer Spule. Mittels der Gleichstrommessung erhält man den Wirkwiderstand mit

$$R = \frac{U}{I} = \frac{12\ \text{V}}{120\ \text{mA}} = 100\ \Omega$$

Schaltet man den Umschalter auf die Wechselspannungsquelle um, lässt sich der Scheinwiderstand Z bestimmen:

$$Z = \frac{U}{I} = \frac{12\ \text{V}}{36{,}4\ \text{mA}} = 330\ \Omega$$

Der induktive Blindwiderstand ist dann

$$X_L = \sqrt{Z^2 - R^2} = \sqrt{(330\ \Omega)^2 - (100\ \Omega)^2} = 314\ \Omega$$

Damit lässt sich der Wert der Spule berechnen mit

$$L = \frac{X_L}{2 \cdot \pi \cdot f} = \frac{314\ \Omega}{2 \cdot 3{,}14 \cdot 50\ \text{Hz}} = 1\ \text{H}$$

Vergleicht man das Rechenergebnis mit dem Wert der Spule, sieht man die Übereinstimmung.

7.4.3 • Reihenschaltung von Widerstand und Spule

Schaltet man einen Widerstand und eine Spule in Reihe, errechnet sich der Scheinwiderstand aus

$$Z = \sqrt{R^2 + X_L^2}$$

$$X_L = \sqrt{Z^2 - R^2}$$

Die Spannung $\mathbf{U_R}$ am ohmschen Widerstand und die Spannung U_L am induktiven Blindwiderstand dürfen aufgrund ihrer unterschiedlichen Phasenlage nicht algebraisch addiert, sondern müssen geometrisch addiert werden. Da Spannungen und Widerstände bei einer Reihenschaltung direkt proportional sind, ergibt sich auch für die Widerstände die gleiche Phasenverschiebung.

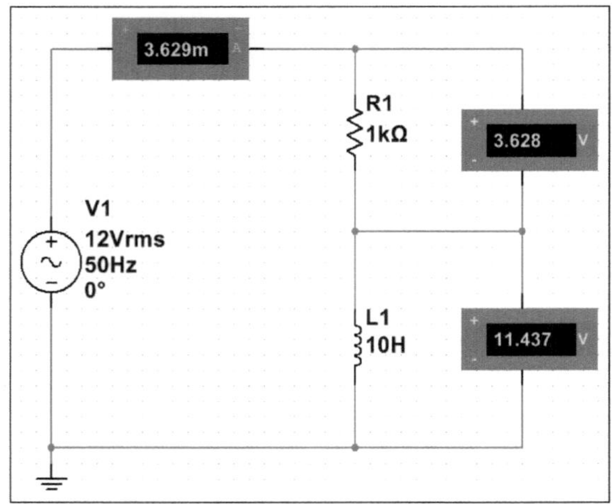

Abb. 7.18 • Messschaltung zur Untersuchung einer Reihenschaltung aus Widerstand und Spule.

Durch die Reihenschaltung von Abb. 7.18 fließt ein Strom von I = 3,63 mA und damit errechnet sich ein Scheinwiderstand von

$$Z = \frac{U}{I} = \frac{12\ \text{V}}{3{,}63\ \text{mA}} = 3{,}3\ \text{k}\Omega$$

Durch den Stromfluss kann man den Spannungsfall am ohmschen Widerstand bestimmen

$$U_R = I \cdot R = 3{,}63\ \text{mA} \cdot 1\ \text{k}\Omega = 3{,}63\ \text{V}$$

Der Spannungsfall an der Spule ist dann

$$U_L = \sqrt{U^2 - U_R^2} = \sqrt{(12\ \text{V})^2 - (3{,}63\ \text{V})^2} = 11{,}4\ \text{V}$$

Statt diesem Berechnungsweg kann man auch zuerst den induktiven Blindwiderstand berechnen und dann auf den Spannungsfall schließen.

Da sich die Spannungen wie die Widerstände in der Reihenschaltung verhalten, gilt

$$U = \sqrt{U_R^2 - U_L^2} \quad \text{oder} \quad Z = \sqrt{R^2 - X_L^2}$$

Die Phasenverschiebung lässt sich rechnerisch oder mittels Messung ermitteln. Für die rechnerische Methode hat man

$$\cos\varphi = \frac{R}{Z} = \frac{U_R}{U} \qquad \sin\varphi = \frac{X_L}{Z} = \frac{U_L}{U} \qquad \tan\varphi = \frac{R}{X_L} = \frac{U_R}{U_L}$$

Für die Schaltung von Abb. 7.18 ergibt sich eine Phasenverschiebung von

$$\cos\varphi = \frac{U_R}{U} = \frac{3{,}63\ \text{V}}{12\ \text{V}} = 0{,}3 \quad \rightarrow \quad \varphi = 72{,}4°$$

Die Phasenverschiebung lässt sich entweder direkt oder durch die Lissajous-Figur messen.

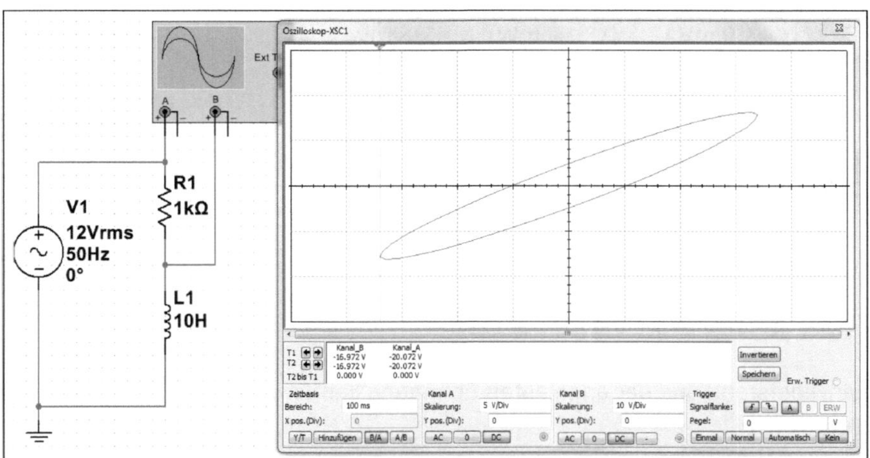

Abb. 7.19 • Schaltung zur Messung der Phasenverschiebung.

In Abb. 7.19 wird für die Messung der Phasenverschiebung die Lissajous-Figur eingesetzt mit

$$\cos\varphi = \frac{Y_0}{Y_1} = \frac{1\ \text{Div}}{3{,}4\ \text{Div}} = 0{,}29 \quad \rightarrow \quad \varphi = 73°$$

Das Messergebnis ist weitgehend mit der numerischen Lösung identisch.

Das Wattmeter in Abb. 7.20 zeigt eine Wirkleistung von P = 13,17 mW und einen Leistungsfaktor von cos φ = 0,3. Die Wechselspannung beträgt 12 V/50 Hz.

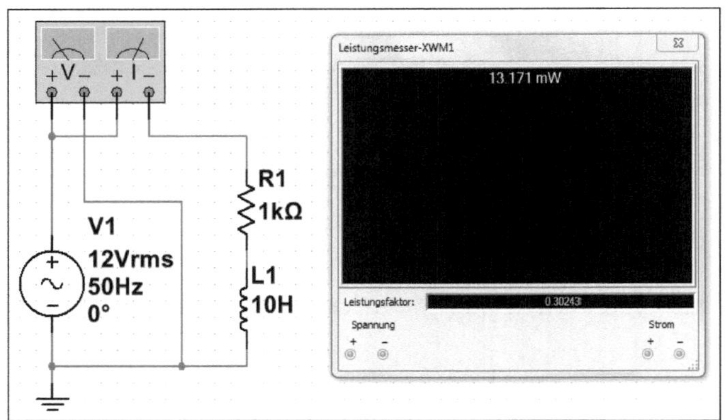

Abb. 7.20 • Messung der Leistung.

Die Scheinleistung *S* ist

$$S = \frac{P}{\cos\varphi} = \frac{13{,}17\ \text{mW}}{0{,}3} = 43{,}9\ \text{mVA}$$

Die induktive Blindleistung berechnet sich aus

$$Q = \sqrt{S^2 - P^2} = \sqrt{(43{,}9\ \text{mVA})^2 - (13{,}17\ \text{mW})^2} = 41{,}8\ \text{mvar}$$

Der ohmsche Widerstand ist $R = 1\ \text{k}\Omega$ und die Spule hat $L = 10\ \text{H}$. Wie groß ist der induktive Widerstand?

$$X_L = 2 \cdot \pi \cdot f \cdot L = 2 \cdot 3{,}14 \cdot 50\ \text{Hz} \cdot 10\ \text{H} = 3{,}14\ \text{k}\Omega$$

Der Scheinwiderstand ist dann

$$Z = \sqrt{R^2 + X_L^2} = \sqrt{(1\ \text{k}\Omega)^2 + (3{,}14\ \text{k}\Omega)^2} = 3{,}3\ \text{k}\Omega$$

Aus dem Scheinwiderstand und der angelegten Spannung kann man den Strom bestimmen

$$I = \frac{U}{Z} = \frac{12\ \text{V}}{3{,}3\ \text{k}\Omega} = 3{,}63\ \text{mA}$$

Der Spannungsfall am Widerstand und an der Spule ist

$$U_R = I \cdot R = 3{,}63\ \text{mA} \cdot 1\ \text{k}\Omega = 3{,}63\ \text{V}$$

$$U_L = I \cdot X_L = 3{,}63\ \text{mA} \cdot 3{,}14\ \text{k}\Omega = 11{,}4\ \text{V}$$

$$U = \sqrt{U_R^2 + U_L^2} = \sqrt{(3{,}63\ \text{V})^2 + (11{,}4\ \text{V})^2} = 12\ \text{V}$$

Die Phasenverschiebung ist

$$\cos\varphi = \frac{R}{Z} = \frac{1\ \text{k}\Omega}{3{,}3\ \text{k}\Omega} = 0{,}303 \quad \rightarrow \quad \varphi = 72{,}36^\circ$$

Messergebnis und Rechnung sind identisch.

7.4.4 • Parallelschaltung von Widerstand und Spule

Bei der Parallelschaltung arbeitet man mit den Strömen oder den Leitwerten. Aus Sicht der Messtechnik setzt man in der Praxis nur die Strommessungen ein, wie Abb. 7.21 zeigt.

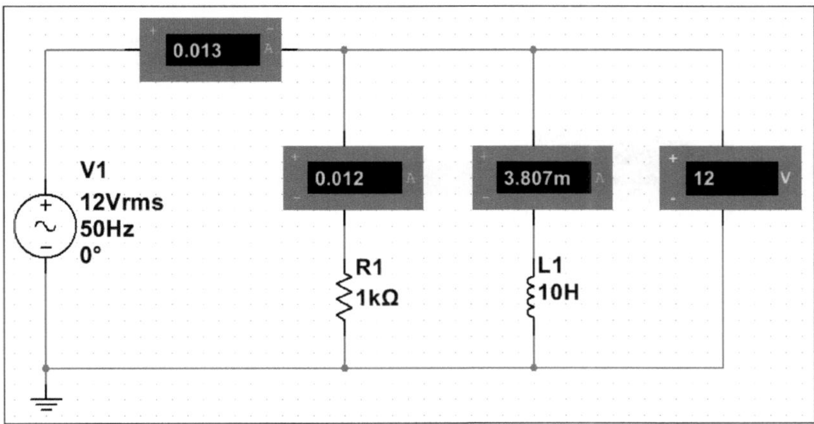

Abb. 7.21 • Parallelschaltung von Widerstand und Spule.

Der Gesamtstrom I errechnet sich aus

$$I = \sqrt{I_R^2 + I_L^2} = \sqrt{(12\ \text{mA})^2 + (3{,}807\ \text{mA})^2} = 12{,}6\ \text{mA}$$

Die Spule hat einen induktiven Widerstand von

$$X_L = 2 \cdot \pi \cdot f \cdot L = 2 \cdot 3{,}14 \cdot 50\ \text{Hz} \cdot 10\ \text{H} = 3{,}14\ \text{k}\Omega$$

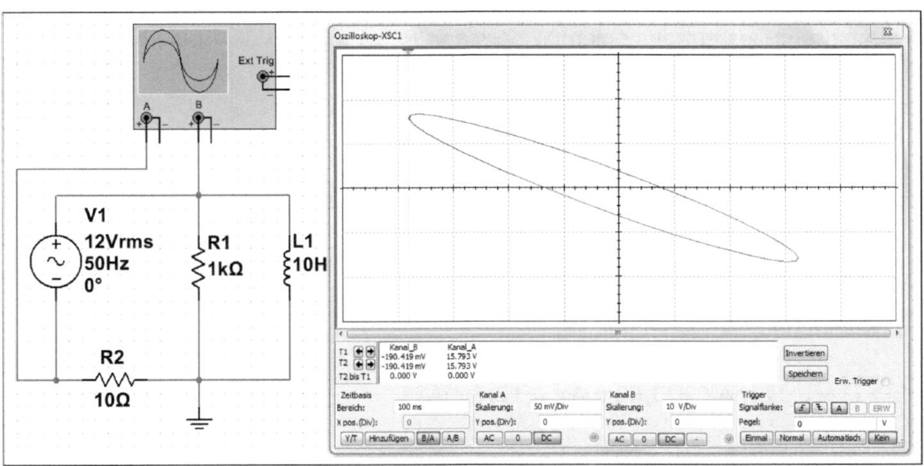

Abb. 7.22 • Phasenverschiebung bei einer RL-Parallelschaltung.

Es fließt ein Strom von

$$I = \frac{U}{X_L} = \frac{12\,V}{3{,}14\,k\Omega} = 3{,}82\,mA$$

Abb. 7.22 zeigt eine Schaltung zur Messung der Phasenverschiebung bei einer *RL*-Parallelschaltung. Die Berechnung lautet

$$\cos\varphi = \frac{Y_0}{Y_1} = \frac{1\,Div}{1{,}2\,Div} = 0{,}83 \quad \rightarrow \quad \varphi = 33{,}5°$$

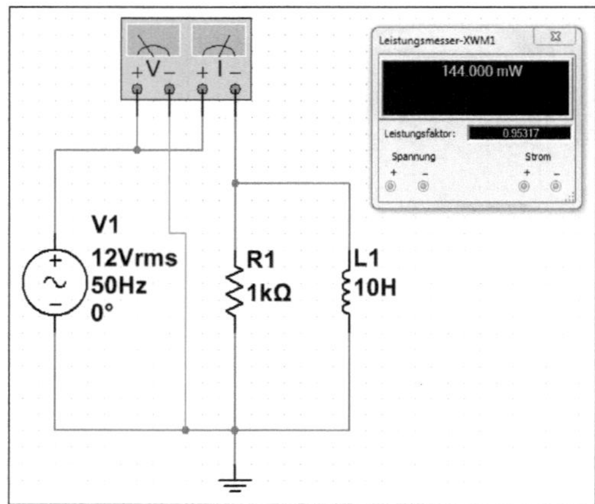

Abb. 7.23 • Messung mit einem Wattmeter.

Das Messergebnis in Abb. 7.23 ist für die Wirkleistung P = 144 mW und für den Leistungsfaktor cos φ = 0,876. Damit lassen sich die Schein- und die Blindleistung berechnen:

$$S = \frac{P}{\cos\varphi} = \frac{144\,mW}{0{,}953} = 151{,}1\,mVA$$

$$Q = \sqrt{S^2 - P^2} = \sqrt{(151{,}1\,mVA)^2 - (144\,mW)^2} = 45{,}8\,mvar$$

Die Parallelschaltung besteht aus einem Widerstand R = 1 kΩ und die Spule hat L = 10 H. Wie groß ist der induktive Widerstand?

$$X_L = 2 \cdot \pi \cdot f \cdot L = 2 \cdot 3{,}14 \cdot 50\,Hz \cdot 10\,H = 3{,}14\,k\Omega$$

Die Ströme durch den Widerstand und der Spule errechnen sich aus

$$I_R = \frac{U}{R} = \frac{12\,V}{1\,k\Omega} = 12\,mA \quad \text{und} \quad I_L = \frac{U}{X_L} = \frac{12\,V}{3{,}14\,k\Omega} = 3{,}82\,mA$$

Der Gesamtstrom beträgt

$$I = \sqrt{I_R^2 + I_L^2} = \sqrt{(12\,mA)^2 + (3{,}82\,mA)^2} = 12{,}6\,mA$$

Die Phasenverschiebung lässt sich rechnerisch oder mittels Messung ermitteln. Für die rechnerische Methode hat man

$$\cos\varphi = \frac{I_R}{I} \qquad \sin\varphi = \frac{I_L}{I} \qquad \tan\varphi = \frac{I_R}{I_L}$$

Für die Schaltung ergibt sich eine Phasenverschiebung von

$$\cos\varphi = \frac{I_R}{I} = \frac{12\ \text{mA}}{12{,}6\ \text{mA}} = 0{,}95 \quad \rightarrow \quad \varphi = 18^\circ$$

Das Ergebnis muss korrigiert werden, nämlich 90° - 18° = 72° oder cos φ = 0,95 (Anzeige des Wattmeters). Messergebnis und Rechnungen sind weitgehend identisch.

7.5 • Filterschaltungen mit Widerstand und Spule

In der Elektronik verwendet man Filter, die einen bestimmten Frequenzbereich sperren oder durchlassen. Man unterscheidet zwischen einem Tief- und einem Hochpass. Ein Tiefpass lässt die unteren Frequenzen passieren und sperrt die oberen, während ein Hochpass die hohen Frequenzen durchlässt und die unteren sperrt.

7.5.1 • RL-Tiefpass

Ein Tiefpass lässt alle Frequenzen unterhalb seiner Grenzfrequenz f_g passieren und sperrt alle darüberliegenden Frequenzen. Ein Tiefpass ist im Prinzip ein frequenzabhängiger Spannungsteiler aus einem ohmschen Widerstand und einer Spule. Die Ausgangsspannung wird am Widerstand abgegriffen, wie Abb. 7.24 zeigt.

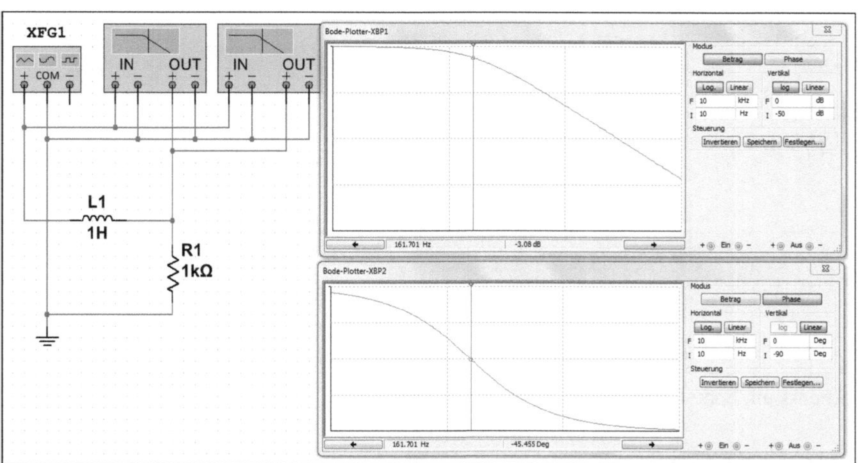

Abb. 7.24 • RL-Tiefpass am Bode-Plotter.

Für die Simulation der Schaltung von Abb. 7.24 verwendet man R = 1 kΩ und L = 1 H. Damit errechnet sich die Grenzfrequenz aus

$$f_g = \frac{R}{2 \cdot \pi \cdot L}$$

Die Grenzfrequenz beträgt f_g = 159 Hz. Dieses Rechenergebnis wird auch durch die Messung bestätigt. Wie groß ist die Ausgangsspannung dieser Schaltung bei f = 130 Hz bei U_e = 10 V und welche Phasenverschiebung ergibt sich?

$X_L = 2 \cdot \pi \cdot f \cdot L = 2 \cdot 3{,}14 \cdot 130\ \text{Hz} \cdot 1\ \text{H} = 816\ \Omega$

$$Z = \sqrt{R^2 + X_L^2} = \sqrt{(1\ \text{k}\Omega)^2 + (816\ \Omega)^2} = 1{,}29\ \text{k}\Omega$$

$$I = \frac{U}{Z} = \frac{10\ \text{V}}{1{,}29\ \text{k}\Omega} = 7{,}75\ \text{mA}$$

$U_a = I \cdot R = 7{,}75\ \text{mA} \cdot 1\ \text{k}\Omega = 7{,}75\ \text{V}$

$$\tan\varphi = \frac{R}{X_L} = \frac{1\ \text{k}\Omega}{816\ \Omega} = 1{,}225 \quad \rightarrow \quad \varphi = 50{,}78°$$

Die Messung ist identisch mit der Berechnung der *RL*-Tiefpassschaltung.

7.5.2 • RL-Hochpass

Ein Hochpass lässt alle Frequenzen oberhalb der Grenzfrequenz passieren und sperrt die unteren. Auch der *RL*-Hochpass stellt einen frequenzabhängigen Spannungsteiler dar. Der Abgriff erfolgt über die Spule. Mit steigender Frequenz wird der Blindwiderstand der Spule größer, der Strom kleiner und damit die Spannung an der Spule größer.

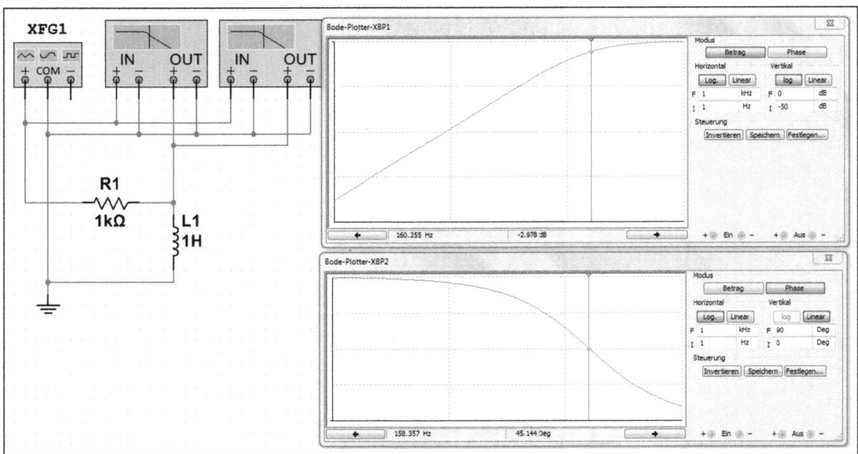

Abb. 7.25 • RL-Hochpass am Bode-Plotter.

Die Grenzfrequenz für die Schaltung von Abb. 7.25 ist

$$f_g = \frac{R}{2 \cdot \pi \cdot L} = \frac{1\ \text{k}\Omega}{2 \cdot 3{,}14 \cdot 1\ \text{H}} = 159\ \text{Hz}$$

Bei dieser Frequenz hat die Ausgangsspannung einen Wert von 0,707 der Eingangsspannung und damit U_a = 7,07 V.

7.6 Transformatoren und Übertrager

Wenn bei gekoppelten Spulen mindestens 90% die von der Primärspule erzeugten Feldlinien auch von der Sekundärspule umfasst werden, also bei sehr fester Kopplung, spricht man im Allgemeinen von einem Transformator. Die von der Primärspule aufgenommene elektrische Leistung lässt sich in voller Höhe oder zumindest zu einem sehr hohen Prozentsatz auf der Sekundärseite wieder entnehmen. Abb. 7.26 zeigt die Arbeitsweise von Transformatoren und Übertragern mit deren Bezeichnungen.

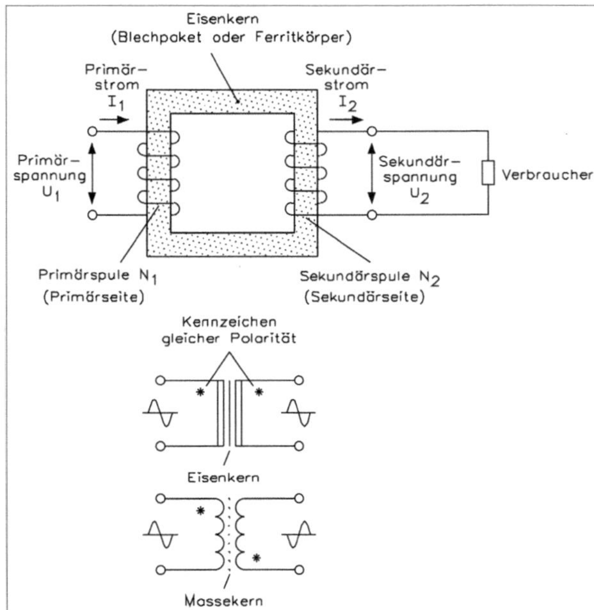

Abb.7.26 • Arbeitsweise von Transformatoren und Übertragern mit deren Bezeichnungen.

Bei den Transformatoren unterscheidet man zwischen zahlreichen Möglichkeiten, z. B. prinzipiell zwischen Einphasen- und Drehstromtransformatoren, dann zwischen Klein-, Sicherheits-, Spielzeug-, Klingel-, Handleuchten-, Auftau- und medizinischen Transformatoren. Je nach Anwendung setzt man den entsprechenden Typ ein, wobei man dann immer die jeweiligen Sicherheitsmaßnahmen und Vorschriften beachten muss.

7.6.1 • Funktionsweise von Transformatoren und Übertragern

Der Strom in der Eingangswicklung eines Transformators erzeugt ein magnetisches Wechselfeld, welches in der Ausgangswicklung eine Leerlaufspannung induziert. Die Leerlaufspannung ist die Spannung auf der Ausgangsseite, wenn kein Verbraucher vorhanden ist. Dabei gelten im Idealfall, also bei voller Kopplung, keine Verluste. Es gelten folgende Gesetze:

Durch die Primärwicklung N_1 fließt der Strom I_1 und hat bei einer mittleren magnetischen Feldstärke H_1 von

$$H_1 = \frac{I_1 \cdot N_1}{l}$$

und entsprechend dem Strom I_2 der Sekundärwicklung mit N_2 Windungen die magnetische Feldstärke

$$H_2 = \frac{I_2 \cdot N_2}{l}$$

Da aber für die Magnetisierung des geschlossenen magnetischen Kreises nur eine geringe resultierende Feldstärke erforderlich ist, heben sich die beiden Komponenten H_1 und H_2 bis auf einen geringen Rest gegenseitig auf, sind also in ihrem Betrag fast gleich groß. Daraus ergibt sich im Idealfall die Bedingung

$$I_1 \cdot N_1 \quad \leftrightarrow \quad I_2 \cdot N_2$$

Das erste Gesetz über den Transformator lautet

$$\frac{I_1}{I_2} = \frac{N_2}{N_1}$$

d. h. die Ströme in der Primär- und Sekundärwicklung verhalten sich umgekehrt wie die Windungszahlen. Aus diesem Grund muss die primärseitig aufgenommene Leistung bei ohmscher Belastung gleich der sekundärseitig abgegebenen sein:

$$P_1 = U_1 \cdot I_1 \quad \leftrightarrow \quad P_2 = U_2 \cdot I_2$$

Aus dieser Beziehung lässt sich folgendes Gesetz aufstellen:

$$\frac{U_1}{U_2} = \frac{N_1}{N_2}$$

d. h. die Spannungen an der primären und der sekundären Wicklung verhalten sich direkt wie die Windungszahlen.

Für den Transformator gilt:

$$ü = \frac{U_1}{U_2} = \frac{N_1}{N_2} = \frac{I_2}{I_1}$$

Die Bezeichnung *ü* ist das Übersetzungsverhältnis.

In der Praxis unterscheidet man zwei Arten von Transformatoren: Bei der Übertragung geringer Leistung (unter 1 W) spricht man von einem Übertrager und bei höheren Leistungen wählt man die Bezeichnung Transformator, obwohl beide Arten eigentlich identisch sind. Durch die unterschiedliche Definition will man den Anwendungsbereich besser hervorheben. Transformatoren findet man bei Netzteilen bis zu einer Frequenz von 400 Hz, während der Übertrager ein breites Frequenzband übertragen soll, was vor allem eine geringe Streuinduktivität und geringe Wicklungskapazitäten erfordert. Die Größe des hierfür zu verwendenden Kerns wird im Wesentlichen durch die erforderliche Induktivität bestimmt. Für die Übertragung großer Leistungen wählt man den Kern dagegen entsprechend der zu übertragenden Leistung aus.

In dem von der Primärspule erzeugten Magnetfeld ist immer eine gewisse elektrische Energie vorhanden und diese ist unter anderem proportional zur Gesamtzahl der Feldlinien, also zum magnetischen Fluss mit

$$\Phi = B \cdot S$$

Damit lässt sich die Energie berechnen, die man in einem Kern mit angegebenen Abmessungen maximal erzeugen kann. Da wegen der Sättigung des Eisens die Induktivität B nicht höher als etwa 1,6 T werden kann, ist der notwendige Eisenquerschnitt S eine Funktion der zu übertragenden Leistung P. Tabelle 7.2 zeigt die übertragbaren Leistungen von M- und EI-Kernen.

Tabelle 7.2 • Übertragbare Leistungen von M- und EI-Kernen.

M45	25 W	EI 130a	250 W
M55	12 W	EI 130b	320 W
M65	25 W	EI 150a	370 W
M74	50 W	EI 150b	450 W
M85a	70 W	EI 150c	550 W
M85b	95 W	EI 170a	650 W
M102a	120 W	EI 170b	750 W
M102b	175 W	EI 170c	850 W
		EI 195a	1000 W
		EI 195b	1250 W
		EI 195c	1500 W

Bei der Berechnung eines realen Transformators muss man noch die Verluste berücksichtigen mit

$$P_2 = P_1 \cdot \eta$$

In der Praxis wird das Übersetzungsverhältnis durch Verminderung der Primärwindungen entsprechend angepasst.

7.6.2 • Kleintransformatoren

Unter Kleintransformatoren versteht man Einphasentransformatoren mit einer Nennleistung bis 16 kVA zur Verwendung von Spannungen bis 1000 V und Frequenzen bis zu 500 Hz. Diese Typen müssen besonders unfallsicher aufgebaut sein, da sie häufig auch von Bastlern eingesetzt werden.

Kennzeichen von Kleintransformatoren ist der Blechkern, der in genormter Größe hergestellt wird. Je nach Form dieser Bleche unterscheidet man zwischen M- und EI-Schnitt. Die einzelnen Bleche sind untereinander isoliert und werden über Schrauben oder Nieten zusammengehalten. Die Außenflächen der Eisenkerne sind mittels Lacküberzug gegen Korrosion geschützt und lassen sich durch Winkeln auf einer stabilen Unterlage (Gehäuse bzw. Chassis) befestigen. Diese Art von Transformatoren sind sehr preisgünstig, verursachen aber immer ein entsprechendes Brummgeräusch durch die Transformatorbleche.

In der Industrie findet man die teueren Schnittbandkerne, die aus kornorientierten Blechen bestehen, bei denen die Kristalle in Walzrichtung liegen. Durch diese mechanische Behandlung ergeben sich geringe Ummagnetisierungsverluste. Aus diesem Grund hat man nur eine geringe magnetische Streuung und besonders kleine Verlustleistungen. Außerdem hält das Spannband den Transformator stabil zusammen und es tritt fast kein hörbares Brummen auf.

Ein Leerlaufbetrieb liegt vor, wenn an der Ausgangswicklung kein Verbraucher angeschlossen ist. In diesem Fall wirkt die Primärwicklung wie eine Induktivität, da die Sekundärwicklung stromlos ist. Den Strom, der das magnetische Wechselfeld in der Primärwicklung erzeugt, bezeichnet man als Magnetisierungsstrom I_m bzw. als Leerlaufstrom I_0, und zwischen diesem Strom und der Spannung tritt eine Phasenverschiebung von $\varphi \approx 90°$ auf. Die Primärspule eines unbelasteten Transformators verhält sich wie eine Spule mit einer großen Induktivität.

Das vom Strom I_m erzeugte magnetische Wechselfeld induziert in der Primärwicklung eine Spannung U_0, die etwa so groß ist wie die angelegte Spannung U_1. Verringert man die Primärspannung, verkleinert sich der Magnetisierungsstrom und die magnetische Flussdichte im Eisenkern nimmt ab. Vergrößert man die Primärspannung, nimmt die Flussdichte zu, d. h. der Magnetisierungsstrom und die Flussdichte sind von der Primärspannung abhängig. Es gilt

$$U_0 = 4{,}44 \cdot \hat{B} \cdot A_{FE} \cdot f \cdot N$$

$\hat{B}$ = Scheitelwert der magnetischen Induktion
A_{FE} = wirksamer Querschnitt in m^2
f = Frequenz
N = Windungszahl (Primär- oder Sekundärspule)

Ein Transformator hat einen Eisenkern mit einem wirksamen Querschnitt von $A = 5\ cm^2$ und der Füllgrad der Sättigung soll 0,9 betragen. Die Sekundärwicklung hat $N = 200$ Windungen. Welche Leerlaufspannung entsteht, wenn die magnetische Flussdichte bei $f = 50$ Hz einen Scheitelwert von 1,2 T hat?

$$U_0 = 4{,}44 \cdot \hat{B} \cdot A_{FE} \cdot f \cdot N = 4{,}44 \cdot 1{,}2\ \text{T} \cdot 5 \cdot 10^{-4}\ \text{m}^2 \cdot 0{,}9 \cdot 50\ \text{Hz} \cdot 200\ \text{Wdg} = 24\ \text{V}$$

Welche Wicklung als Primär- oder Sekundärwicklung verwendet wird, ist in der Praxis grundsätzlich nicht definiert. Aus diesem Grund gelten die Betrachtungen für beide Wicklungen.

Bei einem idealen Transformator entspricht die Ausgangsspannung der Nenn-Lastspannung, aber dieser Wert ist immer geringer als die Leerlaufspannung. In der Praxis hat man eine Toleranz von ±5%.

7.6.3 • Simulation eines idealen Transformators

Bei der Simulation eines Transformators unterscheidet man zwischen einem idealen und einem realen Verhalten. Beim idealen Transformator wählt man zwischen

- der Standardeinstellung (default)
- der Einstellung für den Audio-Betrieb
- einer universellen Einstellung (misc)
- als Leistungstransformator

Damit hat man die Möglichkeiten, alle Betriebsarten, die in der Praxis auftreten, optimal zu simulieren.

Mit der Maus zieht man zuerst das Symbol in das Arbeitsfeld. Wenn man das Symbol zweimal anklickt, erscheint das erste Feld für die Einstellung. Hier kann man nun zwischen den vier Einstellmöglichkeiten wählen, die unter Bibliothek bzw. Library aufgelistet sind. Jede Einstellung erreicht man durch einmaliges Anklicken des entsprechenden Wortes. Unter Standardeinstellung bzw. „default" erscheint in der Modell-Spalte die Bezeichnung ideal. Wenn man in der rechten Spalte das Edit-Feld anklickt, erscheint ein Fenster mit fünf separaten Feldern. In diesem Feld lässt sich nun der gewünschte Wert eingeben und damit wird aus einem idealen Verhalten ein realer Transformator.

Das ideale Verhalten des Transformators soll für die Versuche beibehalten werden. Mit dem Cursor klickt man auf „Accept" und das Symbol erscheint wieder.

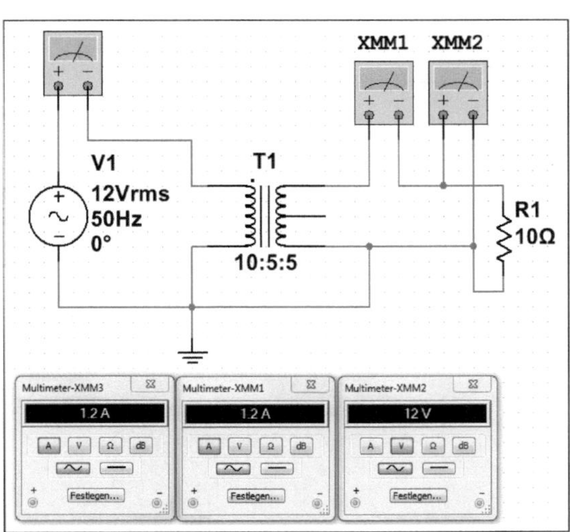

Abb. 7.27 • Transformator/Übertrager-Modell für die Simulation, wobei die Sekundärwicklung mit einem Mittelabgriff ausgestattet ist. Der Widerstand R_S der Sekundärwicklung ist gemeinsam einstellbar.

Bei dem Simulationsmodell von Abb. 7.27 wird die Primärspannung U_1 von der angeschlossenen Spannungsquelle bestimmt und lässt sich daher nicht einstellen. Dies gilt auch für die Sekundärspannung U_2. Den Innenwiderstand R_P der Primärwicklung und ebenso den Innenwiderstand R_S der Sekundärwicklung kann man in einem weiten Bereich jeweils separat einstellen. Die Sekundärwicklung hat einen Mittelabgriff und damit lassen sich in der Netzwerktechnik zahlreiche Versuche durchführen. Der Wert der Hauptinduktivität befindet sich im Primärkreis und hier kann man den Scheitelwert $\hat{B}$ der magnetischen Induktion mit der Grundeinstellung von L_H = 5 H für den gesamten Transformator einstellen. Die Streuinduktivität L_S stellt die Verluste im Transformator dar und hat eine Grundeinstellung von L_S = 0,001 H.

Mit der einstellbaren Streuinduktivität lässt sich der Wirkungsgrad des Transformators beeinflussen. Der Wirkungsgrad stellt das Verhältnis von abgegebener zu aufgenommener Wirkleistung dar. Die aufgenommene Wirkleistung ist um die Eisenverluste (Eisenverlustleistung V_{Fe}) und die Wicklungsverluste (Wicklungsverlustleistung V_{Cu}) größer als die abgegebene Wirkleistung. Der Wirkungsgrad errechnet sich aus

$$\eta = \frac{P_{ab}}{P_{zu}} \quad \text{oder aus} \quad \eta = \frac{P_{ab}}{P_{zu} + V_{Fe} + V_{Cu}}$$

Bei einem Transformator fließt bei U_1 = 230 V ein Strom von I_1 = 0,1 A und bei U_2 = 12 V ein Strom von I_2 = 1,833 A. Welcher Wirkungsgrad ergibt sich?

$$\eta = \frac{P_{ab}}{P_{zu}} = \frac{12\ \text{V} \cdot 1{,}833\ \text{A}}{230\ \text{V} \cdot 0{,}1\ \text{A}} = \frac{22\ \text{VA}}{23\ \text{VA}} = 0{,}96 = 96\%$$

Der Transformator hat einen Wirkungsgrad von 0,96 oder 96%.

Ein Transformator mit 300 VA ist bei einem Leistungsfaktor von 0,75 voll belastet. Die Eisenverluste betragen 12 W und seine Wicklungsverluste 15 W. Welcher Wirkungsgrad ergibt sich?

$$P_{ab} = S \cdot \cos\varphi = 300\ \text{VA} \cdot 0{,}75 = 225\ \text{W}$$

$$\eta = \frac{P_{ab}}{P_{zu} + V_{Fe} + V_{Cu}} = \frac{225\ \text{W}}{225\ \text{W} + 12\ \text{W} + 15\ \text{W}} = \frac{225\ \text{W}}{252\ \text{W}} = 0{,}89 = 89\%$$

Die Schaltung von Abb. 7.28 zeigt einen Aufbau zur Untersuchung der Anschlüsse bei einem unbelasteten Transformator.

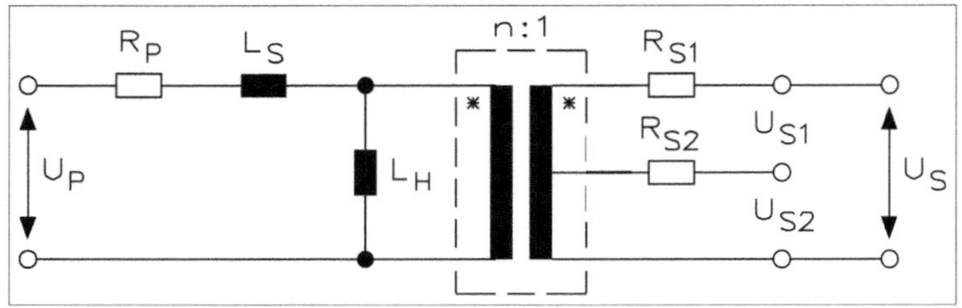

Abb. 7.28 • Schaltung zur Untersuchung eines simulierten Transformators.

Bei der Schaltung von Abb. 7.28 arbeitet man mit einem Übersetzungsverhältnis von ü = 1, d. h. die Eingangsspannung ist identisch mit der Ausgangsspannung. Die Spannung am Mittelabgriff gibt die halbe Sekundärspannung aus.

Wenn man jetzt das Symbol des Transformators zweimal anklickt, erscheint das Fenster mit den einzelnen Betriebsarten. Man untersucht den idealen Transformator und über die Edit-Funktion kann man nun das Übersetzungsverhältnis ändern. Wenn man beispielsweise die Zahl 10 eingibt und Accept anklickt, kommt man auf das erste Fenster zurück und durch Anklicken von Accept erscheint wieder die Schaltung. Man startet jetzt die Simulation und die beiden Messgeräte zeigen einen Wert von 1,2 V bzw. 0,6 V an.

Geben Sie die Zahl 0.1 für das Übersetzungsverhältnis ein, erscheint nach dem Start der Simulation in den beiden Messgeräten ein Wert von 120 V bzw. 60 V. Mittels der Simulation lässt sich das Übersetzungsverhältnis zwischen 0.0000001 und 999999999 ändern. Wenn Sie 0.0000001 eingeben, unterbindet die Simulation jedoch Spannungen über 10 kV.

4.6.4 • Berechnung eines Transformators

Das Übersetzungsverhältnis ü ist das Verhältnis zwischen der Primär- zur Sekundärwindungszahl der beiden auf dem Kern befindlichen Spulen. Spannungen werden direkt proportional im Verhältnis der Windungszahlen transformiert, während sich die Ströme im umgekehrten Verhältnis zueinander verhalten.

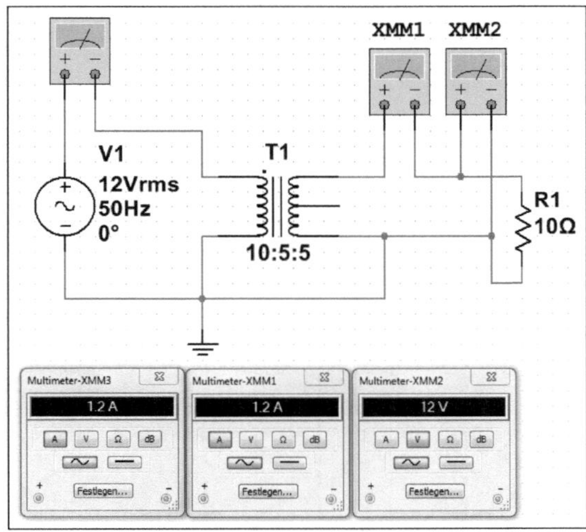

Abb. 7.29 • Schaltung zur Untersuchung der Belastungsfälle bei einem Transformator.

Die Schaltung von Abb. 7.29 zeigt in dieser Konfiguration einen idealen Betrieb des Transformators, denn die Ausgangsspannung ist mit der Eingangsspannung identisch. Für die Berechnung des erforderlichen Eisenquerschnitts und Auswahl des Eisenkerns gilt:

$$A_{Fe} \approx \sqrt{P} = \sqrt{12 \cdot 1,2} = \sqrt{14,4} = 3,8$$

Bei der Berechnung eines Transformators wird zunächst von den Werten des angeschlossenen Verbrauchers ausgegangen, wie die Berechnung zeigt. Wenn man aber an der Sekundärseite einen Gleichrichter (Einweg-, Mittelpunkt- oder Brückenschaltung) hat, muss man dies berücksichtigen, wie Tabelle 7.3 zeigt.

Tabelle 7.3 • Berechnungsfaktoren für die Einweg-, Mittelpunkt- und Brückenschaltung

Gleichrichterart	E	M	B
Ausgangsspannung U_2	2,22	2 × 1,11	1,11
Ausgangsstrom I_2	1,57	0,79	1,11
Scheinleistung S_2	3,49	1,75	1,23
Primärleistung S_1	2,7	1,23	1,23
Nennleistung S_N	3,1	1,5	1,23

Betreibt der Transformator eine Brückengleichrichtung, gilt für die Scheinleistung an der Sekundärwicklung:

$$S_2 = 1{,}23 \cdot 3{,}8\ \text{VA} = 4{,}67\ \text{VA}$$

Aus diesem Wert kann man nun den entsprechenden Transformator aus Abb. 7.30 entnehmen.

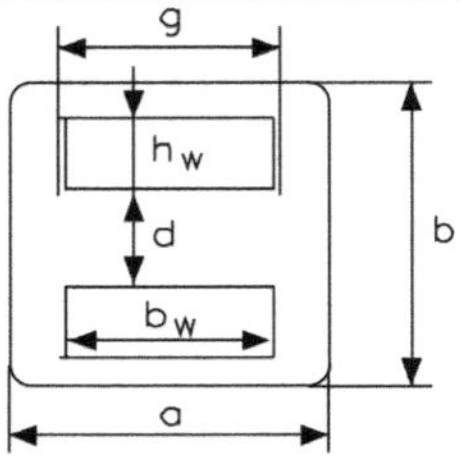

	M42	M55	M65	M74	M85	M102	
a	42	55	65	74	85	102	
b	42	55	65	74	85	102	
d	12	17	20	23	29	34	
g	30	38	46	51	56	68	
Wickelbreite b_W (mm)	26	33,5	38	44	49	61	
Wickelbreite h_W (mm)	7	8,5	10	12	11	13,5	
Leistung (VA)	4	12	25	50	70	120	165
Wirkungsgrad	0,6	0,7	0,77	0,83	0,84	0,88	
Stromdichte innen (A/mm^2)	4,5	3,8	3,3	3	2,9	2,4	
Stromdichte außen (A/mm^2)	5,2	4,3	3,6	3,4	3,3	2,8	
primäre Wicklungszahl je V	23,4	11,4	7,8	5,68	4,51	3,5	
sekundäre Wicklungszahl je V	34,8	14,1	9	6,3	4,95	3,86	
Blechzahl +10% 0,5 mm	29	39	50	60	50	67	97
Blechzahl 0,35 mm	41	58	72	85	85	95	138

Abb. 7.30 • Daten und Abmessungen für Kleintransformatoren im M-Schnitt. Die Werte für die übertragbare Leistung gelten für eine Eingangswicklung und für eine bzw. zwei Ausgangswicklungen.

Aus den Daten von Abb. 7.30 benötigt man für die Schaltung von Abb. 7.29 einen Transformator M55. Die Berechnung der erforderlichen Windungszahl ergibt sich aus

$$S_1 = \frac{S_2}{\eta} = \frac{4{,}67\ \text{VA}}{0{,}7} = 6{,}67\ \text{VA}$$

$$N_1 = 11{,}4\ \frac{1}{\text{V}} \cdot 12\ \text{V} = 137\ \text{Wdg}$$

Es ergibt sich eine Windungszahl an der Primärseite von 137 Wdg.

7.6.5 • Innenwiderstand eines Transformators

Bei einem simulierten Transformator lässt sich der Widerstandswert der Primär- und der Sekundärwicklung separat einstellen. Mit der Formel

$$R_i = \frac{\Delta U}{\Delta I}$$

kann man den Innenwiderstand berechnen.

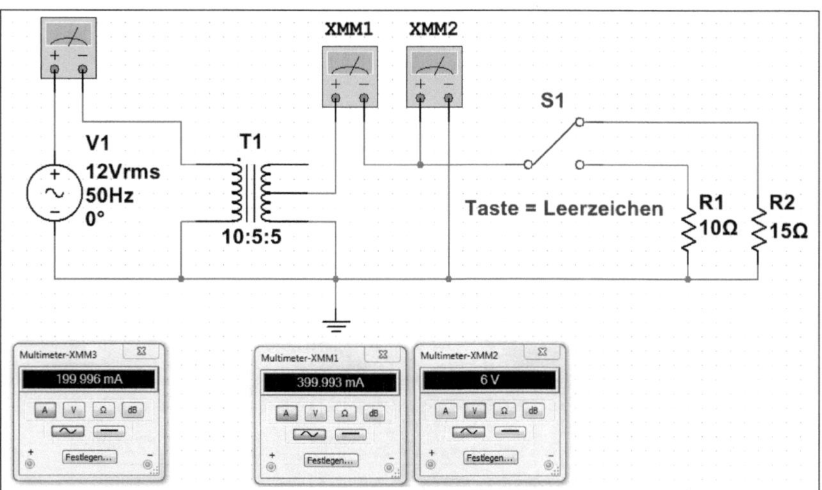

Abb. 7.31 • Schaltung zur Untersuchung des Innenwiderstands der sekundären Wicklung eines Transformators.

Zur Untersuchung des Innenwiderstands setzt man die Schaltung von Abb. 7.31 ein. Wenn man die Schaltung ohne Änderung der Simulationsbedingungen einsetzt, arbeitet man mit einem idealen Transformator, d. h. $R_i = 0\ \Omega$. Für die Simulation ergeben sich für die Einstellung zwei Möglichkeiten, wie Tabelle 7.4 zeigt.

Tabelle 7.4 • Messwerte mit unterschiedlichen Innenwiderständen			
$R_P = R_S = 1\ \Omega$	$R_L = 10\ \Omega$ $R_L = 15\ \Omega$	$U_2 = 10{,}4\ \mathrm{V}$ $U_2 = 10{,}9\ \mathrm{V}$	$I_2 = 1{,}04\ \mathrm{A}$ $I_2 = 0{,}727\ \mathrm{A}$
$R_i = \frac{\Delta U}{\Delta I} = \frac{10{,}9\ \mathrm{V} - 10{,}4\ \mathrm{V}}{1{,}04\ \mathrm{A} - 0{,}727\ \mathrm{A}} = \frac{0{,}5\ \mathrm{V}}{0{,}313\ \mathrm{A}} = 1{,}6\ \Omega$			
$R_P = 0\ \Omega$ $R_S = 1\ \Omega$	$R_L = 10\ \Omega$ $R_L = 15\ \Omega$	$U_2 = 11{,}4\ \mathrm{V}$ $U_2 = 11{,}6\ \mathrm{V}$	$I_2 = 1{,}14\ \mathrm{A}$ $I_2 = 0{,}774\ \mathrm{A}$
$R_i = \frac{\Delta U}{\Delta I} = \frac{11{,}6\ \mathrm{V} - 11{,}4\ \mathrm{V}}{1{,}14\ \mathrm{A} - 0{,}774\ \mathrm{A}} = \frac{0{,}2\ \mathrm{V}}{0{,}366\ \mathrm{A}} = 0{,}55\ \Omega$			

Durch Tabelle 7.4 sieht man, dass man die einzelnen Möglichkeiten für die Einstellungen exakt kennen und beachten muss.

7.6.6 • Kopplung mit Übertragern und Transformatoren

Durch einen Übertrager lassen sich zwei Verstärkerstufen koppeln. Durch die Wahl des Übersetzungsverhältnisses lassen sich die Stufen auch Anpassen, wobei man in der Praxis die Leistungsanpassung bevorzugt. Die Übertrager beeinflussen jedoch durch den frequenzabhängigen Blindwiderstand und durch die Wicklungskapazitäten den Frequenzgang. Heute findet man diese Art der Kopplung kaum, jedoch lassen sich interessante Versuche durchführen.

Das Modell für den Transformator/Übertrager ist mit einer Polarität gekennzeichnet. Die Mittelanzapfung von Abb. 7.32 ist mit Masse verbunden und damit teilt sich die Sekundär-

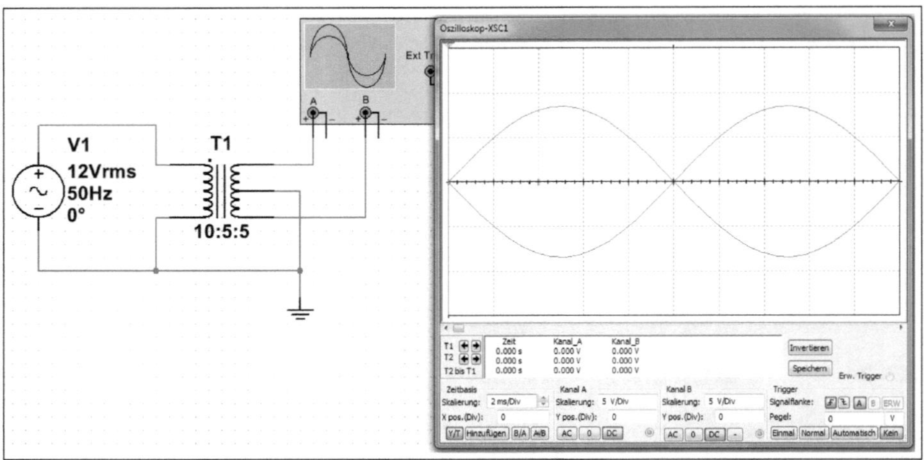

Abb. 7.32 • Schaltung zur Untersuchung der Polarität-Kennzeichnung.

spule in zwei Wicklungshälften auf. Hat die obere Wicklungshälfte an dem Polaritätspunkt das Maximum der positiven Spannung erreicht, gilt für den Abgriff auf der unteren Wicklungshälfte genau das Gegenteil, d. h. man hat das Minimum. Zwischen den beiden Anzapfungen ist eine Phasenverschiebung von φ = 180° aufgetreten.

Übertrager können den Lastwiderstand von der Sekundärseite zur Primärspule transformieren. Die Wicklung mit der größten Windungszahl stellt den größeren Widerstand dar. Es besteht folgender Zusammenhang:

$$\frac{Z_1}{Z_2} = \frac{U_1 \cdot I_2}{U_2 \cdot I_1} = \frac{N_1^2}{N_2^2} \quad \text{oder} \quad \ddot{u} = \sqrt{\frac{Z_1}{Z_2}}$$

Ein Übertrager mit primärer Windungszahl von N_1 = 100 soll den Scheinwiderstand eines Verbrauchers mit Z_2 = 4 Ω (Lautsprecher) auf einen primären Scheinwiderstand von Z_1 = 100 Ω transformieren. Welchen Wert hat die Windungszahl von N_2?

$$N_2 = N_1 \cdot \sqrt{\frac{Z_1}{Z_2}} = 100\ \text{Wdg} \cdot \sqrt{\frac{100\ \Omega}{4\ \Omega}} = 500\ \text{Wdg}$$

Man benötigt eine Windungszahl von N_2 = 500 Windungen für die Sekundärspule.

Bei der Anpassung müssen Erzeuger und Verbraucher aneinander angepasst sein. Der Wirkungsgrad errechnet sich aus

$$\eta = \frac{P_{ab}}{P_{zu}} = \frac{12\ \text{V} \cdot 12\ \text{mA}}{12\ \text{V} \cdot 14{,}4\ \text{mA}} = \frac{144\ \text{mW}}{173\ \text{mW}} = 0{,}83 = 83\%$$

Die Ausgangsspannung des Übertragers hat U_2 = 12 V und es fließt ein Strom von I_2 = 12 mA. Der Innenwiderstand der Sekundärspule wurde auf Z_2 = 1 Ω eingestellt und betätigt man den Schalter S, liegt der Widerstand mit 1 Ω in Reihe mit dem Innenwiderstand. Die Spannung reduziert sich auf 4,76 V und es fließt ein Strom von 4,76 A. Die maximale Leistung ergibt sich aus

$$P_{max} = \frac{U_0^2}{4 \cdot R_i}$$

Natürlich lassen sich durch den Übertrager auch der Wechselstrom-Eingangs- bzw. der -Ausgangswiderstand ändern.

7.7 • Relais

Ein Relais ist ein elektromagnetisch betätigtes Schaltelement für geringe Schaltleistung bis zu 5 kVA in Steuerungs- und Regelungsanlagen. Für größere Schaltleistungen setzt man dagegen Schütze ein, die wesentlich robuster aufgebaut sind, dafür aber keine hohen Schaltgeschwindigkeiten erreichen.

7.7.1 • Aufbau eines Relais

Ein Relais besteht aus zwei Hauptteilen: dem Elektromagneten mit Anker und den Kontakten, die durch die Ankerbewegung betätigt werden.

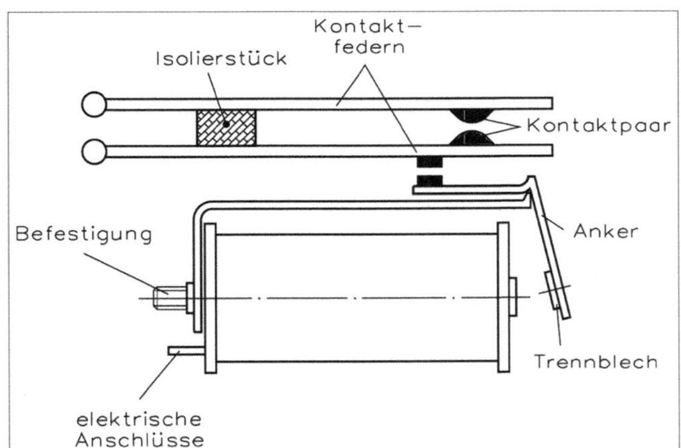

Abb. 7.33 • Mechanischer Aufbau eines Rundrelais mit einem Kontaktpaar als Schließer.

Abb. 7.33 zeigt den mechanischen Aufbau eines Relais in seiner Standardform, denn in der Praxis findet man zahlreiche Relaistypen wie Flachrelais, Rundrelais, Zungenrelais, Kammrelais, Hubankerrelais, Tauchankerrelais, Stromstoßrelais, Kipprelais, polarisierte Relais usw. In der Praxis liegt die Wicklung des Relais in einem eigenen Stromkreis (Steuerstromkreis), während der Kontaktsatz den zweiten Stromkreis zum Ein- oder Ausschalten eines Verbrauchers mit höheren Spannungen und Leistungen durchführt.

Für den Einsatz der Relais benötigt man die Kennwerte, die auf der Außenisolation aufgedruckt sind. Hierzu gehören der Innenwiderstand, die Windungszahl, Drahtdurchmesser (blank), Drahtmaterial und Isolationsart. Auch die Angaben über den Betrieb an Wechsel- oder Gleichstrom sind vorhanden, denn beim Anlegen von Gleichstrom an ein Wechselstromrelais führt dies unweigerlich zur Zerstörung des Bauelements.

Beim Einsatz von Relais ist unbedingt auf die Nennspannung der Relaisspule, auf die Stromart und die Belastung der Kontakte zu achten.

Fließt durch die Relaisspule ein Strom, baut sich ein Magnetfeld auf und der Relaisanker wird betätigt. Der Relaisanker besteht aus einem etwa 0,5 mm dicken Trennblech aus nicht magnetischem Werkstoff. Dadurch bleibt auch in Arbeitsstellung ein geringer Spalt zwischen Kern und Anker erhalten, so dass der Anker nach dem Abschalten wieder abfällt und nicht infolge des remanenten Magnetismus kleben bleibt.

Bei einer Ansteuerung eines Relais durch Wechselstrom ergeben sich im Eisenkern diverse Verluste. Der Kern muss daher bei Wechselstrom aus Dynamoblechen zusammengesetzt sein. Wegen des „Flatterns" an Wechselstrom, das auch eine Anzugs- und Halteunsicherheit mit sich bringt, wurden spezielle Wechselstromrelais (Phasenrelais) entwickelt und diese bestehen aus zwei Kernen mit zwei Wicklungen. Durch einen Kondensator in der zweiten Wicklung wird eine Phasenverschiebung erzielt. Dadurch überschneiden sich die Anzugsmomente, der Anker verhält sich ruhig und arbeitet auch sehr zuverlässig.

Soll ein Relais nur bei einem Strom, der in eine bestimmte Richtung fließt, ansprechen oder sich je nach Stromrichtung in der Wicklung nach der einen oder anderen Richtung bewegen, setzt man gepolte Relais ein. Bei diesen Relais beinhaltet der Kernteil oder der Anker einen Dauermagneten. Die Wirkung ist so, dass der Strom in der einen Richtung z. B. den einen Polschuh magnetisch stärkt und den anderen schwächt, während bei Änderung der Stromrichtung das Umgekehrte der Fall ist.

Beim Abschalten eines Relais tritt durch den Abbau des Magnetfelds eine Selbstinduktionsspannung auf, die am mechanischen Schalter oder Schalttransistor einen Lichtbogen verursacht. Durch diesen Lichtbogen wird der mechanische Schalter langsam unbrauchbar, der Schalttransistor dagegen unweigerlich zerstört.

Durch die Parallelschaltung eines Kondensators von 0,1 µF bis 4 µF zum mechanischen Schalter oder an der Spule verringert sich die Funkenbildung erheblich. Der Selbstinduktionsstrom lädt den Kondensator auf und wird dadurch dem Kontakt entzogen. Steuert man das Relais mit einem Schalttransistor an, muss immer parallel zur Relaisspule eine „Freilaufdiode" vorhanden sein, die die Selbstinduktion wirksam unterdrückt.

Bei den Kontaktarten unterscheidet man zwischen Arbeitskontakten (Schließer), Ruhekontakten (Öffner) und Folge-Umschaltkontakten (Folge-Wechsel), sowie einigen Kombinationsarten. Diese Kontakte werden hinsichtlich der Art und ihrer Betätigungsfolge durch Kurzzeichen bezeichnet. Dabei geht man immer von unbetätigten Kontakten (Ruhestellung) aus. Die Kontakte eines Kontaktfedersatzes bezeichnet man immer fortlaufend in Betätigungsrichtung und ist keine Betätigungsrichtung angegeben, erfolgt die Bezeichnung von links nach rechts. Bei zwei Betätigungsrichtungen bezeichnet man den Ausgangspunkt und die Bezeichnungsfolge verläuft ebenfalls von links nach rechts. Ist es aus schaltungstechnischen Gründen erforderlich, werden die Folgebetätigungen an den einzelnen Kontakten direkt bezeichnet. Bei zusammengesetzten Kontakten gekennzeichnet man die, bei denen die Kontakte getrennt sind.

7.7.2 • Simuliertes Relais

Das simulierte Relais ist ein interaktives Element, d. h. der Anwender kann durch zweimaliges Anklicken des Symbols die Zuweisungen für die Parameter ändern. Die Parameteranweisungen sind in Tabelle 7.5 gezeigt.

Tabelle 7.5 • Parameteranweisungen für das simulierte Relais.

Parameter	Bereich
Induktivität der Relaisspule	nH bis H
Ansprechstrom	nA bis A
Haltestrom	nA bis A

Wichtig für die Ansteuerung ist:

- Kontakt geschlossen, wenn $|I_S| \leq I_e$
- Kontakt geöffnet, wenn $I_h < |I_S| \leq I_e$

I_S = Strom durch die Relaisspule
I_e = Ansprechstrom
I_h = Haltestrom

Das simulierte Relais ist ideal, d. h. es besitzt keinen realen Anteil. Wenn man für die Simulation ein reales Relais benötigt, fügt man die entsprechenden Bauteile hinzu wie den ohmschen Widerstand der Relaisspule, Wicklungskapazität, Anschlusskapazität, Isolationswiderstand für die Kontakte, Kontaktwiderstand bzw. Übergangswiderstand im Ein- und Ausschaltzustand usw. Abb. 7.34 zeigt eine Relaisschaltung zur wechselseitigen Ansteuerung von zwei Lampen.

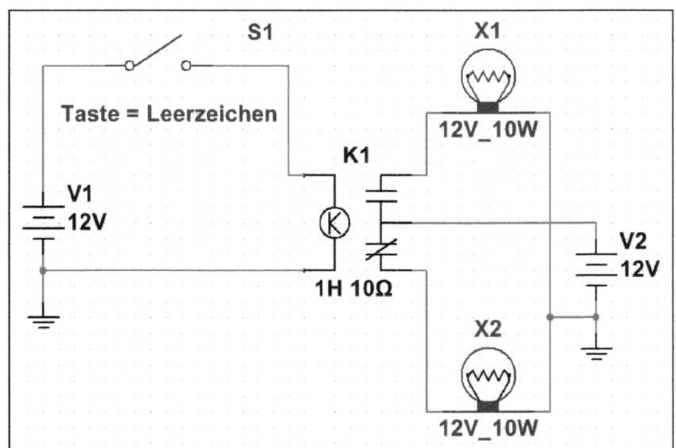

Abb. 7.34 • Relaisschaltung zur wechselseitigen Ansteuerung von zwei Lampen.

Nach dem Aufbau der Simulationsschaltung kann diese Anordnung nicht funktionieren, denn die drei Werte für das Relais fehlen. Wenn Sie für die Relaisspule eine Induktivität von 1 H, für den Ansprechstrom von 1 A und für den Haltestrom 0,9 A eingeben, ergibt sich ein ordnungsgemäßer Ablauf für die Simulation.

7.8 • Lautsprecher

Einen Lautsprecher benötigt man dazu, elektrische Energie (Strom) in akustische Energie (Schall) umzusetzen. Dabei muss der Anwender mehrere Faktoren berücksichtigen wie Art des Lautsprechers, die Dauer- oder Spitzenbelastung, die Resonanzfrequenz, den Übertragungsbereich und die Impedanz.

In der Praxis unterscheidet man zwischen den dynamischen, elektrostatischen und den piezoelektrischen Lautsprechern. Bei den dynamischen Lautsprechern hat man einen kräftigen Dauermagneten, in dem eine Schwingspule untergebracht ist. Fließt durch die Schwingspule ein Strom, bewegt sich diese entsprechend der Stromrichtung, d. h. fließt beispielsweise ein Strom vom +-Anschluss nach Minus, bewegt sich die Schwingspule nach Außen. Ändert man die Anschlussrichtung, bewegt sich die Schwingspule in den Dauermagneten hinein. Schließt man eine sinusförmige Wechselspannung an, führt die Schwingspule eine entsprechende Hubbewegung aus. Um die Luftbewegungen der Schwingspule zu verstärken, befindet sich diese direkt an der Membran.

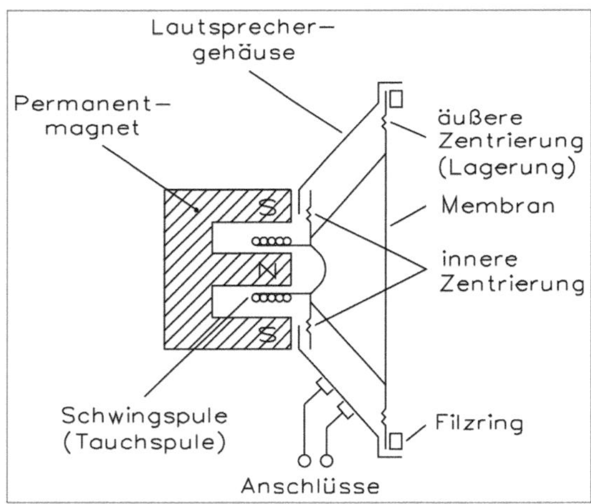

Abb. 7.35 • Aufbau eines dynamischen Lautsprechers.

Der dynamische Lautsprecher von Abb. 7.35 zeichnet sich durch Robustheit, Zuverlässigkeit und breite Übertragungscharakteristik aus. Alle dynamischen Lautsprecher funktionieren nach diesem Prinzip, jedoch gibt es erhebliche Unterschiede in der praktischen Realisierung, denn man unterscheidet zwischen Konus-, Kalotten-, Trichter- und Bändchenlautsprecher, die alle ihre Vor- und Nachteile aufweisen.

Für die Belastung eines Lautsprechers kennt man die Dauer- bzw. Nennbelastung und die Spitzenbelastung. Bei der Nennbelastung hat man immer den ungünstigsten Fall für den Betriebszustand, aber es treten keine bleibenden Schäden in dieser Überlastung auf. Die Spitzenbelastung gibt an, die im Betriebszustand mit Musik und Sprache unter normalen Einbaubedingungen in Gehäuse kurzzeitig auftreten können, ohne dass bleibende Schäden im System zurückbleiben. Für HiFi-Lautsprecher ist noch die Grenzbelastung (löst den Begriff der Spitzenbelastung ab) wichtig. Danach muss ein Lautsprecher von 150 Hz bis zu seiner unteren Grenzfrequenz eine Belastung mit Sinustönen des angegebenen Leistungswerts (z. B. 100 W) umsetzen, ohne dass ein Anstoßen der Schwingspule hörbar ist oder andere unerwünschte Erscheinungen auftreten.

Wichtig für den Anwender ist der Übertragungsbereich. Von einem Universallautsprecher erwartet man einen Bereich von 20 Hz bis 20 kHz. Da dies aber nicht möglich ist, unterscheidet man zwischen dem Tieftöner mit einem Übertragungsbereich zwischen 10 Hz bis 500 Hz, dem Mitteltöner von 200 Hz bis 5 kHz und dem Hochtöner von 2 kHz bis über 20 kHz. Der Übertragungsbereich eines Lautsprechers ist hauptsächlich eine Frage der Lautsprechermembran, denn diese muss unendlich leicht und steif sein. Die Bewegungen der Schwingspule müssen ohne Verzögerung von der gesamten Membranfläche übernommen werden. Da dies nicht möglich ist, kommt es zu mehr oder weniger starken Verformungen an der Membran. Es treten folgende Wiedergabeverzerrungen auf: Frequenzgangfehler, Klirr-, Intermodulations- und Impulsverzerrungen.

Wichtig ist noch die Impedanz, also der Nennscheinwiderstand, für den einzelnen Lautsprecher oder in einer Box mit mehreren Lautsprechern und entsprechenden Frequenzweichen. Die Impedanz bezieht sich auf eine Frequenz von 1 kHz und soll eine optimale Anpassung an den Verstärker gewährleisten. Bei den meisten Lautspechern hat man eine Impedanz von 4 Ω oder 8 Ω. Allerdings ist die Impedanz eines Lautsprechers oder einer Box im gesamten Frequenzbereich nicht konstant, d. h. die meisten Lautsprecher weisen je nach Frequenz mehr oder weniger eine große Abweichung vom Normwert auf.

Das Symbol für den Lautsprecher finden Sie in der Toolbar bei den Indikatoren. Während der Simulation wird der Lautsprecher des PC-Systems für die programmierbare Tonausgabe eingesetzt, wobei man keine HiFi-Qualität erwarten kann.

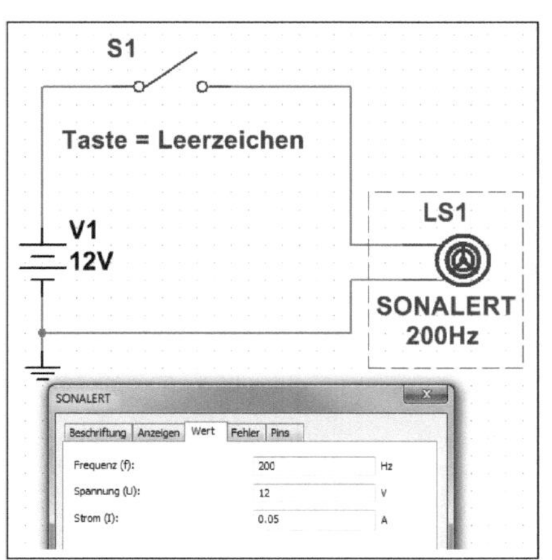

Abb.7.36 • Schaltung für die Simulation von einem Lautsprecher.

Durch einen Doppelklick auf das Lautsprechersymbol erhält man das Fenster für die Einstellung der Parameter von Abb. 7.36. Hierzu gehören die Frequenz, die Spannung und die Stromstärke. Der linke Lautsprecher arbeitet mit 200 Hz, der rechte mit 400 Hz. Durch den Umschalter kann man zwischen den beiden Frequenzen wählen.

8 • Zusammengesetzte Wechselstromkreise

Unter zusammengesetzten Wechselstromkreisen versteht man die Reihen- und Parallelschaltung von Widerstand, Kondensator und Spule. Aus diesen Grundschaltungen leitet sich dann der Schwingkreis ab, bei dem man zwischen dem Reihen- und Parallelschwingkreis unterscheiden muss.

Wenn man den einfachen *RC*- bzw. *RL*-Tiefpass und den Hochpass entsprechend erweitert, kommt man zum Bandpass oder zur Bandsperre. Bei Bandpass und Bandsperre ergeben sich erhebliche Unterschiede, wenn man einfache Schaltungen realisiert oder diese entsprechend erweitert. Ergänzt man den Tief- und Hochpass mit weiteren Bauelementen, ergeben sich unterschiedliche T-Filter oder ein π-Filter. Da man einen Bode-Plotter in der Simulation hat, lassen sich die einzelnen Schaltungsvarianten optimal untersuchen.

Bandfilter bestehen aus zwei, drei oder viergliedrigen Resonanzkreisen, die entsprechend gekoppelt sind. Ein zweistufiges Bandfilter besteht aus zwei Schwingkreisen, die man unterschiedlich über das induktive oder kapazitive Prinzip koppeln kann. Die Schwingkreise baut man in der Praxis gleich auf und stimmt jeden für sich auf die gleiche Frequenz ab. Bandfilter weisen die Eigenschaft auf, aus einem breiten Frequenzspektrum ein bestimmtes Band an Frequenzen auszufiltern, daher auch diese Definition.

8.1 • Reihen- und Parallelschaltung von Widerstand, Kondensator und Spule

Bei der RCL-Reihenschaltung müssen die einzelnen Werte des Widerstands, des Kondensators und der Spule in gleicher Weise grafisch addiert werden. Je nachdem, ob der kapazitive oder induktive Widerstand überwiegt, ist die Gesamtspannung bzw. der Scheinwiderstand zum Strom vorauseilend oder nacheilend phasenverschoben.

8.1.1 • Reihenschaltung von R, C und L

Bei der RCL-Reihenschaltung ist die Betrachtung in diesem Buch auf sinusförmige Wechselspannungen und -ströme beschränkt. Für die einzelnen Schaltungen ergeben sich daher übersichtliche Zeigerdiagramme.

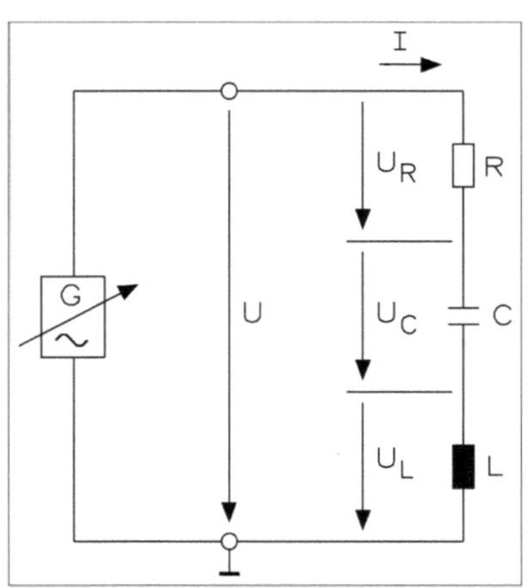

Abb. 8.1 • Spannungsteilung an der RCL-Reihenschaltung.

Bei der Reihenschaltung von Abb. 8.1 fließt durch alle drei Bauelemente der gleiche Strom. Der Spannungsfall U_R am ohmschen Widerstand hat die gleiche Phasenlage wie der Strom. Die Kondensatorspannung U_C erreicht die entsprechenden Phasen (Höchstwert bzw. Nulldurchgang) um 1/4 Periode (−90°) später. Die Spulenspannung U_L eilt dem Strom um 1/4 Periode (+90°) voraus. Die Phasenverschiebung zwischen den Teilspannungen U_C und U_L beträgt daher 1/2 Periode (180°). Da die Spannungsfälle an den beiden Blindwiderständen einander entgegen gerichtet sind, wird die größere Spannung stets um den Betrag der kleineren Spannung vermindert.

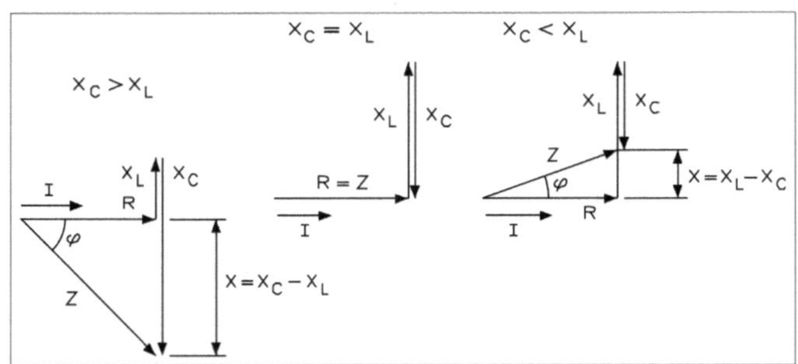

Abb. 8.2 • Zeigerdiagramm für eine RCL-Reihenschaltung.

Für die Zeigerdiagramme von Abb. 8.2 gelten in der Praxis drei Betrachtungen: Bei niedrigen Frequenzen überwiegt der Blindanteil X_C des Kondensators *C*, während bei hohen Frequenzen der Blindanteil X_L der Spule *L* überwiegt. Im ersten Fall ist die Reihenschaltung kapazitiv, im zweiten Fall induktiv.

Bei einer bestimmten Frequenz, der Resonanzfrequenz, sind X_C und X_L gleich. Die beiden Blindwiderstände heben sich aufgrund ihrer entgegengesetzten Phasenlage auf und es ist nur der ohmsche Widerstand *R* wirksam, d.h. der Scheinwiderstand hat den kleinsten Wert. Dadurch fließt der größte Strom in der Schaltung und an den beiden Blindwiderständen treten bedingt durch das ohmsche Gesetz hohe Spannungen auf, die sich aber gegenseitig aufheben. Man hat jetzt eine Spannungsresonanz.

Der Blindwiderstand *X* aus den beiden Blindwiderständen X_C und X_L zeigt, ob man einen kapazitiven oder einen induktiven Fall hat:

- $X_C > X_L : X = X_C - X_L$ (kapazitiver Fall)
- $X_C = X_L : X = 0$ (Resonanzfall)
- $X_C < X_L : X = X_L - X_C$ (induktiver Fall)

Der Scheinwiderstand ist dann

$$Z = \sqrt{R^2 + X^2}$$

und der Strom durch die Reihenschaltung berechnet sich aus

$$I = \frac{U}{Z}$$

Über den Stromfluss lassen sich die drei Spannungsfälle bestimmen mit

$U_R = I \cdot R$ $\qquad U_C = I \cdot X_C$ $\qquad U_L = I \cdot X_L$

Die Phasenverschiebung kann man bestimmen aus

$$\cos\varphi = \frac{R}{Z} = \frac{U_R}{U} \qquad \sin\varphi = \frac{X}{Z} = \frac{U_X}{U} \qquad \tan\varphi = \frac{X}{R} = \frac{U_X}{U_R}$$

wobei man noch Vorzeichen beachten muss.

8.1.2 • Simulation einer RCL-Reihenschaltung

Als Beispiel für eine Simulation soll eine *RCL*-Reihenschaltung untersucht werden mit *R* = 3 kΩ, *C* = 795 nF und *L* = 25,5 H an einer Spannung von *U* = 400 V/50 Hz. Wie groß sind die einzelnen Spannungen und die Phasenverschiebung?

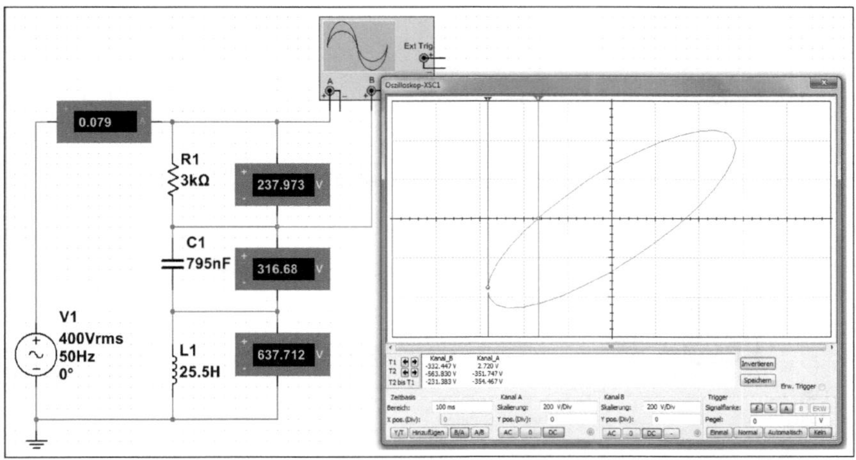

Abb. 8.3 • RCL-Reihenschaltung für die Simulation.

Bei der Schaltung von Abb. 8.3 sind bereits die Werte aus der Simulation berechnet worden. Mittels der nachfolgenden Berechnung lässt sich die Simulation überprüfen.

$$X_C = \frac{1}{2 \cdot \pi \cdot f \cdot C} = \frac{1}{2 \cdot 3{,}14 \cdot 50\ \text{Hz} \cdot 795\ \text{nF}} = 4\ \text{k}\Omega$$

$$X_L = 2 \cdot \pi \cdot f \cdot L = 2 \cdot 3{,}14 \cdot 50\ \text{Hz} \cdot 25{,}5\ \text{H} = 8\ \text{k}\Omega$$

$$X = X_L - X_C = 8\ \text{k}\Omega - 4\ \text{k}\Omega = 4\ \text{k}\Omega \text{ (induktiver Fall)}$$

$$Z = \sqrt{R^2 + X^2} = \sqrt{(3\ \text{k}\Omega)^2 + (4\ \text{k}\Omega)^2} = 5\ \text{k}\Omega$$

$$I = \frac{U}{Z} = \frac{400\ \text{V}}{5\ \text{k}\Omega} = 80\ \text{mA}$$

$$U_R = I \cdot R = 80\ \text{mA} \cdot 3\ \text{k}\Omega = 240\ \text{V}$$

$$U_C = I \cdot X_C = 80\ \text{mA} \cdot 4\ \text{k}\Omega = 320\ \text{V}$$

$$U_L = I \cdot X_L = 80\ \text{mA} \cdot 8\ \text{k}\Omega = 640\ \text{V}$$

$$\tan\varphi = \frac{X}{R} = \frac{4\ \text{k}\Omega}{3\ \text{k}\Omega} = 1{,}33 \quad \rightarrow \quad \varphi = 53{,}13°$$

Zwischen der Simulation und der algebraischen Lösung ergeben sich minimale Differenzen. Zur Überprüfung der Richtigkeit der algebraischen Lösung:

$$U_L - U_C = 640\ \text{V} - 320\ \text{V} = 320\ \text{V}$$

$$U = \sqrt{U_R^2 + (U_L - U_C)^2} = \sqrt{(240\ \text{V})^2 + (320\ \text{V})^2} = 400\ \text{V}$$

Aus den Spannungsfällen und dem Strom lassen sich die einzelnen Bauelemente berechnen.

$$R = \frac{U_R}{I} = \frac{240\ \text{V}}{80\ \text{mA}} = 3\ \text{k}\Omega$$

$$X_C = \frac{U_C}{I} = \frac{320\ \text{V}}{80\ \text{mA}} = 4\ \text{k}\Omega \qquad C = \frac{1}{2 \cdot \pi \cdot f \cdot X_C} = \frac{1}{2 \cdot 3{,}14 \cdot 50\ \text{Hz} \cdot 4\ \text{k}\Omega} = 796\ \text{nF}$$

$$X_L = \frac{U_L}{I} = \frac{640\ \text{V}}{80\ \text{mA}} = 8\ \text{k}\Omega \qquad L = \frac{X_L}{2 \cdot \pi \cdot f} = \frac{8\ \text{k}\Omega}{2 \cdot 3{,}14 \cdot 50\ \text{Hz}} = 25{,}5\ \text{H}$$

Rechnungen und Simulation sind weitgehend identisch.

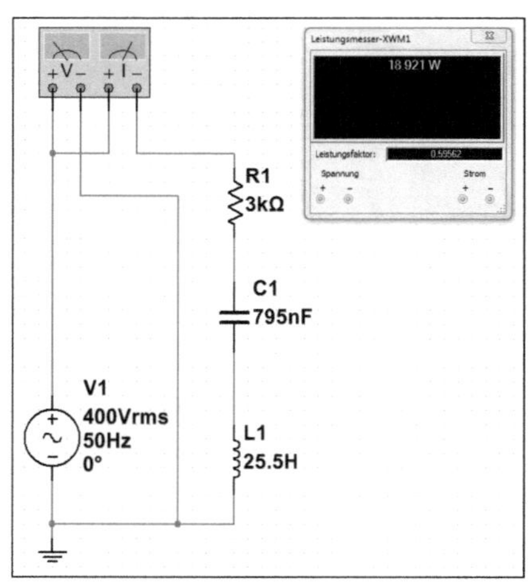

Abb. 8.4 • Messung der Wirkleistung und des Wirkleistungsfaktors.

Mit dem Wattmeter lässt sich die Wirkleistung und der Wirkleistungsfaktor berechnen, wie Abb. 8.4 zeigt. Die Wirkleistung ist $P = 19{,}15$ W und der $\cos\varphi = 0{,}6$. Die Scheinleistung ist

$$S = \frac{P}{\cos\varphi} = \frac{19{,}15\ \text{W}}{0{,}6} = 31{,}9\ \text{VA}$$

Die Blindleistung ist

$$Q = \sqrt{S^2 - P^2} = \sqrt{(31{,}9\ \text{VA})^2 - (19{,}15\ \text{W})^2} = 25{,}5\ \text{var}$$

Die Phasenverschiebung errechnet sich aus

$$\cos\varphi = \frac{U_R}{U} = \frac{R}{Z} = \frac{P}{S} \qquad \sin\varphi = \frac{U_X}{U} = \frac{X}{Z} = \frac{Q_X}{S} \qquad \tan\varphi = \frac{U_X}{U_R} = \frac{X}{R} = \frac{Q_X}{P}$$

Die Phasenverschiebung kann aus der Spannung, den ohmschen, kapazitiven bzw. induktiven Widerständen bzw. Blindwiderständen berechnet werden. Bei der Reihenschaltung ergibt sich eine Phasenverschiebung zwischen

$$-90° > \varphi > +90°$$

Überwiegt der kapazitive Fall, hat man eine Phasenverschiebung mit einem negativen Vorzeichen, bei einem induktiven Fall ein positives Vorzeichen. Tritt keine Phasenverschiebung auf, spricht man vom Resonanzfall.

Verstellt man in der Schaltung von Abb. 8.3 die Frequenz des Generators, erkennt man, wie sich Spannungen, Strom und Phasenverschiebung ändern. Die Resonanzfrequenz ist bei

$$f_{res} = \frac{1}{2 \cdot \pi \cdot \sqrt{C \cdot L}} = \frac{1}{2 \cdot 3,14 \cdot \sqrt{795\,\text{nF} \cdot 25,5\,\text{H}}} = 35,36\ \text{Hz}$$

erreicht. Wenn man diese Frequenz einstellt, müssen die Spannungen am Kondensator und an der Spule identisch sein. Die Simulation zeigt dann $U_C = U_L = 750$ V.

Bei Änderung der Frequenz der Eingangsspannung einer Reihenschaltung ergibt sich für jede Frequenz ein anderer Scheinwiderstand Z. Bei Gleichspannung ($f = 0$) sperrt der Kondensator ($Z = \infty$, $I = 0$) und bei hohen Frequenzen ($f = \infty$) sperrt die Spule ($Z = \infty$, $I = 0$). Im Resonanzfall (f_{res}) heben sich die Blindwiderstände von X_C und X_L auf, und es gilt $Z = R$ und $I = I_{max}$.

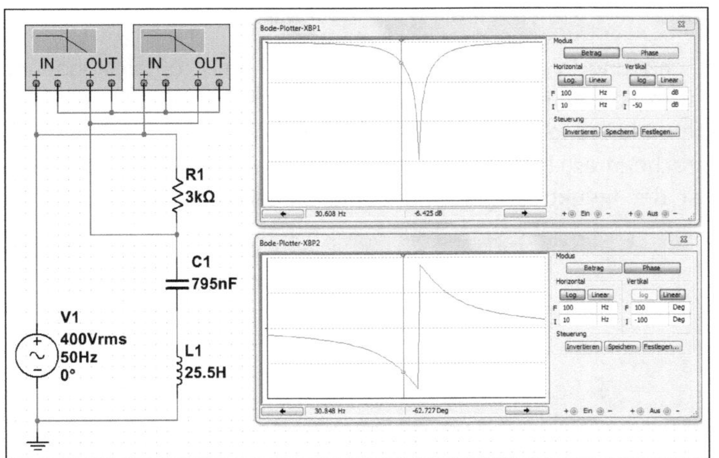

Abb. 8.5 • Untersuchung einer RCL-Reihenschaltung mit dem Bode-Plotter.

Mit dem Bode-Plotter kann man den Betrag (Amplitude) und den Phasengang der RCL-Reihenschaltung untersuchen, wie Abb. 8.5 zeigt. Beide Bode-Plotter beginnen mit einer Startfrequenz von 1 H und die Endfrequenz liegt bei 1 kHz. Bei dem Resonanzfall von

f_{res} = 35,36 Hz hat man eine Spannungsverringerung von ≈ -50 dB und einen Phasengang von $\varphi = 0°$.

Bei der Startfrequenz von f = 1 Hz tritt eine Spannungsüberhöhung von ≈ 8 dB auf. Bei der Resonanzfrequenz ergibt sich die Verringerung der Amplitude und dann hat man wieder eine Spannungsüberhöhung bis zur Endfrequenz von 1 kHz. Der Verlauf des Betrags wird als Kerbfilter bezeichnet. Betrachtet man den Phasenverlauf bei der Startfrequenz, hat man eine Phasenverschiebung von 0°, die bis zur Resonanzfrequenz -90° erreicht und sich dann auf 0° reduziert. Bereits eine Frequenzerhöhung von 1 Hz bringt eine Phasenverschiebung von +90° und diese reduziert sich dann auf 0°.

8.1.3 • Parallelschaltung von R, C und L

Bei der Parallelschaltung von Widerstand, Kondensator und Spule muss man bei der Betrachtung von den Leitwerten oder von den Teilströmen in der Schaltung ausgehen. Die einzelnen Teilströme werden unter Berücksichtigung der Phasenlage zur Ermittlung des Gesamtstroms geometrisch addiert. Aus dem Gesamtstrom lässt sich dann der Scheinwiderstand berechnen..

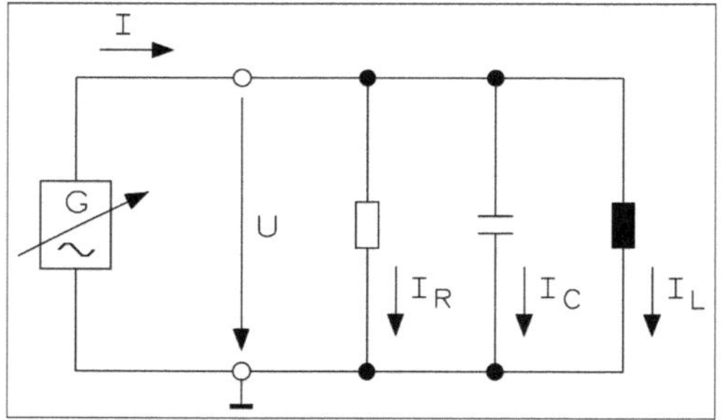

Abb. 8.6 • Parallelschaltung von Widerstand, Kondensator und Spule.

Der Gesamtstrom von der Schaltung in Abb. 8.6 ist von den drei Teilströmen abhängig, während die Spannung an allen drei Bauelementen immer gleichgroß ist. Je nachdem ob der kapazitive oder induktive Widerstand geringer ist, ist der Gesamtstrom zur Spannung vor- oder nacheilend. Entsprechend ergibt sich ein kapazitives oder induktives Verhalten. Bei niedrigen Frequenzen ist der induktive Blindwiderstand niederohmig und damit der

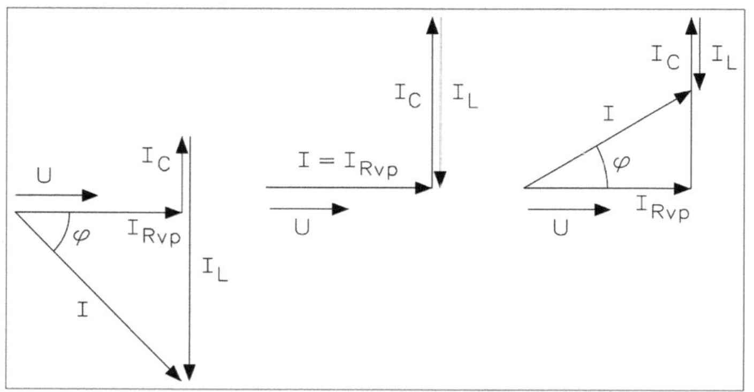

Abb. 8.7 • Zeigerdiagramme für eine RCL-Parallelschaltung.

Strom durch die Spule entsprechend hoch. Bei hohen Frequenzen hat der kapazitive Blindwiderstand einen niedrigen Wert und es fließt ein hoher Strom. Bei der Resonanzfrequenz pendelt der Strom zwischen dem Kondensator und der Spule hin und her. Der zufließende Strom wird nur durch den ohmschen Widerstand bestimmt. Da sich die beiden Blindströme nach außen aufheben, spricht man von einer Stromresonanz. In Abb. 8.7 sind die drei Zeigerdiagramme für die RCL-Parallelschaltung gezeigt.

Die Resonanzfrequenz berechnet sich wie bei der RCL-Reihenschaltung. Damit sind der kapazitive und der induktive Blindwiderstand identisch.

8.1.4 • Simulation einer RCL-Parallelschaltung

Als Beispiel für eine Simulation soll eine RCL-Parallelschaltung untersucht werden mit R = 3 kΩ, C = 795 nF und L = 25,5 H an einer Spannung von U = 400 V/50 Hz. Wie groß sind die einzelnen Ströme und die Phasenverschiebung?

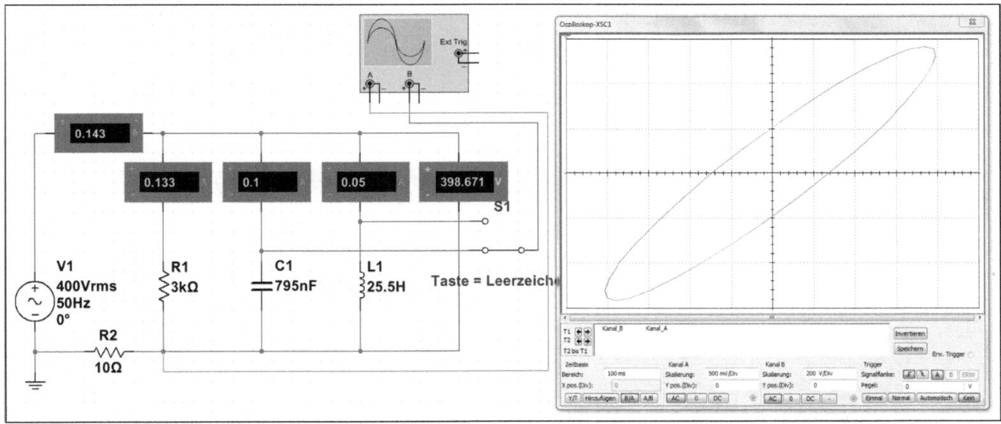

Abb. 8.8 • RCL-Parallelschaltung für die Simulation.

Bei der Schaltung von Abb. 8.8 sind bereits die Werte aus der Simulation berechnet worden. Mittels der nachfolgenden Berechnung lässt sich die Simulation überprüfen.

$$I_R = \frac{U}{R} = \frac{400\ \text{V}}{3\ \text{k}\Omega} = 133\ \text{mA}$$

$$X_C = \frac{1}{2 \cdot \pi \cdot f \cdot C} = \frac{1}{2 \cdot 3{,}14 \cdot 50\ \text{Hz} \cdot 795\ \text{nF}} = 4\ \text{k}\Omega \qquad I_C = \frac{U}{X_C} = \frac{400\ \text{V}}{4\ \text{k}\Omega} = 100\ \text{mA}$$

$$X_L = 2 \cdot \pi \cdot f \cdot L = 2 \cdot 3{,}14 \cdot 50\ \text{Hz} \cdot 25{,}5\ \text{H} = 8\ \text{k}\Omega \qquad I_L = \frac{U}{X_L} = \frac{400\ \text{V}}{8\ \text{k}\Omega} = 50\ \text{mA}$$

$$I_X = I_C - I_L = 100\ \text{mA} - 50\ \text{mA} = 50\ \text{mA}$$

$$I = \sqrt{I_R^2 + I_X^2} = \sqrt{(133\ \text{mA})^2 + (50\ \text{mA})^2} = 142\ \text{mA}$$

$$Z = \frac{U}{I} = \frac{400\ \text{V}}{142\ \text{mA}} = 2{,}817\ \text{k}\Omega$$

Die Phasenverschiebung lässt sich errechnen mit

$$\cos\varphi = \frac{I_R}{I} = \frac{G}{Y} = \frac{P}{S} \qquad \sin\varphi = \frac{I_X}{I} = \frac{B}{Y} = \frac{Q_X}{S} \qquad \tan\varphi = \frac{I_X}{I_R} = \frac{B}{G} = \frac{Q_X}{P}$$

Die Messung der Phasenverschiebung mit dem Oszilloskop ist

$$\cos\varphi = \frac{Y_0}{Y_1} = \frac{1{,}7\ \text{Div}}{2{,}4\ \text{Div}} = 0{,}7$$

Das Wattmeter in Abb. 8.9 zeigt eine Leistung von P = 53,33 W und einen Leistungsfaktor von cos φ = 0,935 an.

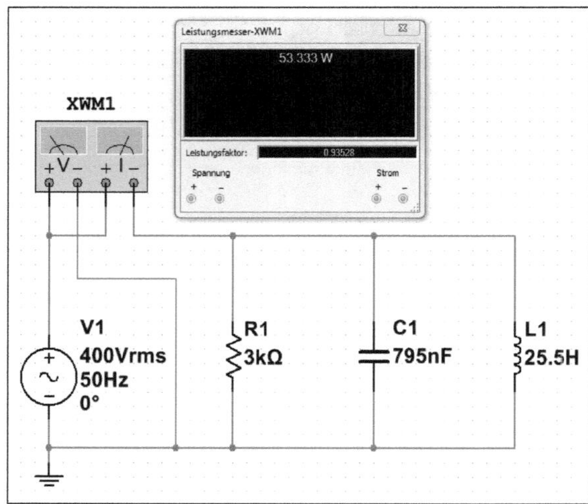

Abb. 8.9 • Wattmeter in einer RCL-Parallelschaltung.

Die Phasenverschiebung aus den Strömen ist

$$\cos\varphi = \frac{I_R}{I} = \frac{133\ \text{mA}}{142\ \text{mA}} = 0{,}93 \quad \rightarrow \quad \varphi = 20{,}5°$$

Zwischen der Simulation und der algebraischen Lösung ergeben sich minimale Differenzen.

Bei einer Parallelschaltung rechnet man auch mit Wirkleitwert G, Scheinleitwert Y, Blindleitwert B, dem kapazitiven Leitwert B_C und dem induktiven Leitwert B_L. Der Scheinleitwert errechnet sich mit

$$Y = \sqrt{G^2 + B^2}$$

Diesen Formel lässt sich für den kapazitiven und induktiven Fall noch erweitern in

$$Y = \sqrt{G^2 + (B_C - B_L)^2} \quad \text{(kapazitiv)} \qquad Y = \sqrt{G^2 + (B_L - B_C)^2} \quad \text{(induktiv)}$$

Hieraus errechnet sich der Strom

$$I = U \cdot \sqrt{G^2 + (B_C - B_L)^2} \quad \text{(kapazitiv)} \qquad I = U \cdot \sqrt{G^2 + (B_L - B_C)^2} \quad \text{(induktiv)}$$

Der kapazitive Leitwert B_C und der induktive Leitwert B_L errechnen sich aus

$$B_C = \frac{1}{X_C} = 2 \cdot \pi \cdot f \cdot C \qquad B_L = \frac{1}{X_L} = \frac{1}{2 \cdot \pi \cdot f \cdot L}$$

Damit lassen sich alle Werte in einer RCL-Parallelschaltung berechnen.

8.1.5 • Leistung im Wechselstromkreis

Für die Leistung im Wechselstromkreis gilt für die Scheinleistung

$$S = U \cdot I$$

Die Wirkleistung berechnet sich aus

$$P = U \cdot I \cdot \cos \varphi$$

Die Blindleistung ermittelt man aus

$$Q = U \cdot I \quad \text{oder} \quad Q = \sqrt{S^2 - P^2}$$

Bei der Reihenschaltung gilt für die Wirkleistung

$$P = U \cdot I$$

mit $U_X = U_L - U_C$ bzw. $U_X = U_C - U_L$

Die Blindleistung berechnet sich

$$Q = U_X \cdot I \qquad Q_L = \mathbf{U}_L \cdot I \qquad Q_C = U_C \cdot I$$

Für die Parallelschaltung gilt

$$P = U \cdot I_X$$

mit $I_X = I_L - I_C$ bzw. $I_X = U_C - U_L$

und für die Blindleistung

$$Q = U \cdot I_X\ ;\ Q_L = U \cdot I_L\ ;\ Q_C = U \cdot I_C$$

Die Scheinleistung definiert man in VA (Volt-Ampere), die Wirkleistung in W (Watt) und die Blindleistung in var (Volt-Ampere-reaktiv).

Bei der Schaltung von Abb. 8.10 steuert die Wechselspannungsquelle die Reihenschaltung von Kondensator und Lampe (12 V/1 W) an. Während der Kondensator frequenzabhängig ist, stellt die Lampe einen ohmschen Widerstand dar.

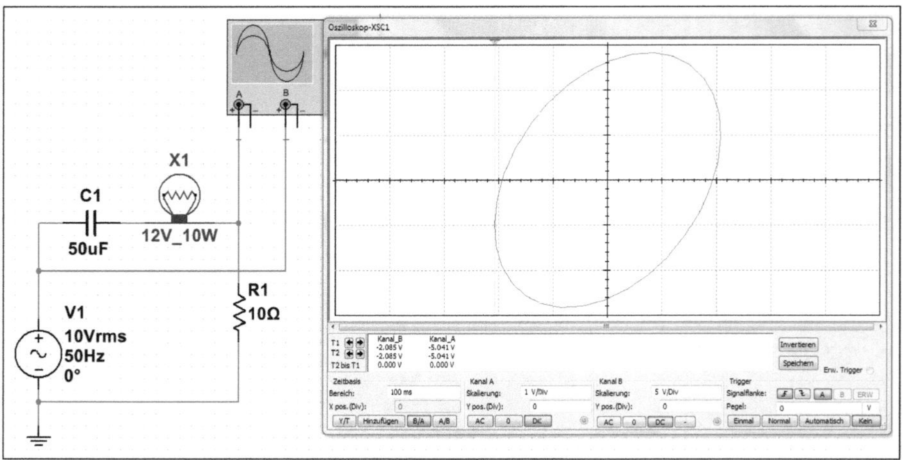

Abb. 8.10 • Messung der Wechselstromleistung.

In dieser Schaltungsanordnung hat man durch die Reihenschaltung eine frequenzabhängige Lichtquelle. Wenn die Simulation läuft, blinkt die Lichtquelle. Verringert sich die Frequenz, hört die Lampe auf zu blinken.

Die elektrische Leistung ist das Produkt aus Spannung und Strom. Die Wechselstromleistung ist proportional der Spannungsamplitude multipliziert mit der Stromamplitude und ist abhängig von der Phasendifferenz zwischen Spannung und Strom. Dieser Zusammenhang ist im Oszilloskop sichtbar, was folglich Aufschluss über die Leistung gibt. Die Phasenverschiebung errechnet sich aus

$$\cos\varphi = \frac{Y_0}{Y_1} = \frac{1{,}1\ \text{Div}}{2{,}8\ \text{Div}} = 0{,}39 \quad \rightarrow \quad \varphi = 66{,}86^\circ$$

Die zu bestimmende Leistung beträgt die Hälfte des Produkts aus der maximalen X-Auslenkung (Spannungsamplitude) und der zugehörigen Y-Auslenkung (Stromamplitude). In der Auslenkung sind bereits die Phasendifferenz und die Stromamplitude berücksichtigt.

Für die Untersuchung der Schaltung verringern Sie zuerst die Frequenz und danach erhöhen Sie diese wieder. Bei sehr niedriger Frequenz beträgt die Phasendifferenz annähernd eine Viertelperiode, d.h. die Phasenfigur ist kreisförmig oder besteht aus einer aufrecht stehenden Ellipse. Die maximale X-Auslenkung fällt in diesem Fall mit der Y-Auslenkung zusammen und die aufgenommene Leistung ist null, die Lampe erlischt. Bei hohen Frequenzen tritt dagegen keine Phasendifferenz auf und die Phasenfigur zeigt die Form einer Geraden. Die maximale X-Auslenkung fällt dann mit der maximalen Y-Auslenkung zusammen und die aufgenommene Leistung ist gleich der Hälfte des Produkts beider Auslenkungen. Beträgt z.B. die Phasendifferenz 1/6 Periode, fällt die maximale X-Auslenkung mit der halben maximalen Y-Auslenkung zusammen und die Leistung ist dann nur noch ein Viertel des Produkts aus Strom- multipliziert mit der Spannungsamplitude.

8.1.6 • Kompensationsschaltung für den Einphasenbetrieb

Wechselstrommotoren und die Drossel von Leuchtstofflampen erzeugen während ihres Betriebszustandes eine Blindleistung. Diese Blindleistung muss man durch einen Kondensator kompensieren. Diese Blindstromkompensation hilft Energiekosten einzusparen, elektrische Einrichtungen wie Leitungen, Schaltelemente, Transformatoren und Generatoren vom Blindstrom zu entlasten. Diese Vorteile sind besonders in Industrie- und Gewerbebetrieben zu beachten, bei denen die Stromkosten eine bedeutende Rolle spielen. Aus wirtschaftlichen Gründen kompensiert man in der Regel nur bis zu einem maximalen Leistungsfaktor von cos φ = 0,95 (induktiv). Würde man den Leistungsfaktor auf cos φ = 1,0 verbessern, benötigte man eine unwirtschaftliche hohe Kondensatorleistung. Eine Überkompensation ist auf jeden Fall zu vermeiden, da dabei unter Umständen die Spannung gefährlich hoch ansteigen kann. Zur Ermittlung der erforderlichen Kompensationsleistung gibt es folgende Möglichkeiten:

- Messung von Spannung, Strom und Leistung,
- Messung des cos φ mittels Leistungsfaktormessung,
- Messung der Wirk- und Blindleistung mittels Zähler bzw. Schreiber.

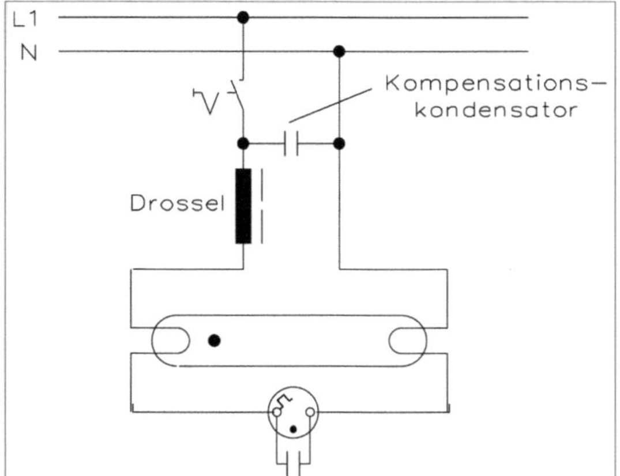

Abb. 8.11 • Schaltung einer Leuchtstofflampe mit Drossel und Kompensationskondensator.

Die Leuchtstofflampe mit Drossel von Abb. 8.11 hat eine Leistungsaufnahme von P = 40 W bei einem Leistungsfaktor von cos φ = 0,6. Welchen Kondensator benötigt man für eine vollständige Kompensation mit cos φ = 1 und bei einer Kompensation von 0,92?

$$S = \frac{P}{\cos\varphi} = \frac{40\ \text{W}}{0{,}6} = 66{,}7\ \text{VA}$$

$$I = \frac{S}{U} = \frac{66{,}7\ \text{VA}}{230\ \text{V}} = 290\ \text{mA}$$

$$\cos\varphi = 0{,}6 \Rightarrow \varphi = 53° \Rightarrow \tan\varphi = 1{,}327$$

$$Q = P \cdot \tan\varphi = 40\ \text{W} \cdot 1{,}327 = 53\ \text{var}$$

Vollständige Kompensation mit cos φ = 1:

$$I = \frac{P}{U} = \frac{40\ \text{W}}{230\ \text{V}} = 174\ \text{mA}$$

$Q_L = Q_C - Q = 53\ \text{var} - 0 = 53\ \text{var}$ und $S = P = 40\ \text{var}$

$$C = \frac{Q_C}{2 \cdot \pi \cdot f \cdot U^2} = \frac{53\ \text{var}}{2 \cdot 3{,}14 \cdot 50\ \text{Hz} \cdot (230\ \text{V})^2} = 3{,}2\ \mu\text{F}$$

Praktische Kompensation mit cos φ = 0,92:

$$S = \frac{P}{\cos\varphi} = \frac{40\ \text{W}}{0{,}92} = 43{,}5\ \text{VA}$$

$$I = \frac{S}{U} = \frac{43{,}5\ \text{VA}}{230\ \text{V}} = 190\ \text{mA}$$

$Q = P \cdot \tan \varphi = 40\ \text{W} \cdot 0{,}426 = 17\ \text{var}$

$Q_C = Q_L - Q = 53\ \text{var} - 17\ \text{var} = 36\ \text{var}$

$$C = \frac{Q_C}{2 \cdot \pi \cdot f \cdot U^2} = \frac{36\ \text{var}}{2 \cdot 3{,}14 \cdot 50\ \text{Hz} \cdot (230\ \text{V})^2} = 2{,}2\ \mu\text{F}$$

Das Ergebnis zeigt, dass sich bei einer Kompensationsänderung von cos φ = 1 auf cos φ = 0,92 der Strom in den Zuleitungen um I = 100 mA reduziert. Die erforderliche Kapazität ist 2,2 µF (3,2 µF bei cos φ = 1) und dies bei einer 40-W-Leuchtstofflampe.

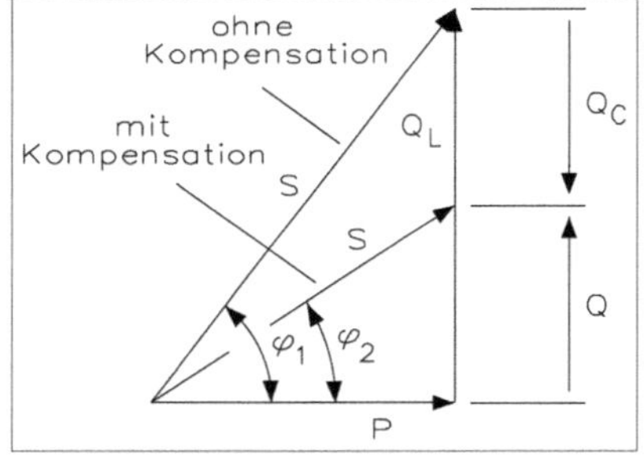

Abb. 8.12 • Zeigerdiagramm für die Blindleistungskompensation.

In Abb. 8.12 ist das Zeigerdiagramm für die Blindleistungskompensation gezeigt. Die kapazitive Blindleistung Q_C errechnet sich aus

$Q_C = P \cdot (\tan \varphi_1 - \tan \varphi_2)$

Mit $\tan\varphi_1 = \frac{Q_L}{P}$ und $\tan\varphi_2 = \frac{Q}{P}$ ist

$Q_C = Q_L - Q$

Die Berechnung für den Kondensator lautet

cos φ = 0,6 → tan φ = 1,33
cos φ = 0,92 → tan φ = 0,43

$Q_C = 40\ \text{W}\ (1{,}33 - 0{,}43) = 36\ \text{var}$

$$C = \frac{Q_C}{2 \cdot \pi \cdot f \cdot U^2} = \frac{36\ \text{var}}{2 \cdot 3{,}14 \cdot 50\ \text{Hz} \cdot (230\ \text{V})^2} = 2{,}2\ \mu\text{F}$$

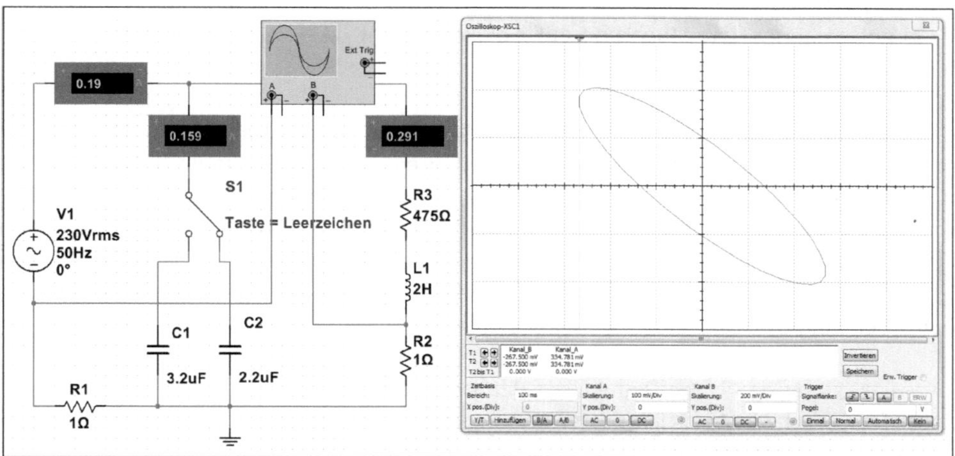

Abb. 8.13 • Simulationsschaltung zwischen einer vollständigen und einer praktischen Blindleistungskompensation mit cos φ = 1 und cos φ = 0,92.

Die Simulationsdaten von Abb. 8.13 sind weitgehend identisch mit den berechneten Werten.

8.2 • Schwingkreise

Durch die Reihen- oder Parallelschaltung eines Kondensators mit einer Spule ergibt sich ein Schwingkreis. Eine Schwingung ist dadurch gekennzeichnet, dass laufend Energie der einen Form in die Energie einer anderen Form übergeht. In der Elektronik bedeutet dies, dass die in einem geladenen Kondensator C gespeicherte Menge an elektrischer Energie sich in

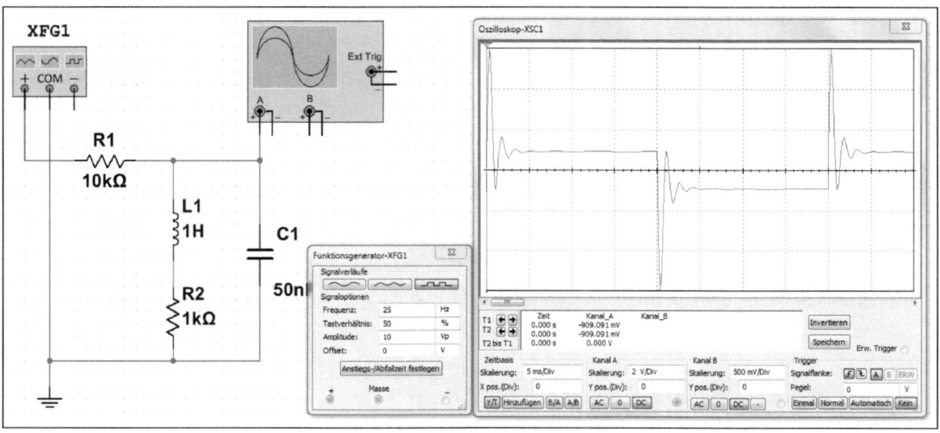

Abb. 8.14 • Untersuchung des Ausschwingvorgangs bei einem Reihenschwingkreis.

die Spule L entlädt. Der Kondensator C entlädt sich über die Spule L. Dadurch nimmt die Energie im Kondensator ab, während der Strom durch die Spule zunimmt. Ist die Spannung am Kondensator auf null abgesunken, ist die gesamte elektrische Energie in magnetische Energie umgewandelt worden und diese ist ausschließlich vom Strom durch die Spule abhängig. Dieser Strom fließt in gleicher Richtung weiter und lädt darum den Kondensator wieder in entgegengesetzter Richtung auf. Folglich nimmt die Energie im Kondensator zu, während der Strom durch die Spule abnimmt.

Die zeitliche Dauer des Ausschwingvorgangs in Abb. 8.14 ist von den Werten des Kondensators und der Spule abhängig. Das Diagramm zeigt eine typische gedämpfte Schwingung. Wenn man den Widerstand der Spule auf 1 Ω verringert, tritt eine ungedämpfte Schwingung auf, aber man muss die Frequenz des Funktionsgenerators auf 1 Hz reduzieren. Man kann auch statt des Funktionsgenerators einen Umschalter einfügen und damit zwischen +10 V und 0 V umschalten. Hier erkennt man dann deutlich das ungedämpfte Ausschwingen eines Schwingkreises.

8.2.1 • Simulation eines idealen Reihenschwingkreises

Bei einem Reihenschwingkreis liegen der Kondensator und die Spule an einer sinusförmigen Wechselspannung. Für den Resonanzfall gilt die Widerstandsbedingung

$$X_C = X_L$$

mit den Größen für den Kondensator und Spule

$$\frac{1}{2 \cdot \pi \cdot f \cdot C} = 2 \cdot \pi \cdot f \cdot L$$

oder

$$f_{res} = \frac{1}{2 \cdot \pi \cdot \sqrt{C \cdot L}} \quad bzw. \quad f_{res}^2 = \frac{1}{(2 \cdot \pi)^2 \cdot C \cdot L}$$

d.h. mit kleinen Werten für den Kondensator und/oder der Spule erreicht man die entsprechend hohen Resonanzfrequenzen.

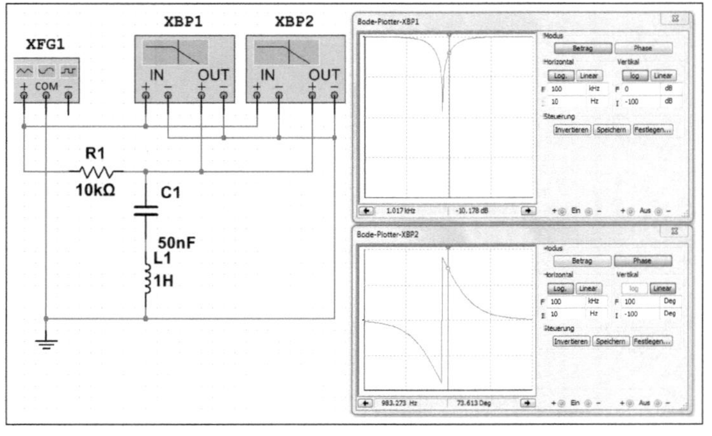

Abb. 8.15 • Schaltung zur Untersuchung eines idealen Reihenschwingkreises.

Welche Resonanzfrequenz ergibt sich für die Schaltung von Abb. 8.15?

$$f_{res} = \frac{1}{2 \cdot \pi \cdot \sqrt{C \cdot L}} = \frac{1}{2 \cdot 3{,}14 \cdot \sqrt{1\ \mu F \cdot 1\ mH}} = 5{,}035\ kHz$$

Mittels des Bode-Plotters lässt sich diese Frequenz überprüfen und es ergibt sich nur eine geringfügige Abweichung.

8.2.2 • Simulation eines idealen Parallelschwingkreises

Bei einem Parallelschwingkreis liegen Kondensator und Spule parallel an einer sinusförmigen Wechselspannung.

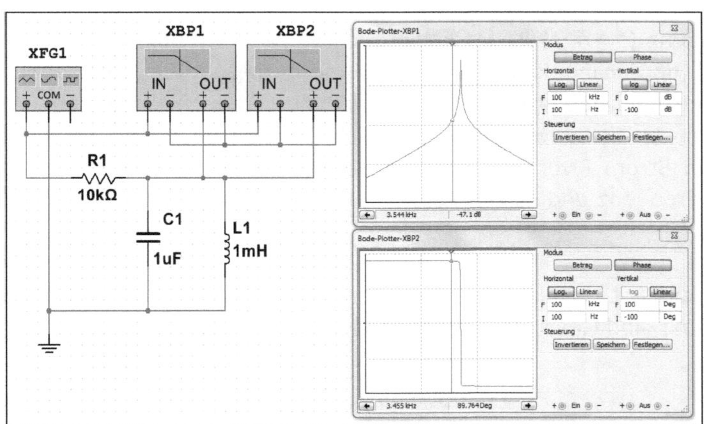

Abb. 8.16 • Schaltung zur Untersuchung eines idealen Parallelschwingkreises.

Welche Resonanzfrequenz ergibt sich für die Schaltung von Abb. 8.16?

$$f_{res} = \frac{1}{2 \cdot \pi \cdot \sqrt{C \cdot L}} = \frac{1}{2 \cdot 3{,}14 \cdot \sqrt{1\ \mu F \cdot 1\ mH}} = 5{,}04\ kHz$$

Mittels des Bode-Plotters lässt sich diese Frequenz überprüfen und es ergibt sich nur eine geringfügige Abweichung.

8.2.3 • Realer Schwingkreis

Bei einem realen Reihenschwingkreis muss man die Verluste des Kondensators und der Spule berücksichtigen. Die Kondensatorverluste sind in der Praxis sehr klein gegenüber den Spulenverlusten. Es genügt daher für die Praxis, wenn der Verlustwiderstand R_V nur die Verlustanteile der Spule zusammenfasst. Bei Resonanz heben sich die Wirkungen der Blindwiderstände X_C und X_L nach außen hin auf. Der Resonanzwiderstand Z_r des Reihenschwingkreises ist deshalb identisch mit dem Verlustwiderstand R_V:

$$Z_r = R_V$$

Der ohmsche Resonanzwiderstand von Reihenschwingkreisen ist um so kleiner, je geringer die Spulenverluste sind. Der Strom durch den Reihenschwingkreis erreicht im Resonanzfall den von der angelegten Spannung und vom Resonanzwiderstand begrenzten Höchstwert. Die Größe des Stroms und die Gesamtspannung ist im Resonanzfall phasengleich. An den

Blindwiderständen entstehen zwar hohe Spannungsfälle, die sich aber nach außen aufheben, da sie gleich groß, aber entgegen gerichtet sind.

Unterhalb der Resonanzfrequenz ($f < f_{res}$) ist im Scheinwiderstand der kapazitive Blindanteil mit $X_C - X_L$ maßgebend, da der kapazitive Blindwiderstand in diesem Frequenzbereich größer ist als der induktive Blindwiderstand. Mit abnehmender Frequenz steigt der kapazitive Blindanteil und damit der Scheinwiderstand, da sich die Differenz vergrößert. Die Gesamtspannung U eilt dem Strom I nach. Diese Phasenverschiebung vergrößert sich ebenfalls mit abnehmender Frequenz und es kann eine maximale Phasenverschiebung von $90°$ auftreten.

Oberhalb der Resonanzfrequenz ($f > f_{res}$) ist im Scheinwiderstand der induktive Blindanteil mit $X_L - X_C$ maßgebend, da der induktive Blindwiderstand in diesem Frequenzbereich größer ist als der kapazitive Blindwiderstand. Mit zunehmender Frequenz steigt der induktive Blindanteil und damit der Scheinwiderstand, da sich die Differenz vergrößert. Die Gesamtspannung U eilt dem Strom I voraus. Diese Phasenverschiebung vergrößert sich ebenfalls mit zunehmender Frequenz und es kann eine maximale Phasenverschiebung von $90°$ auftreten.

Bei der Resonanzkurve von Abb. 8.17 erreicht der Widerstand den kleinsten Wert, wenn der Resonanzfall erreicht ist. Damit sind Gesamtspannung und der Strom phasengleich.

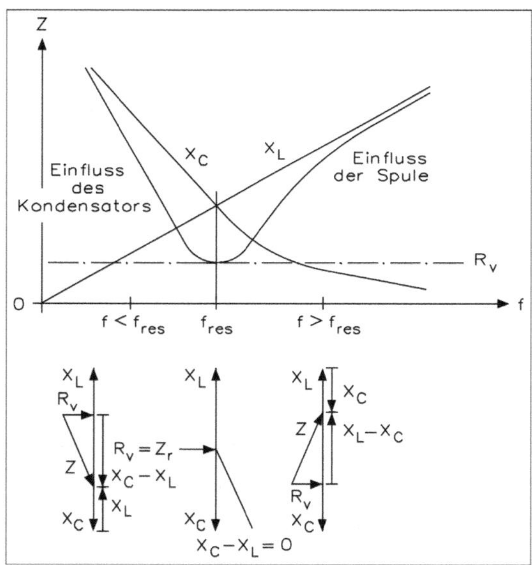

Abb. 8.17 • Resonanzkurve für einen realen Parallelschwingkreis.

Mit dem Reihenverlustwiderstand R_v der Spule ergibt sich in Abb. 8.18 eine Schaltung, in der sowohl Strom- als auch Spannungsteilung auftreten. Zur Vereinfachung rechnet man die Reihenschaltung aus Spule und Verlustwiderstand in eine elektrisch gleichwertige Parallelschaltung um, d.h. parallel zur Spule und Kondensator befindet sich der Verlustwiderstand. Der Blindwiderstand X_L der Spule ist bei Resonanz viel größer als der Verlustwiderstand R_v. Die Spannungszunahme an der Spule beim Übergang von Reihen- auf

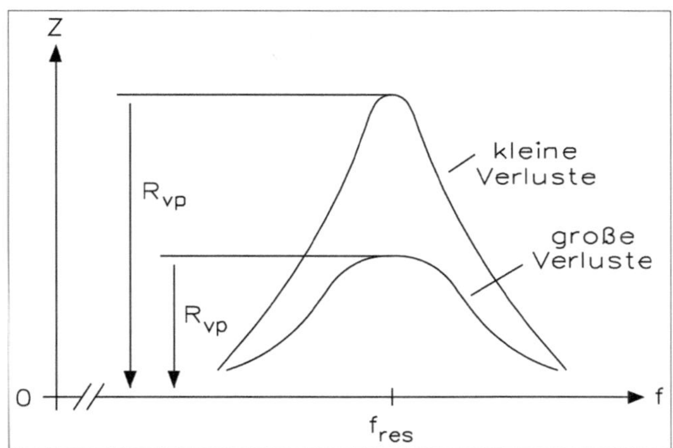

Abb. 8.18 • Parallelschwingkreis mit Reihenverlustwiderstand.

Parallelschaltung kann man daher vernachlässigen. In beiden Fällen darf man mit dem gleichen Blindwiderstand oder mit der gleichen Induktivität rechnen. Der niederohmige Reihenverlustwiderstand R_v erhält nur einen geringen Teil der Gesamtspannung. Der Parallelverlustwiderstand R_{vp} liegt jedoch an der vollen Spannung und deshalb muss er wesentlich hochohmiger sein als der Reihenverlustwiderstand R_v, wenn er im Schwingkreis die gleiche Wirkung hervorrufen soll.

Die Teilströme bei einem Parallelschwingkreis sind einander entgegen gerichtet und bei Resonanz gleich groß. Damit heben sich die Wirkungen der beiden Ströme nach außen hin auf. Der Gesamtstrom erreicht bei gleicher Spannung den kleinsten Wert, da sein Blindanteil hier null ist. Der Widerstand des Parallelschwingkreises ist im Resonanzfall am größten. Der Resonanzwiderstand Z_r entspricht dem Parallelverlustwiderstand R_{vp} mit

$$Z_r = R_{vp}$$

Der Parallelschwingkreis wirkt bei Resonanz mit dem Wert des ohmschen Parallelverlustwiderstands R_{vp}. Der Gesamtstrom I ist daher gleich dem Teilstrom I_R. Der Gesamtstrom und die Spannung weisen die gleiche Phasenlage auf.

Unterhalb der Resonanzfrequenz ($f < f_{res}$) ist der induktive Blindwiderstand X_L kleiner als der kapazitive Blindwiderstand X_C. Bei gleicher Spannung und abnehmender Frequenz verringert sich der Teilstrom I_C durch den Kondensator, während der Strom I_L durch die Spule ansteigt. Die Blindkomponente $I_{XL} - I_{XC}$ steigt schnell an und der Gesamtstrom I wird größer. Der Scheinwiderstand Z verringert sich deshalb mit abnehmender Frequenz. Da im Bereich unterhalb der Resonanzfrequenz der Einfluss der Spule überwiegt, eilt der Gesamtstrom der Spannung nach. Diese Phasenverschiebung vergrößert sich mit zunehmendem Abstand von der Resonanzfrequenz bis auf 90°.

Oberhalb der Resonanzfrequenz ($f > f_{res}$) ist der kapazitive Blindwiderstand X_C kleiner als der induktive Blindwiderstand X_L. Bei gleicher Spannung und zunehmender Frequenz verringert sich der Teilstrom I_L durch die Spule, während der Strom I_C durch den Kondensator ansteigt. Die Blindkomponente I_{XC} - I_{XL} steigt schnell an und der Gesamtstrom I wird größer. Der Scheinwiderstand Z verringert sich deshalb mit zunehmender Frequenz. Da im Bereich oberhalb der Resonanzfrequenz der Einfluss des Kondensators überwiegt, eilt der Gesamtstrom der Spannung vor. Diese Phasenverschiebung vergrößert sich mit zunehmendem Abstand von der Resonanzfrequenz bis auf 90°.

8.2.4 • Güte und Bandbreite

Der Verlauf des Scheinwiderstands Z in Abhängigkeit von der Frequenz f kennzeichnet die Eigenschaften von Schwingkreisen. Je nach praktischem Einsatzgebiet benötigt man bestimmte Kenngrößen für den Schwingkreis.

Der hohe ohmsche Resonanzwiderstand von Parallelschwingkreisen gestattet es, Wechselspannungen hervorzuheben, deren Frequenz der Resonanzfrequenz entspricht. Spannungserzeuger mit hohem Innenwiderstand, wie bei Antennen und speziellen Verstärkern, erzeugen die größte Klemmenspannung, wenn der Laststrom ein Minimum erreicht. Die Frequenz der Leerlaufspannung muss hierzu mit der Resonanzfrequenz des angeschlossenen Parallelschwingkreises übereinstimmen. Durch Anpassen des ohmschen Resonanzwiderstands an den Innenwiderstand eines Spannungserzeugers lässt sich im Resonanzfall die höchste Leistungsentnahme erreichen.

Bestimmte Spannungserzeuger liefern eine sinusförmige Wechselspannung, wie der Funktionsgenerator oder der Bode-Plotter, deren Frequenz einstellbar ist. In LC-Generatoren geschieht dies durch Veränderung der Kapazität im frequenzbestimmenden Schwingkreis. Die Senderwahl in früheren Rundfunkgeräten und Fernsehempfängern erfolgte mit Hilfe eines Schwingkreises, dessen veränderbare Resonanzfrequenz mit der Sendefrequenz der gewünschten Station übereinstimmt.

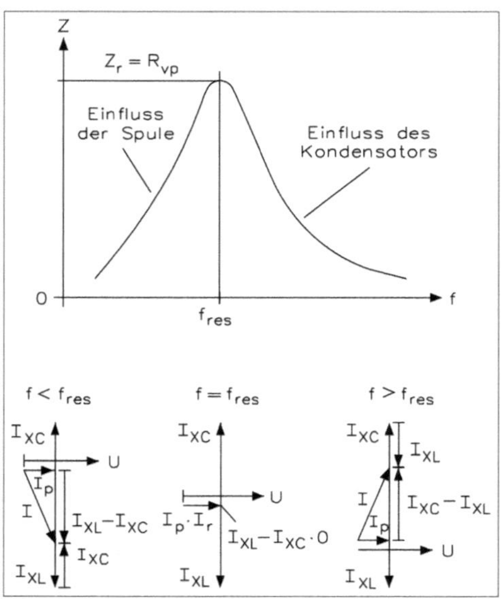

Abb. 8.19 • Verlauf der Resonanzkurve bei einem Parallelschwingkreis in Abhängigkeit vom Parallelverlustwiderstand R_{vp}.

Der Parallelverlustwiderstand R_{vp} hat erheblichen Einfluss auf die Form der Resonanzkurve von Parallelschwingkreisen, wie Abb. 8.19 zeigt. Der Wert dieses Widerstands bestimmt den Scheitelwert $Z_r = R_{vp}$ der Resonanzkurve. Bei niederohmigen Parallelverlustwiderständen ist der Wirkanteil I_w im Gesamtstrom I groß. Der Einfluss der Blindwiderstände verringert sich hierdurch erheblich, d.h. jede Art von Frequenzveränderung verursacht nur geringe Widerstandsänderungen. Die Resonanzkurve nähert sich dem waagerechten Verlauf eines konstanten ohmschen Widerstands umso mehr, je niederohmiger der Parallelverlustwiderstand ist. Bei hohen Schwingkreisverlusten verläuft die Resonanzkurve entsprechend flach, ohne ausgeprägten Resonanzpunkt. Der Scheinwiderstand unterscheidet sich im Bereich der Resonanzfrequenz nur unwesentlich vom Widerstandswert für benachbarte Frequenzen.

Die Güte Q errechnet sich für den Reihenschwingkreis aus

$$Q = \frac{X_L}{R_v} = \frac{X_C}{R_v} = \frac{1}{R_v} \cdot \sqrt{\frac{L}{C}} = \frac{1}{d} = \frac{1}{\tan\delta}$$

R_v = Verlustwiderstand der Spule
d = Dämpfung
$\tan \delta$ = Verlustfaktor

Die Güte Q errechnet sich für den Parallelschwingkreis aus

$$Q = \frac{R_{vp}}{X_C} = \frac{R_{vp}}{X_L} = R_{vp} \cdot \sqrt{\frac{C}{L}} = \frac{1}{d} = \frac{1}{\tan\delta}$$

Aus dem Vergleich der Zeigerdarstellungen für die Resonanzfrequenz erkennt man, dass sich der Gesamtstrom bei gleicher Spannung an den Frequenzgrenzen auf den 1,41-fachen Wert des Resonanzstroms erhöht. Der Scheinwiderstand des Parallelschwingkreises muss sich bei der unteren und der oberen Grenzfrequenz auf den 1/1,41-fachen Wert des Resonanzwiderstands verringern. Dies entspricht einer Abnahme auf etwa 70,7 %. Abb. 8.20 zeigt die Bandbreite mit der Resonanzfrequenz und den beiden Messpunkten für die untere und obere Grenzfrequenz.

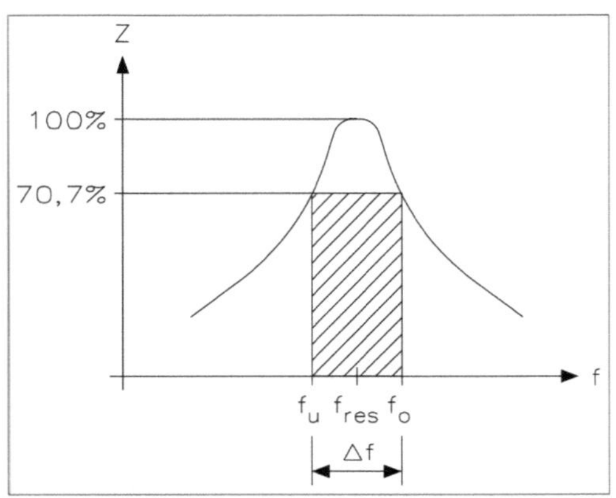

Abb. 8.20 • Bandbreite eines Schwingkreises oder Verstärkers.

Die Bandbreite eines Schwingkreises ist umso größer, je höher die Spulenverluste sind. Die auf die Resonanzfrequenz bezogene relative Bandbreite ist gleich dem Verlustfaktor d der Spule, wenn man die Kondensatorverluste nicht berücksichtigt. Um einen hohen Gütefaktor

Q zu erreichen, muss das Verhältnis von Induktivität zur Kapazität möglichst groß sein, d.h. großer Wert für die Spule und einen kleinen Wert für den Kondensator.

Die Bandbreite für den Reihen- und Parallelschwingkreis berechnet sich aus

$$\Delta f = f_o - f_u$$

Die Güte Q steht im direkten Zusammenhang mit

$$Q = \frac{f_{res}}{\Delta f}$$

Die Bandbreite eines Schwingkreises ist umso größer, je größer der Verlustfaktor und die Resonanzfrequenz sind.

8.2.5 • Simulation realer Widerstände

Bei den Bauelementen unterscheidet man zwischen den idealen und den realen Bedingungen. Bei den idealen Bauelementen kennt man nur die Hauptgrößen, wie den ohmschen Widerstand, die reine Kapazität und die verlustfreie Induktivität.

Wie bereits erwähnt, beinhaltet der ohmsche Widerstand neben seinem Widerstand auch eine geringe kapazitive und induktive Komponente. Der Kondensator hat neben seiner Kapazität auch ohmsche und induktive Anteile, und ebenso verhält sich eine Spule, die neben den ohmschen auch kapazitive Anteile hat.

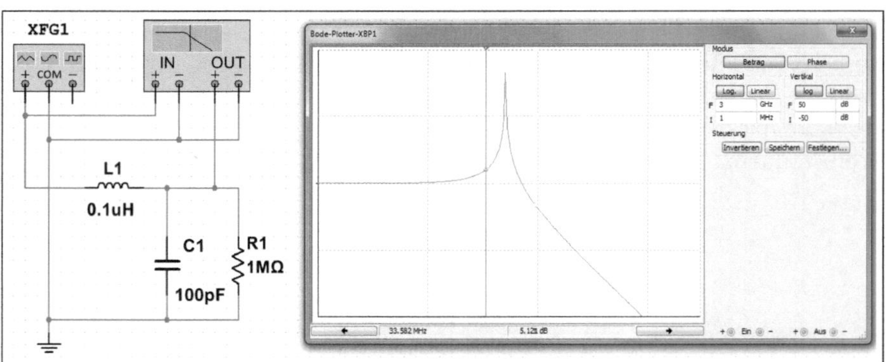

Abb. 8.21 • Untersuchung der Ersatzschaltung eines ohmschen Widerstands.

Das in Abb. 8.21 gezeigte Ersatzschaltbild für einen ohmschen Widerstand besteht aus einer unerwünschten Reiheninduktivität und einer ebenso unerwünschten Parallelkapazität. Ein auf einen Körper aufgetragene Widerstandsschicht oder aufgewickelter Widerstandsdraht stellt im Prinzip eine Induktivität dar, deren Wert sich von einigen Nanohenry (nH) bis zu einigen Millihenry (mH) erstrecken kann. Jedes Leiterpaar, zwischen dem ein Spannungsunterschied besteht, hat auch eine Kapazität, da das zugleich vorhandene elektrische Feld eine Anzahl Ladungen bindet. Dieser Grundsatz ist auch auf die Bauform der Widerstandsschicht eines Festwiderstands oder auf die einzelnen Windungen eines Drahtwiderstands anwendbar. Je nach den Abmessungen der Bauform oder der verwendeten Drähte, ihrer Isolationsdicke usw. ergibt in Wirklichkeit eine unendlich fein verteilte Kapazität, die man sich als eine konzentrierte Kapazität zwischen den Klemmen zusammengefasst vorstellen darf. Diese Eigenkapazität ist vor allem bei hochohmigen Widerständen störend, da diese bei hohen Frequenzen einen mehr oder weniger wirksamen Kurzschluss darstellt. Die praktisch vorkommenden Kapazitätswerte liegen zwischen 0,1 pF bis zu 100 pF.

Für einen Widerstand gelten folgende Bedingungen, die man mit der Schaltung von Abb. 8.21 untersuchen kann:

- Erwünscht: *R*
- Unerwünscht: *C* und *L*

Für das Qualitätsmaß Q_m gilt

- *C* überwiegend: $Q_m = \tau = C \cdot R$
- *L* überwiegend: $Q_m = \tau = L/R$

Bei der Ersatzschaltung kommt es im Bereich von f = 50 MHz zu einer Spannungsüberhöhung und danach fällt die Spannung steil ab. Der Widerstand von R = 1 MΩ hebt sich über 200 MHz auf und stellt praktisch nur noch einen Kurzschluss dar.

8.2.6 • Simulation eines realen Kondensators

Mit Ausnahme der Elektrolytkondensatoren misst man Kondensatoren immer mit einer sinusförmigen Wechselspannung. Betrachtet man vor der Simulation eines realen Kondensators die Messverfahren, so kennt man in der Praxis drei Möglichkeiten:

- Strom-Spannungs-Messung für Messfehler von 1% bis 3%
- Resonanzverfahren für Messfehler bis 1%
- Brückenverfahren für Messfehler von 0,001% bis 0,1%

Mit diesen Messverfahren kann man mehr oder weniger das Verhalten des ohmschen Innenwiderstands und der Induktivität bei unterschiedlichen Frequenzen und angelegten Spannungen untersuchen.

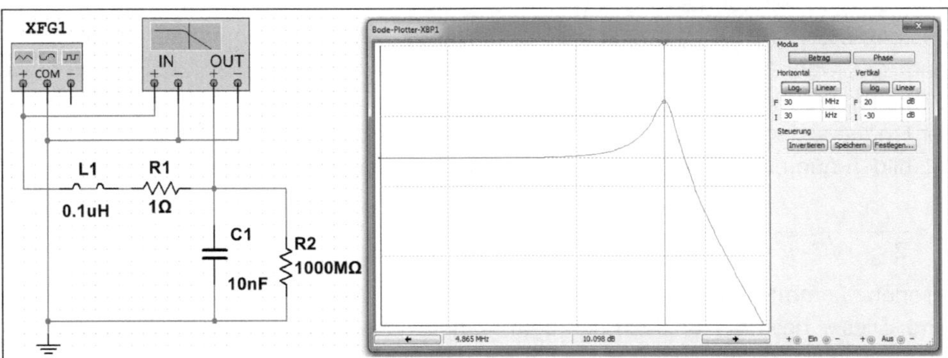

Abb. 8.22 • Untersuchung eines verlustbehafteten Kondensators, der durch eine Ersatzschaltung dargestellt wird.

Bei einem verlustbehafteten Kondensator verwendet man die Ersatzschaltung von Abb. 8.22. Parallel zur Kapazität liegt der Isolationswiderstand R_{isol}, der mit dem Leitwert von $G = 1/R_{isol}$ definiert ist und die Eigeninduktivität L mit dem Spulenwiderstand R_L. Durch den Bode-Plotter erhält man das Frequenzverhalten und erkennt, dass sich bei diesem Kondensator die Wirkung ab 3 MHz aufhebt, d.h. der Kondensator stellt einen kapazitiven Kurzschluss dar.

Mangelnde Isolation bildet bei Kondensatoren eine erhebliche Fehlerursache, denn Kondensatoren werden in elektrischen Schaltungen oftmals auf bestimmte Spannungswerte aufgeladen, die sie dann über eine bestimmte Zeitdauer unverändert beibehalten sollen, ohne dass aus der Spannungsquelle neue Energie zufließt. Ist die Isolation schlecht, entlädt sich der Kondensator über seinen eigenen Isolationswiderstand und beeinträchtigt die Funktionsfähigkeit der Schaltung. Da der Isolationswiderstand kein konstanter Wert ist, der sich jederzeit genau reproduzieren lässt wie etwa ein Drahtwiderstand, sondern sich nach Anlegen einer Spannung innerhalb eines Zeitintervalls ändert, verwendet man für die Angabe der Isolationsgüte neben dem Mindestwert von R_{isol} die Selbstentladezeitkonstante $\tau = R_{isol} \cdot C$. Ein 1-nF-Kondensator hat einen Isolationswiderstand von 1 GΩ und mehr.

Unter dem Verlustfaktor $\tan \delta$ versteht man bekanntlich das Verhältnis von Wirk- zu Blindanteil des Scheinwiderstands oder des Scheinleitwerts. Außer bei Elektrolytkondensatoren entstehen diese Verluste hauptsächlich im Dielektrikum und man stellt sich diese als den parallelen Widerstand zu der verlustlos gedachten Kapazität dar. Zu dem Widerstand R muss man sich parallel auch noch den Isolationswiderstand R_{isol} denken, der jedoch nur bei sehr geringen Frequenzen einen entsprechenden Einfluss auf den Verlustfaktor nehmen kann. Durch die endliche Leitfähigkeit der Kondensatorbeläge und vor allem durch einen mangelhaften Kontaktübergang zwischen den Belägen bzw. den Anschlussdrähten entstehen weitere Verluste, die in der Ersatzschaltung durch einen Reihenwiderstand angegeben werden. Ihr Einfluss sollte jedoch gering im Vergleich zu den Dielektrikumsverlusten sein, da diese proportional mit der Frequenz anwachsen.

Ein durch einen Kondensator und seine Zuleitungen fließender Wechselstrom erzeugt je nach der konstruktiven Ausführung ein mehr oder weniger ausgeprägtes Magnetfeld, das sich in einer durchaus messbaren Induktivität äußert. Berechnet und simuliert man den Scheinwiderstandsverlauf dieser Ersatzschaltung, zeigt sich folgendes Verhalten: Bei tiefen Frequenzen unter 1 Hz und geringen Kapazitätswerten wirkt vorwiegend der Isolationswiderstand R_{isol}, während der Blindwiderstand X_C und der durch die dielektrischen Verluste befindliche Parallelwiderstand noch ohne Einfluss bleiben. Schließlich überwiegt mit zunehmender Frequenz der Einfluss von X_C. Die Kapazität C und die unvermeidliche Reiheninduktivität L bilden nun einen Reihenschwingkreis, der bei der Frequenz von

$$f_{res} = \frac{1}{2 \cdot \pi \cdot \sqrt{C \cdot L}}$$

zur Resonanz kommt. Bei dieser Frequenz hat der Kondensator den niedrigsten Scheinwiderstand. Dieser besteht nur noch aus dem Reihenwiderstand R_L, verursacht durch Kontakt- und Belagwiderstände. Oberhalb seiner Eigenresonanz verhält sich der Kondensator nicht mehr wie ein kapazitiver Blindwiderstand, sondern wie eine Spule mit der Induktivität, d.h. sein Scheinwiderstand steigt demnach mit zunehmender Frequenz wieder an. Bei größeren Kapazitätswerten erreicht der Wert von Z bereits dann das Minimum, wenn $0{,}5 \cdot \pi \cdot\cdot f \cdot X_C$ niedriger als der Verlustwiderstand R_L wird.

Durch konstruktive Maßnahmen konnte die Eigeninduktivität moderner Kondensatoren auf 20 nH bis 50 nH reduziert werden. Sie ist damit nicht größer als die eines Drahts, der ebenso lang ist wie der Kondensator selbst. Im Mittel rechnet man mit 30 nH und mit diesem Richtwert lässt sich die Eigenresonanz des Kondensators berechnen. Die Resonanzfrequenz eines Papierkondensators mit $C = 2{,}2$ µF liegt bei etwa 600 kHz, während ein baugleicher Keramikkondensator mit 220 pF erst oberhalb von 60 MHz induktiv wird. Zur Überbrückung von Spannungen mit sehr hoher Frequenz sind 30 nH recht problematisch. Deshalb wurden Spezialausführungen geschaffen, deren effektiver Induktivitätswert so gering ist, dass sich dieser auch im Frequenzbereich über 100 MHz mit Sicherheit noch wie eine Kapazität verhält.

Für einen Kondensator gelten folgende Bedingungen, die man mit der Schaltung von Abb. 8.22 untersuchen kann:

- Erwünscht: C
- Unerwünscht: R und L

Für das Qualitätsmaß Q_m gilt

- R überwiegend: $Q_m = R_L \cdot \omega \cdot C$
- G überwiegend: $Q_m = G/\omega \cdot C$

bei einer Messfrequenz von:

$$f < \frac{1}{32} \cdot \frac{1}{2 \cdot \pi \cdot \sqrt{C \cdot L}} \quad \text{(Fehler} < 0{,}1\%\text{)}$$

Mit Ausnahme der Elektrolytkondensatoren für zeitbestimmende Netzwerke misst man die Kondensatoren immer mit einer Wechselspannung. Wegen der unvermeidlichen Reiheninduktivität muss besonders die Messfrequenz beachtet werden. Kommt man nämlich in die Nähe der Eigenresonanzfrequenz, misst man eine scheinbar höhere Kapazität. Um diesen Messfehler unter 0,1% zu halten, muss man mit f unter 1/32 der Resonanzfrequenz bleiben. Folgende Messfrequenzen werden von den Herstellern empfohlen:

- Kondensatoren bis 1 F: $f = 50$ Hz bis 120 Hz
- Kondensatoren bis 10 mF: $f < 1$ kHz
- Kondensatoren bis 10 µF: $f < 10$ kHz
- Kondensatoren bis 100 nF: $f < 100$ kHz
- Kondensatoren bis 1 nF: $f < 1$ MHz

Bei sehr niedrigen Frequenzen wird der Verlustfaktor allein durch Parallelverluste bestimmt, bei sehr hohen nur durch die Reihenwiderstände.

8.2.7 • Simulation einer realen Spule

Verluste in Spulen entstehen sowohl in der Wicklung als auch im Kern und werden in dem Ersatzschaltbild als eine Reihe zu der verlustlos gedachten Induktivität L dargestellt. In der Praxis kennt man eine Reihenschaltung von sechs Widerständen, die Verlustanteile verursachen:

- $R_{Cu\Delta}$ Wicklungswiderstand bei niedrigen Frequenzen
- $R_{Cu\sim}$ Wicklungswiderstandszunahme durch Wirbelströme
- R_C Verlustwiderstand durch dielektrische Verluste in der Spulenkapazität C_w
- R_h Kernverlustwiderstand durch Ummagnetisierung (Hysterese)
- R_w Kernverlustwiderstand durch Wirbelströme
- R_r Kernverlustwiderstand durch Rest- oder Nachwirkungsverluste

Jeder dieser Verluste ist verantwortlich für einen Anteil am Gesamtverlustwinkel. Wegen den geringen Werten der einzelnen Winkelfaktoren fasst man diese zu einem Gesamtverlustfaktor zusammen. Den Gütefaktor der Spule ergibt den reziproken Wert dieses Gesamtverlustfaktors

$$Q = \frac{1}{\tan\delta}$$

Wirbelströme in der Kupferwicklung vergrößern den Widerstand mit größer werdender Frequenz und erzeugen den erst im oberen Bereichsende wirksam werdenden Anteil für den Faktor tan $\delta_{Cu\sim}$. Der Wirbelstromeinfluss lässt sich durch Verwenden von Litzendrähten aber erheblich reduzieren.

Ebenfalls erst im oberen Frequenzbereich wirken sich die dielektrischen Verluste aus, die in der Wicklungskapazität C_w entstehen. Die Ursache ist nicht allein die Drahtisolation, sondern mitunter auch der Kern, wenn die Wicklung sehr nahe an diesen heranreicht.

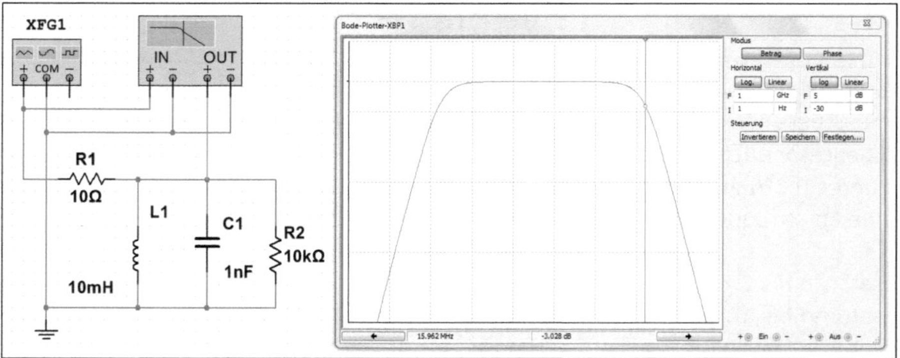

Abb. 8.23 • Simulation einer realen Spule, die durch eine Ersatzschaltung dargestellt wird.

Für die Spule gelten folgende Bedingungen, die man mit der Schaltung von Abb. 8.23 untersuchen kann:

- Erwünscht: L
- Unerwünscht: R und C

Für das Qualitätsmaß Q_m gilt

- R überwiegend: $Q_m = \omega \cdot L/R$
- G überwiegend: $Q_m = 1/G \cdot \omega \cdot C$

bei einer Messfrequenz von:

$$f < \frac{1}{32} \cdot \frac{1}{2 \cdot \pi \cdot \sqrt{C \cdot L}} \quad \text{(Fehler} < 0{,}1\%\text{)}$$

Spulen werden grundsätzlich mit Wechselspannungen gemessen. Die Wahl der richtigen Messfrequenz ist hierbei noch wichtiger als bei der Kapazitätsmessung, da die Eigenresonanz von Spulen viel niedriger ist. Nähert man sich mit der Messfrequenz der Eigenresonanz, wird ein zu hoher Induktivitätswert gemessen.

Besteht zwischen zwei Leitern in einer Spule ein Spannungsunterschied, tritt zwischen diesen eine Kapazität auf, die Wicklungskapazität C_w. Diese tritt auch in Erscheinung, wenn die einzelnen Teile als Bestandteil eines Widerstands oder einer Spule gelten. Die Kapazität ist nicht nur in einem solchen Leitersystem von der Größe und der wie etwa bei einem Plattenkondensator sich gegenüberstehenden Flächen abhängig, sondern auch noch von dem Mittelwert der dort vorkommenden Potentialunterschiede. Bei der Wicklungskapazität muss man auch noch die Windungszahl N einer Spule berücksichtigen. Im Ersatzschaltbild stellt man die an sich verteilte Wicklungskapazität durch eine konzentrierte Kapazität dar, die parallel zur Wicklung liegt. Oberhalb der Eigenresonanz hat eine Spule keinen induktiven Blindwiderstand mehr, sondern verhält sich wie ein Kondensator mit der Kapazität C_w. Da der Wert C_w keine stabile Größe darstellt, darf sie nur einen Bruchteil der gesamten Abstimmkapazität eines Schwingkreises wirken, in der die betreffende Spule arbeitet.

Wirksamstes Mittel zur Verringerung der Wicklungskapazität ist das Verteilen der Windungen auf mehrere Kammern. Dadurch lassen sich die Potentialunterschiede benachbarter Lagen ausgleichen und es stellt sich der gewünschte Effekt ein. Sehr hohe Kapazitätswerte bis zu 1 nF treten dagegen in „wilden" Wicklungen auf. Das sind solche, die nicht lagenweise gewickelt sind und in denen Windungen mit großen Potentialunterschieden nebeneinander zu liegen kommen.

Wegen der Feldstärkenabhängigkeit der Kernpermeabilität und damit des Induktivitätswerts soll die Messung bei definierter Feldstärke erfolgen, bei Ferriten mit beispielsweise 500 mA/m. Die jeweils zulässige Messspannung bzw. der Messstrom müssten genau genommen für jede Spule unter Berücksichtigung des Luftspalts individuell berechnet werden. Aus einer Vielzahl durchgerechneter Spulen lässt sich folgende Richtlinie ableiten: Soll die Feldstärke im Kern während der Messung ca. 500 mA/m betragen, darf die Messspannung zwischen 20 mV und 100 mV liegen, wenn man mit folgenden Frequenzen arbeitet:

- L = 1 µH bis 10 µH: f = 1 MHz
- L = 100 µH: f = 100 kHz
- L = 1 mH bis 10 mH: f = 10 kHz
- L = 100 mH: f = 1kHz
- L = 1 H bis 10 H: f = 300 Hz

In dem Verhältnis, wie man die Frequenz erhöht oder verringert, ist auch die Spannung an der Spule zu verändern, damit die Feldstärke erhalten bleibt.

8.3 • Filterschaltungen

Tief- und Hochpassfilter gestatten es, Frequenzen bis zu einer bestimmten Grenzfrequenz f_g durchzulassen oder zu unterdrücken. In der Praxis ist es aber oft notwendig, bestimmte Frequenzbereiche durchzulassen (Bandpässe) oder diese zu unterdrücken (Bandsperre). Ein Bandpass arbeitet mit einem Durchlassbereich und zwei Sperrbereichen, während die Bandsperre zwei Durchlassbereiche und einen Sperrbereich hat.

8.3.1 • CL-Bandpass

Als *CL*-Bandpass lässt sich ein Reihenschwingkreis verwenden, der im Resonanzfall betrieben wird. Die Güte Q des Schwingkreises ist von dem Verlustwiderstand des Kreises abhängig und der Verlustwiderstand ist der ohmsche Widerstand der Spule $R_v = R_{res}$. Je kleiner der Wert dieses Widerstands ist, umso besser ist der Reihenschwingkreis, d.h. geringe Dämpfung und steile Flanken der Resonanzkurve. Die Güte ist als das Verhältnis zwischen $X_C = X_L$ und dem Widerstand $R_v = R_{res}$ bzw. entsprechend der Spannungsresonanz als auch das Verhältnis der Spannung an dem Kondensator C bzw. der Spule L zur Gesamtspannung.

$$Q = \frac{X_C}{R_v} = \frac{X_L}{R_v} = \frac{U_C}{U} = \frac{U_L}{U} = \frac{1}{R_v} \cdot \frac{1}{2 \cdot \pi \cdot f_{res} \cdot C}$$

Der Frequenzbereich, den ein Bandpass passieren lässt, bezeichnet man als Bandbreite Δf. Die Grenze zwischen Durchlass- und Sperrbereich ist dann gegeben, wenn der ohmsche Widerstand R und der gesamte Blindwiderstand im Verhältnis 1:1 stehen.

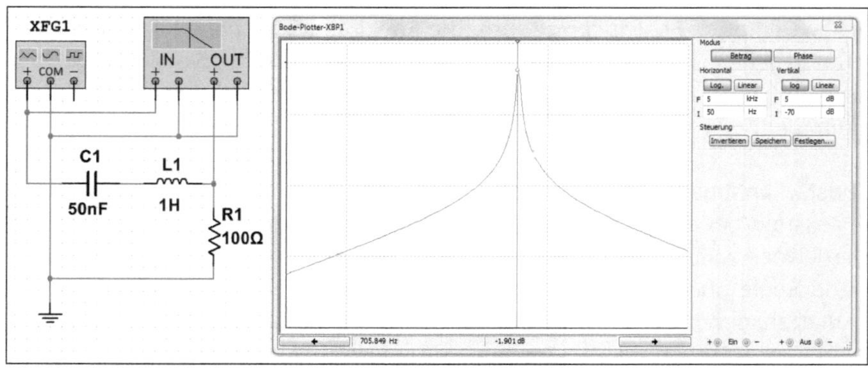

Abb. 8.24 • Schaltung zur Untersuchung eines CL-Bandpasses.

Die Resonanzfrequenz für den Bandpass von Abb. 8.24 errechnet sich aus

$$f_{res} = \frac{1}{2 \cdot \pi \cdot \sqrt{C \cdot L}} = \frac{1}{2 \cdot 3{,}14 \cdot \sqrt{50\ \text{nF} \cdot 1\ \text{H}}} = 712\ \text{Hz}$$

Wenn man die Simulation der Schaltung und das Rechenergebnis vergleicht, ergibt sich eine Übereinstimmung. Das Ablesen der Bandbreite bei 0,707 bereitet einige Schwierigkeiten und daher muss man die Bandbreite berechnen mit

$$X_C = \frac{1}{2 \cdot \pi \cdot f_{res} \cdot C} = \frac{1}{2 \cdot 3{,}14 \cdot 712\ \text{Hz} \cdot 50\ \text{nF}} = 4{,}47\ \text{k}\Omega$$

$$Q = \frac{X_C}{R_{res}} = \frac{4{,}47\ \text{k}\Omega}{100\ \Omega} = 44{,}7$$

$$\Delta f = \frac{f_{res}}{Q} = \frac{712\ \text{Hz}}{44{,}7} = 16\ \text{Hz}$$

Die obere Grenzfrequenz hat

$$f_o = 712\ \text{Hz} + 8\ \text{Hz} = 720\ \text{Hz}$$

Die untere Grenzfrequenz berechnet sich aus

$$f_u = 712\ \text{Hz} - 8\ \text{Hz} = 704\ \text{Hz}$$

Die Kreisgüte Q gibt an, welcher Bruchteil von X_C oder X_L der Resonanzwiderstand im Reihenschwingkreis ist. Bei Verwendung hochwertiger Keramikkondensatoren bzw. Luftkondensatoren ist für die Kreisdämpfung praktisch nur die Spulendämpfung bestimmend.

8.3.2 • CL-Bandsperre

Für eine *CL*-Bandsperre dient grundsätzlich ein für die zu sperrende Frequenz auf Resonanz abgestimmter Parallelschwingkreis. Für die Betrachtungen der Bandbreite und für die Güte gelten die entsprechenden Überlegungen wie beim Bandpass.

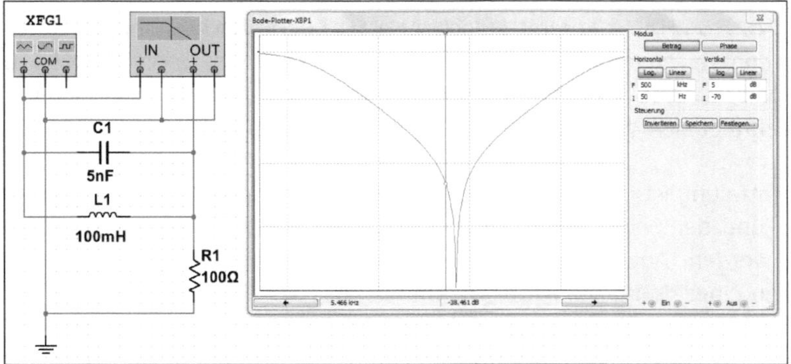

Abb. 8.25 • Schaltung zur Untersuchung eines CL-Bandpasses.

Bei dem *CL*-Bandpass von Abb. 8.25 handelt es sich um eine Parallelschaltung von Kondensator und Spule. Es ergibt sich eine Resonanzfrequenz von f_{res} = 7,12 kHz und die Messung ist mit der Rechnung identisch. In einem Parallelschwingkreis arbeitet man mit der Stromresonanz und für die Berechnung der Güte gilt

$$Q = \frac{R_{res}}{X_C} = \frac{R_{res}}{X_L} = \frac{I_C}{I} = \frac{I_L}{I}$$

Die Berechnung der Bandbreite erfolgt nach der gleichen Formel wie beim Reihenschwingkreis.

Die Kreisgüte Q gibt an, wievielmal größer X_C oder X_L der Resonanzwiderstand im Parallelschwingkreis ist. Bei Verwendung hochwertiger Keramikkondensatoren bzw. Luftkondensatoren ist für die Kreisdämpfung praktisch nur die Spulendämpfung bestimmend.

8.3.3 • Kritische Bandfilter

Die Filterwirkung eines *CL*-Bandpasses lässt sich dadurch verbessern, dass man mit einem auf die Resonanzfrequenz abgestimmten Parallelschwingkreis die zu sperrenden Frequenzen kurzschließt. Es ergibt sich die Wirkung eines kritischen Bandfilters mit der Charakteristik eines Bandpasses bzw. einer Bandsperre.

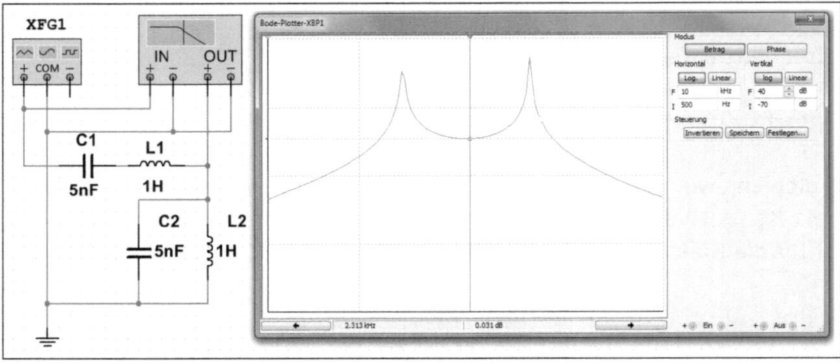

Abb. 8.26 • Kritischer CL-Bandpass.

Der Reihen- und der Parallelschwingkreis in Abb. 8.26 arbeiten mit der identischen Resonanzfrequenz von f_{res} = 2,25 kHz. Es kommt jedoch zu einer überkritischen Kopplung zwischen den beiden Schwingkreisen, d.h. bei der unteren Resonanzfrequenz von f_u = 1,45 kHz und bei der oberen von f_o = 3,65 kHz kommt es jeweils zu einer Überhöhung. Zwischen den beiden Höckern befindet sich die Einsattelung, die in diesem Fall nicht gleichmäßig ist.

Das Erkennen der Einsattelung ist in diesem Maßstab nicht zu ermitteln. Aus diesem Grunde müssen der Start- und der Endwert für die horizontale Achse des Bode-Plotters entsprechend eingestellt werden. Auch die Messwertanzeige für das Fadenkreuz muss man nachstellen, damit es zu einer optimalen Anzeige kommt.

Für die theoretische Betrachtung sollen beide Höcker gleichgroß sein und für jeden Höcker gilt die Verstimmung V von

$$V = \pm\sqrt{k^2 - \frac{1}{Q^2}}$$

Die Verstimmung V ist die Differenz zwischen der Resonanzfrequenz des Bandfilters zum oberen bzw. unteren Höcker.

Der Wert k ist der Kopplungsfaktor, der in diesem Fall $k = 0{,}3$ bis $0{,}5$ ist. Damit die Einsattelung nicht unter 0,707 absinkt, muss

$$Q \cdot k$$

kleiner als 2,41 sein. Hierbei wird dann die Bandbreite zu

$$\Delta f = \frac{3{,}1 \cdot f_{\text{res}}}{Q}$$

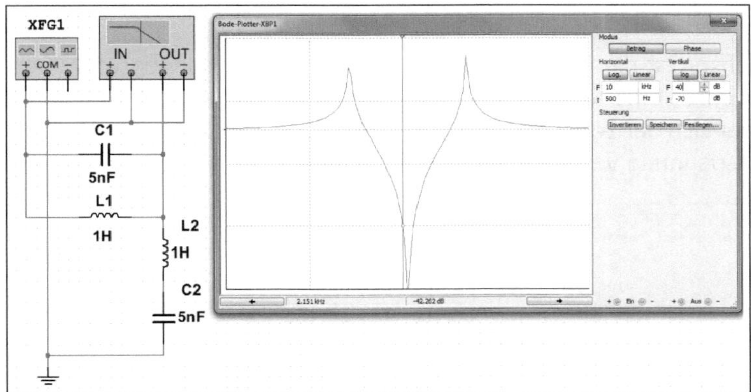

Abb. 8.27 • Kritische CL-Bandsperre.

Bei der kritischen CL-Bandsperre von Abb. 8.27 befindet sich im Eingang ein Parallelschwingkreis und zwischen Ausgang und Masse ein Reihenschwingkreis. Durch diesen Reihenschwingkreis wird das Verhalten einer CL-Bandsperre verbessert, da dieser die zu sperrenden Frequenzen zusätzlich kurzschließt. Es kommt wieder zu Erhöhungen im oberen und unteren Bereich, bevor die eigentliche Bandsperre wirksam wird.

8.3.4 • Einfache LC- und CL-Glieder

Schaltet man eine Spule und einen Kondensator in Reihe, ergibt sich je nach Beschaltung ein verbessertes Tief- oder Hochpass-Verhalten.

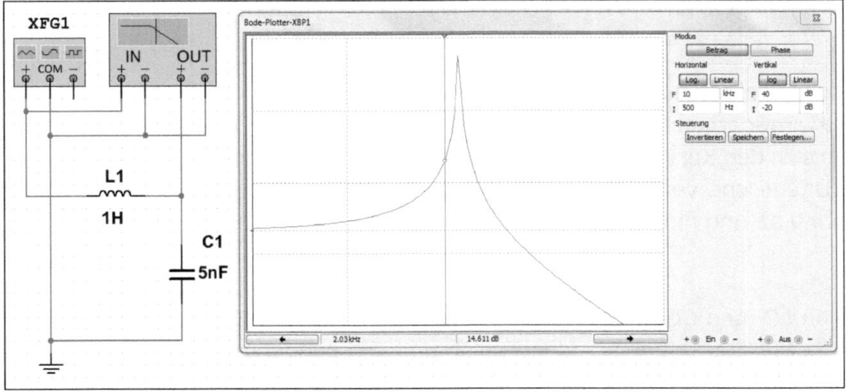

Abb. 8.28 • LC-Filter mit Tiefpass-Charakteristik.

Bei der Schaltung von Abb. 8.28 bilden die Spule und der Kondensator einen Reihenschwingkreis. Die Ausgangsspannung errechnet sich aus

$$U_a = U_e \cdot \frac{X_C}{Z} = U_e \cdot \frac{X_C}{X_L - X_C}$$

Interessant in der Schaltung ist das Verhalten im Resonanzfall, denn dann ist $X_L = X_C$ und damit ist der Scheinwiderstand $Z = 0$. Die Ausgangsspannung wird theoretisch unendlich hoch. In der praktischen Anwendung erkennt man ab 350 Hz einen Anstieg, der bei der Resonanzfrequenz von $f_{res} = 2{,}25$ kHz steil ansteigt. Erhöht man die Eingangsfrequenz weiter, fällt die Spannung steil ab.

Bei sehr niedrigen Frequenzen ist die Spule niederohmig, während der Kondensator hochohmig ist. Aus diesem Grunde ist die Ausgangsspannung gleich der Eingangsspannung. Mit steigender Frequenz erhöht sich der Widerstandswert der Spule, während der vom Kondensator sinkt. Die Ausgangsspannung verringert sich entsprechend.

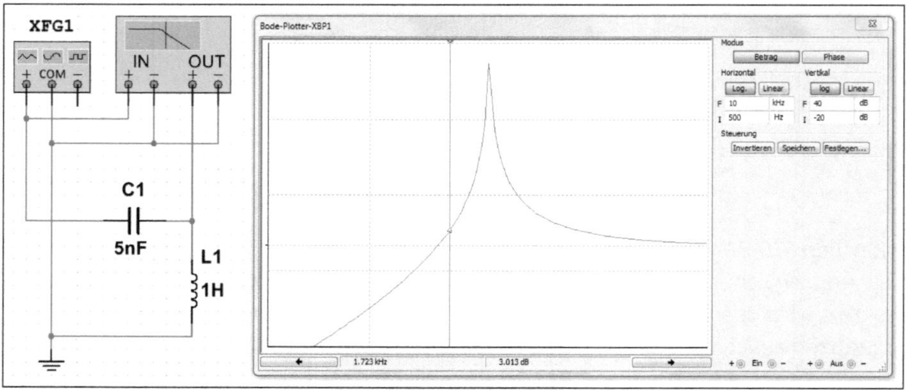

Abb. 8.29 • LC-Filter mit Hochpass-Charakteristik.

Bei der Schaltung von Abb. 8.29 bilden die Spule und der Kondensator einen Reihenschwingkreis. Die Ausgangsspannung errechnet sich aus

$$U_a = U_e \cdot \frac{X_L}{Z} = U_e \cdot \frac{X_L}{X_C - X_L}$$

Interessant in der Schaltung ist das Verhalten im Resonanzfall, denn dann ist $X_C = X_L$ und damit ist der Scheinwiderstand $Z = 0$. Die Ausgangsspannung wird theoretisch unendlich hoch. Wenn man sich den Kurvenverlauf betrachtet, erkennt man einen steilen Anstieg, der theoretisch ins Unendliche verläuft, wenn der Resonanzfall erreicht ist. Danach sinkt die Ausgangsspannung ab und nimmt den Wert der Eingangsspannung an.

8.3.5 • T- und π-Filter

Das Verhalten von *LC*- und *CL*-Filtern lässt sich durch die T- bzw. π-Schaltung verbessern. Abb. 8.30 zeigt das T-Filter mit den beiden Spulen und den Kondensator auf Masse.

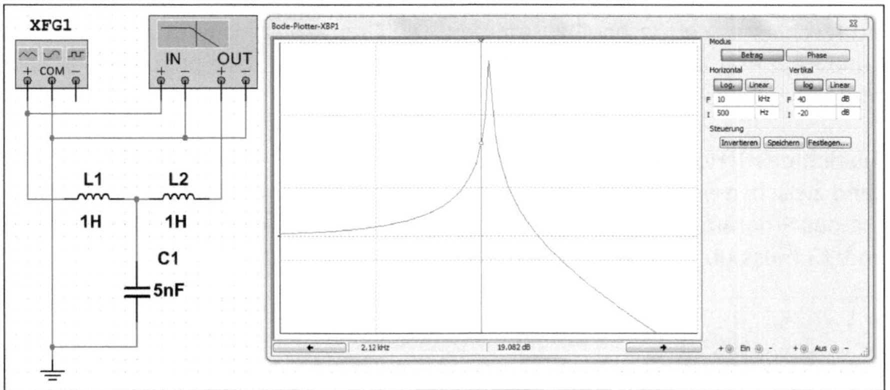

Abb. 8.30 • Schaltung zur Untersuchung des T-Tiefpassfilters.

Aus der Anordnung beider Induktivitäten im Längsweg und der Kapazität im Querweg ergibt sich ein Tiefpass. Die tiefen Frequenzen können die beiden Induktivitäten ungehindert passieren, während die Kapazität im Querweg sehr hochohmig ist. Bei hohen Frequenzen stellen die beiden Induktivitäten einen hochohmigen Widerstand dar, aber die Kapazität ist sehr niederohmig, d.h. der Querweg ist kapazitiv kurzgeschlossen.

Die Berechnung der Grenzfrequenz erfolgt nach

$$f_{\text{res}} = \frac{1}{2 \cdot \pi \cdot \sqrt{C \cdot L}}$$

Die Kapazität C hat jedoch den doppelten Wert, also 2 · **C**, denn bei der Zerlegung der T-Schaltung ergeben sich zwei Resonanzkreise. Da der Kondensator in der Schaltung einen Wert von C = 5 nF bereits aufweist, ist dieser Wert gültig. Es ergibt sich eine Grenzfrequenz von f_g = 2,25 kHz, wie die Messung auch zeigt.

Auch beim T-Glied erkennt man ein typisches Schwingkreisverhalten. Erhöht sich die Frequenz, bildet die Induktivität am Eingang mit dem Kondensator einen Schwingkreis und

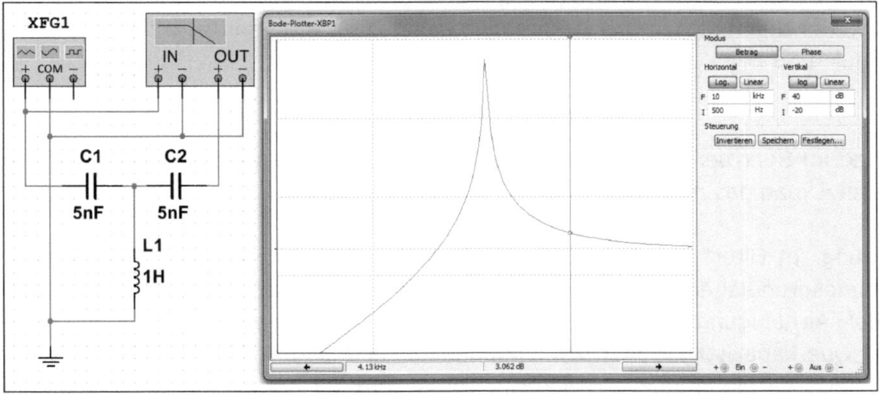

Abb. 8.31 • Schaltung zur Untersuchung eines T-Hochpassfilters

es kommt zu einer Stromüberhöhung. Ab diesem Wert bricht die Spannung wegen des kapazitiven Kurzschlusses sehr schnell zusammen. Die Grenzfrequenz ist weder durch die Induktivität und Kapazität bestimmt, sondern durch das Verhalten der Spule und des Kondensators im Halbglied des Filters.

Bei der Simulation des T-Hochpassfilters von Abb. 8.31 ergibt sich ein Problem, wenn man den Widerstand zwischen dem Ausgangskondensator und Masse vergisst. Ohne diesen Widerstand zeigt das Programm einen Fehler an, denn ein Kondensator darf nicht „in der Luft hängen", sondern muss über ein Bauteil mit Masse verbunden sein.

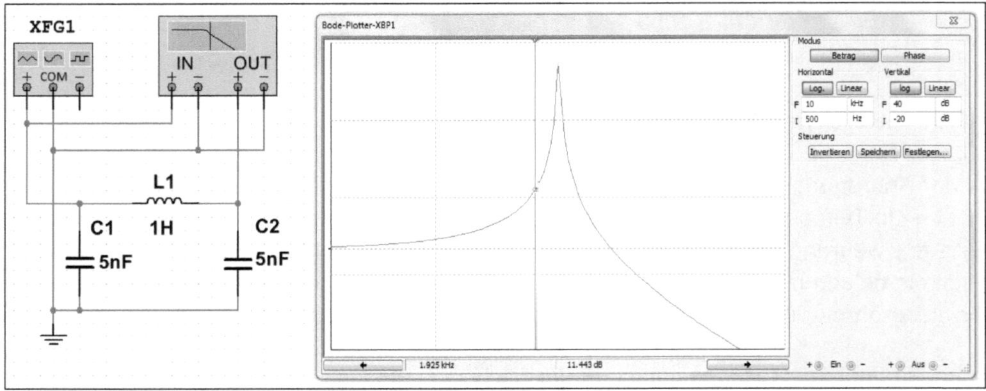

Abb. 8.32 • Schaltung zur Untersuchung eines π-Tiefpassfilters.

Auch beim π-Filter von Abb. 8.32 muss man die Schaltung in zwei Teilschaltungen aufgliedern. Die Kapazität am Eingang bildet mit der Teilinduktivität den Eingangsschwingkreis und aus diesem Grunde arbeitet man mit $2 \cdot L$. Ebenfalls die Kapazität am Ausgang ergibt zusammen mit der Teilinduktivität den Ausgangsschwingkreis. Bei niedrigen Frequenzen kann die Eingangsspannung ungehindert die Induktivität passieren, während die beiden Kondensatoren hochohmig sind. Hat man hohe Frequenzen, bilden die beiden Kondensatoren einen kapazitiven Kurzschluss, während die Spule hochohmig ist. Nähert sich die Frequenz dem Resonanzfall, kommt es zu einer Stromresonanz und die Kurve steigt schnell an. Überschreitet man die Resonanzfrequenz, fällt dagegen die Kurve stark ab. Die Grenzfrequenz ist weder durch die Induktivität und Kapazität bestimmt, sondern durch das Verhalten der Spule und des Kondensators im Halbglied des Filters.

8.3.6 • m-Filter

Ist der Anstieg im Sperrbereich eines Filters in der Nähe der Grenzfrequenz nicht ausreichend steil, setzt man das m-Filter ein.

Die Bezeichnung „m-Filter" von Abb. 8.33 wird von dem Faktor *m* abgeleitet, den man in den Berechnungsgrundlagen als Multiplikationsfaktor für die Induktivitäten und Kapazitäten verwendet. Am Eingang der Filterschaltung befindet sich ein Sperrkreis, der in Verbindung mit der Querkapazität arbeitet. Im Eingang der Schaltung befindet sich ein Parallelschwingkreis, der auf die Frequenz f_2 abgestimmt ist und der Ausgangskondensator wird so gewählt, dass er mit der Induktivität zusammen Resonanz bei der Grenzfrequenz f_g hat.

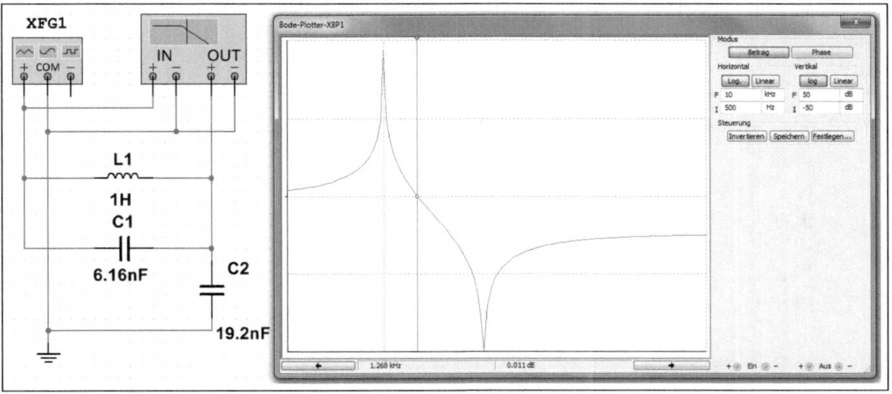

Abb. 8.33 • Schaltung zur Untersuchung eines m-Tiefpassfilters.

Zur Bemessung der Bauteile wird das Verhältnis $f_g : f_2$ gewählt und zwar zwischen 0,8 und 0,95. Der Faktor m berechnet sich aus

$$m = \sqrt{1 - \left(\frac{f_g}{f_2}\right)^2}$$

Die Bauteile erhält man über

$$L = m \cdot \frac{Z}{2 \cdot \pi \cdot f_g} \qquad C_1 = \frac{1 - m^2}{m} \cdot \frac{1}{2 \cdot \pi \cdot f_g \cdot Z} \qquad L_2 = m \cdot \frac{1}{2 \cdot \pi \cdot f_g \cdot Z}$$

Die Grenzfrequenz ist

$$f_g = \frac{m \cdot Z}{2 \cdot \pi \cdot L}$$

Für die Dimensionierung der Bauteile von Abb. 8.33 wurde eine Frequenz von f_g = 1 kHz und f_2 = 2 kHz gewählt. Dadurch ergibt sich ein Faktor von m = 0,87. Wenn man die Formel zur Berechnung der Induktivität nach Z (Nennwiderstand der Schaltung) umstellt und für L = 1 H wählt, ergibt sich folgender Nennwiderstand:

$$Z = \frac{2 \cdot \pi \cdot f_g \cdot L}{m} = \frac{2 \cdot 3{,}14 \cdot 1\,\text{kHz} \cdot 1\,\text{H}}{0{,}87} = 7{,}2\,\text{k}\Omega$$

Danach kann man die beiden Kondensatoren berechnen und erhält für C_1 = 6,18 nF und C_2 = 19,2 nF.

Wenn man diese Schaltung mit der Simulation überprüft, erhält man eine Übereinstimmung mit den Rechenergebnissen.

Bei dem m-Hochpassfilter von Abb. 8.34 hat man am Eingang wieder einen Parallelschwingkreis, aber statt des Kondensators befindet sich eine Spule am Ausgang. Der Parallelschwingkreis wirkt wie ein Sperrkreis, der in Verbindung mit der Querinduktivität arbeitet. Der Kondensator im Sperrkreis ist auf die Querinduktivität abgestimmt und für die Grenz-

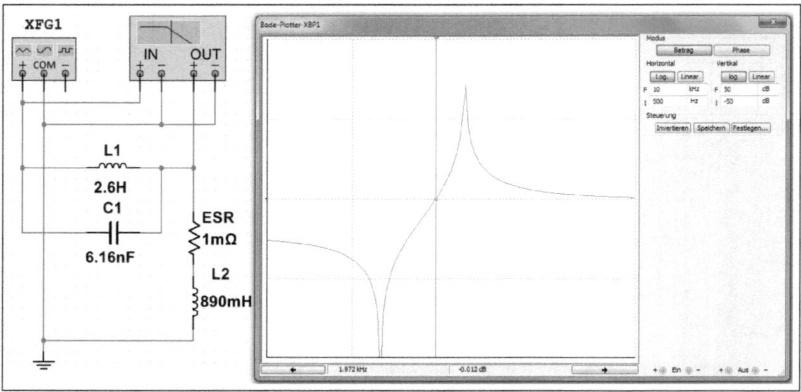

Abb. 8.34 • Schaltung zur Untersuchung eines m-Hochpassfilters.

frequenz f_g verantwortlich. Zur Bemessung der Bauteile wird wieder das Frequenzverhältnis zwischen $f_1 : f_g$ mit etwa 0,8 bis 0,95 gewählt. Der Faktor m berechnet sich aus

$$m = \sqrt{1 - \left(\frac{f_1}{f_g}\right)^2}$$

Die Bauteile erhält man über

$$C = \frac{1}{m} \cdot \frac{1}{2 \cdot \pi \cdot f_g \cdot Z} \qquad L_1 = \frac{m}{1 - m^2} \cdot \frac{Z}{2 \cdot \pi \cdot f_g} \qquad L_2 = \frac{1}{m} \cdot \frac{Z}{2 \cdot \pi \cdot f_g}$$

Die Grenzfrequenz berechnet sich nach der Formel

$$f_g = \frac{1}{2 \cdot \pi \cdot C \cdot m \cdot Z}$$

Für die Dimensionierung der Bauteile von Abb. 8.34 wurde eine Frequenz von f_1 = 1 kHz und f_g = 2 kHz gewählt. Dadurch ergibt sich wieder ein Faktor von m = 0,87. Wenn man die Formel zur Berechnung der Kapazität nach Z (Nennwiderstand der Schaltung) umstellt und für C = 10 nF wählt, errechnet sich folgender Nennwiderstand:

$$Z = \frac{1}{2 \cdot \pi \cdot f_g \cdot C \cdot m} = \frac{1}{2 \cdot 3{,}14 \cdot 2\,\text{kHz} \cdot 10\,\text{nF} \cdot 0{,}87} = 9{,}15\,\text{k}\Omega$$

Danach kann man die beiden Spulen berechnen und erhält für L_1 = 2,6 H und L_2 = 837 mH. Wenn man diese Schaltung mit der Simulation überprüft, ergibt sich eine Übereinstimmung mit den Rechenergebnissen.

8.4 • Phasenschieber

Für die Realisierung von elektronischen Schaltungen benötigt man unterschiedliche Phasenschieber, die im einfachsten Fall aus einem Widerstand und einem Kondensator bestehen. Bei idealen Bauteilen hat man in diesem Fall eine Phasenverschiebung von 90°. Schaltet man zwei RC-Glieder in Reihe, erhält man einen theoretischen Wert von 180° und bei drei RC-Gliedern bereits 270°. In der Praxis bewirkt eine dreigliedrige Phasenverschiebung einen Phasenwinkel von 180°, da jede nachgeschaltete Baugruppe seine vorherige Stufe entsprechend belastet.

8.4.1 • RC-Tiefpass-Phasenkette

Jeder Tiefpass erzeugt, da der Widerstandswert des Kondensators frequenzabhängig ist, eine frequenzabhängige Phasenverschiebung zwischen dem Ein- und dem Ausgangssignal. Die Übertragungsfunktion lautet

$$\frac{\underline{U}_a}{\underline{U}_e} \quad \textit{oder} \quad \frac{\underline{U}_1}{\underline{U}_2}$$

bei einem Spannungsverhältnis von U_a/U_e. Die Übertragungsfunktion gilt nur für den Leerlauf, d.h. es darf kein Belastungsfall auftreten. Zur Berechnung betrachtet man die Schaltung als Spannungsteiler, an der die Gesamtspannung U_1 liegt und die Teilspannung U_2 abgegriffen wird. Bei mehrstufigen Spannungsteilern ist das gesamte Widerstandsverhältnis gleich dem Produkt der Widerstandsverhältnisse der einzelnen Stufen.

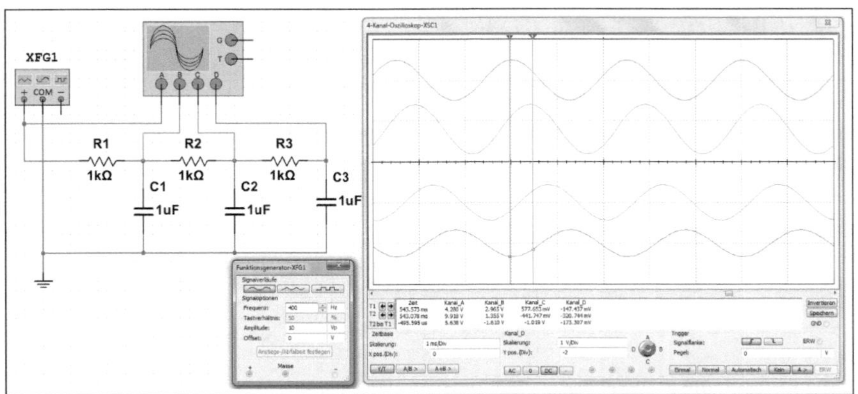

Abb. 8.35 • Schaltung für eine RC-Tiefpass-Phasenkette mit einer Grenzfrequenz von f_g = 400 Hz. Zwischen der Ein- und Ausgangsspannung tritt eine Phasenverschiebung von φ = 180° auf.

Für die RC-Tiefpass-Phasenkette von Abb. 8.35 gilt: $R = R_1 = R_2 = R_3$ und $C = C_1 = C_2 = C_3$. Da jedes Glied in der Phasenkette einen Tiefpass bildet, ergibt sich für die Grenzfrequenz eine Berechnung nach

$$f_g = \frac{1}{2{,}5 \cdot R \cdot C}$$

Zwischen dem Ein- und Ausgang tritt eine Phasenverschiebung von φ = 180° auf und die Ausgangsspannung eilt der Eingangsspannung um diesen Phasenwinkel nach. Setzt man die Werte von Abb. 8.35 ein, ergibt sich eine Grenzfrequenz von 400 Hz. Diese Phasenkette teilt die Ausgangsspannung um 1/29 herunter und demzufolge erhält man einen Kopplungsfaktor von

$$k = \frac{1}{29}$$

In der Praxis muss der nachgeschaltete Verstärker einen Verstärkungsfaktor von $v = 29$ aufweisen, damit Ein- und Ausgangsspannung gleich sind.

8.4.2 • RC-Hochpass-Phasenkette

Bei einem idealen Hochpass ergibt sich eine Phasenverschiebung von $\varphi = 90°$. Schaltet man drei Hochpassglieder in Reihe, erreicht man eine theoretische Phasenverschiebung von $\varphi = 270°$, real aber 180°.

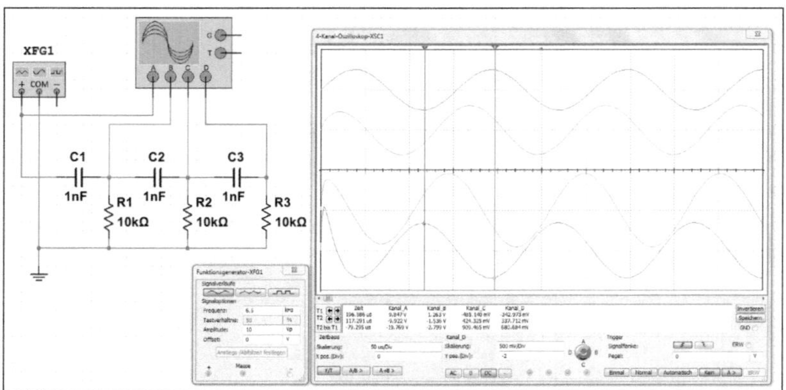

Abb. 8.36 • Schaltung für eine *RC*-Hochpass-Phasenkette mit einer Grenzfrequenz von $f_g = 6{,}5$ kHz. Zwischen der Ein- und Ausgangsspannung tritt eine Phasenverschiebung von $\varphi = 180°$ auf.

Für die Schaltung von Abb. 8.36 gilt die Bedingung $R = R_1 = R_2 = R_3$ und $C = C_1 = C_2 = C_3$. Damit reduziert sich die Art der Berechnung auf ein Minimum und für die Grenzfrequenz gilt

$$f_g = \frac{1}{15{,}4 \cdot R \cdot C}$$

Für Abb. 8.36 ergibt sich eine Grenzfrequenz von $f_g = 6{,}5$ kHz. Verändert man die Frequenz, ändert sich nicht nur die Ausgangsspannung, sondern auch der Phasenwinkel. Auch hier reduziert sich die Ausgangsspannung auf 1/29 der Eingangsspannung.

8.4.3 • RC-Bandpass

Ein *RC*-Bandpass besteht aus einer Reihen- und einer Parallelschaltung von Widerständen und Kondensatoren. Betreibt man einen *RC*-Bandpass in Verbindung mit einem Verstärker, spricht man von einer Wien-Brücke oder einer Wien-Robinson-Brücke. Bei dem *RC*-Bandpass tritt im Resonanzfall keine Phasenverschiebung auf.

Die Grenzfrequenz (Resonanzfrequenz) für den RC-Bandpass von Abb. 8.37 errechnet sich aus

$$f_{res} = \frac{1}{2 \cdot \pi \cdot \sqrt{R_1 \cdot C_1 \cdot R_2 \cdot C_2}}$$

Wenn die Bedingung $R = R_1 = R_2$ und $C = C_1 = C_2$ gilt, entspricht die Resonanzkurve einem Schwingkreis geringer Güte und die Resonanzfrequenz errechnet sich aus

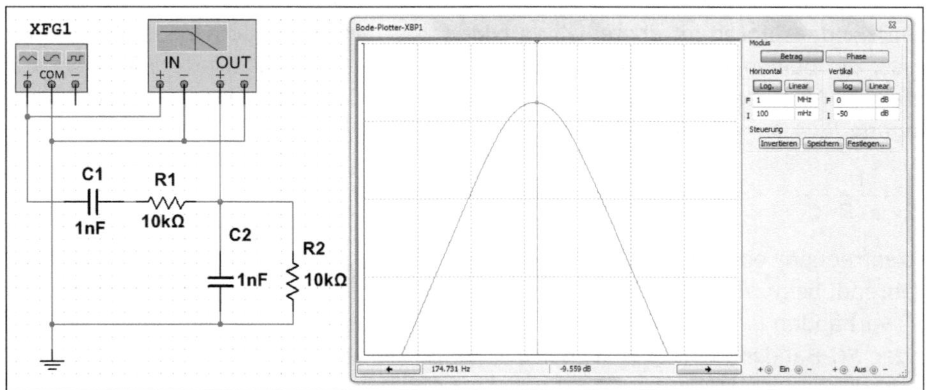

Abb. 8.37 • Schaltung für einen *RC*-Bandpass mit einer Resonanzfrequenz von f_{res} = 15,9 kHz.

$$f_{res} = \frac{1}{2 \cdot \pi \cdot R \cdot C}$$

Die Resonanzfrequenz von Abb. 8.37 beträgt 15,9 kHz. Der Bode-Plotter zeigt den Verlauf der Resonanzkurve und man erkennt eine Kurve mit geringer Güte. Die Ausgangsspannung reduziert sich im Resonanzfall auf 1/3 der Eingangsspannung.

Der Vorteil eines *RC*-Bandpasses ist, dass die Frequenz sich mit dem Kondensator *C* und nicht wie beim gewöhnlichen Schwingkreis mit $\sqrt{C}$ ändert, so dass man hier große Bereiche erfassen kann. In der Praxis verwenden wir für die Änderung des Resonanzverhaltens ein Tandem-Potentiometer.

8.4.4 • RC-Bandsperre

Durch die Parallelschaltung eines RC-Hochpassfilters mit einem RC-Tiefpassfilter erreicht man die Funktion einer Bandsperre, d.h. es gibt einen Sperrbereich und zwei Durchlassbereiche.

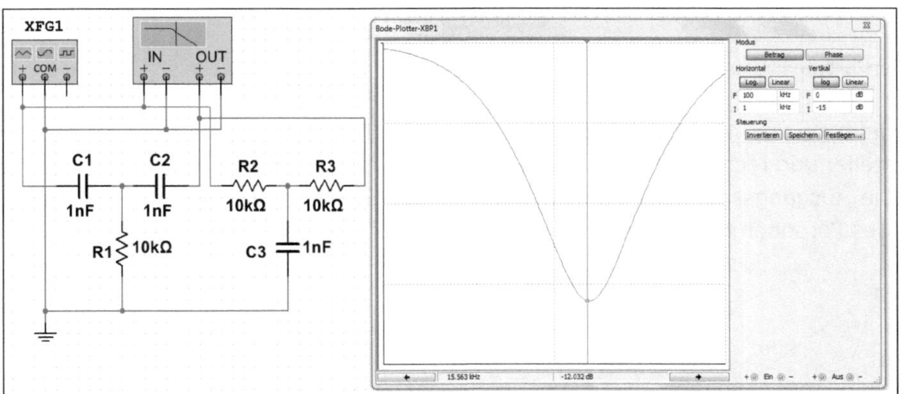

Abb. 8.38 • Schaltung einer RC-Bandsperre.

Im Wesentlichen handelt es sich in Abb. 8.38 um die Parallelschaltung zweier T-Glieder. Die beiden Kondensatoren im oberen Kreis bilden zusammen mit dem Widerstand einen T-Hochpass, die beiden Widerstände im unteren Kreis zusammen mit dem Kondensator dagegen einen T-Tiefpass. Die Berechnung für die Mittenfrequenz vereinfacht sich, wenn die Bedingung $R_1 = R_2 = 2 \cdot R_3$ und $C_1 = C_2 = 0{,}5 \cdot C_3$ erfüllt ist:

$$f_m = \frac{1}{2 \cdot \pi \cdot R \cdot C}$$

Diese Mittenfrequenz entspricht der Grenzfrequenz für den *RC*-Tiefpass und dem *RC*-Hochpass. Während beim *RC*-Tiefpass in der Grenzfrequenz eine Phasenverschiebung von $\varphi = -45^\circ$ vorhanden ist, tritt beim *RC*-Hochpass eine Phasenverschiebung von $\varphi = +45^\circ$ auf. Bei der *RC*-Bandsperre hat man bei der Mittenfrequenz keine Phasenverschiebung, d. h. $\varphi = 0^\circ$.

8.4.5 • Phasenschieberbrücke

Eine Phasenschieberbrücke besteht aus einem ohmschen und einem kapazitiven Spannungsteiler. Während der ohmsche Spannungsteiler keine Phasenverschiebung verursacht, tritt im kapazitiven Spannungsteiler eine Phasenverschiebung auf. Durch die besondere Art der Verschaltung lässt sich eine weite Phasenverschiebung von 0° bis 180° erreichen.

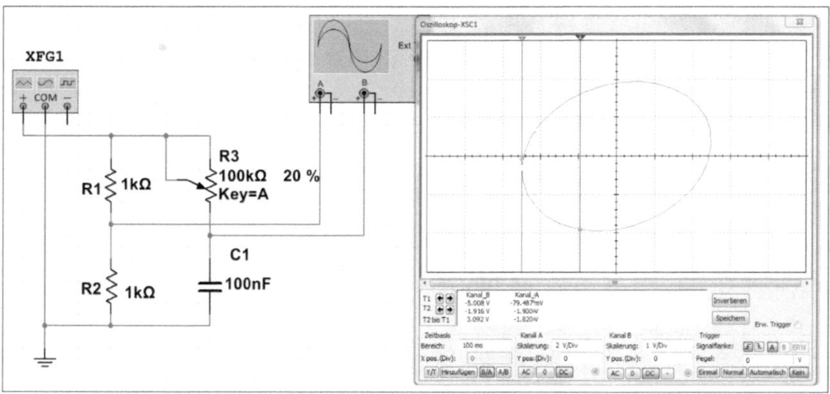

Abb.8.39 • Verstellbare Phasenschieberbrücke.

Bei der Schaltung von Abb. 8.39 hat man links in der Brückenschaltung den ohmschen Spannungsteiler und rechts den kapazitiven Spannungsteiler, der im Prinzip einen Tiefpass darstellt. Die Ausgangsspannung zwischen den beiden Spannungsteilern lässt sich durch Änderung des Potentiometers im Bereich von 0° bis 180° verschieben.

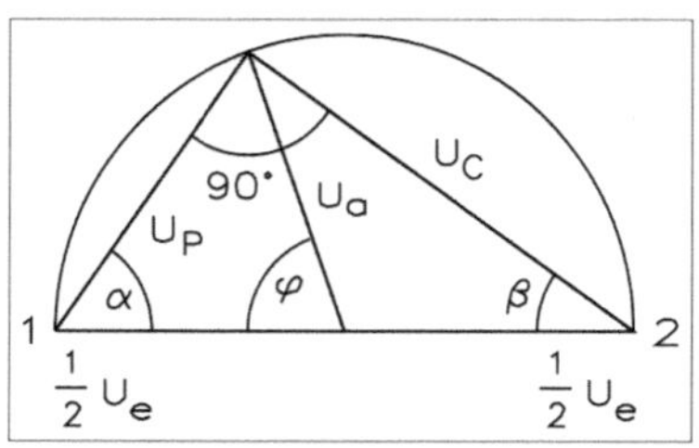

Abb. 8.40 • Zeigerdiagramm für die Phasenschieberbrücke von Abb. 8.39.

Die Beschreibung dieser Phasenschieberbrücke lässt sich anhand des Zeigerdiagramms von Abb. 8.40 beschreiben. Die Eingangsspannung erzeugt einen gemeinsamen Eingangsstrom, der sich in zwei Teilströme aufteilt. Der Teilstrom im linken Zweig ist phasengleich mit der Eingangsspannung, während der Teilstrom im rechten Zweig durch den Kondensator phasenverschoben ist. Der Wert des Potentiometers R_P ist so zu wählen, dass das geometrische Mittel von Anfangswiderstand R_{Pmin} und Endwiderstand R_{Pmax} gleich dem kapazitiven Widerstand von *C* ist. Damit gilt

$$R_P = \sqrt{R_{Pmin} \cdot R_{Pmax}} = X_C$$

Dadurch ergeben sich die beiden Extremwerte für die Phasenverschiebung

- $\varphi = 180^\circ$ bei $R_P = 0$ (Halbkreispunkt 1)
- $\varphi = 0^\circ$ bei $R_P = \infty$ (Halbkreispunkt 2)

Der Radius *r* im Thaleskreis ist im Wert identisch mit der Ausgangsspannung U_a und $0{,}5 \cdot U_e$.

8.5 • Bandfilter

Zur Ausfilterung von Frequenzen setzt man die Schaltungsvarianten des Bandpasses bzw. der Bandsperre ein oder ein Bandfilter. Ein zweikreisiges Bandfilter besteht aus zwei Schwingkreisen, die je nach Schaltung kapazitiv oder induktiv miteinander gekoppelt sind. Für die Art der Kopplung kennt man zahlreiche Unterschiede, die untersucht werden sollen.

Bandfilter weisen die Eigenschaft auf, aus einem breiten Frequenzgemisch ein bestimmtes Band an Frequenzen auszusieben bzw. auszufiltern. Die Bandbreite eines Bandfilters ist von der „Stärke" der Kopplung der beiden Schwingkreise abhängig. Im Gegensatz zum einfachen Resonanzkreis, bei dem Bandbreite und Flankensteilheit starr miteinander verknüpft sind, sind bei einem Bandfilter diese beiden Faktoren zu einem gewissen Grad voneinander unabhängig. Die Bandbreite ist im Wesentlichen von der Kopplung abhängig, die Flankensteilheit dagegen von der Güte der Schwingkreiselemente.

8.5.1 • Induktive Kopplung

Für die induktive Kopplung benötigt man einen Übertrager und daher spricht man auch von der transformatorischen Kopplung. Sie hat die besondere Eigenschaft, dass sich die Bandmittenfrequenz f_m nicht verändert, wenn zur Änderung der Bandbreite der Kopplungsfaktor *k* variiert wird. Die Kopplungsinduktivität *M* hat keine Auswirkungen auf die Mittenfrequenz f_m, denn bei allen anderen Schaltungsvarianten geht die Größe des Koppelglieds auf die Bandmittenfrequenz f_m ein.

Der Zusammenhang der beiden Induktivitätswerte L_1, L_2 und M (Gegeninduktivität des Übertragers) von Abb. 8.41 lässt sich durch die Beziehung

$$k \approx \frac{M}{\sqrt{L_1 \cdot L_2}}$$

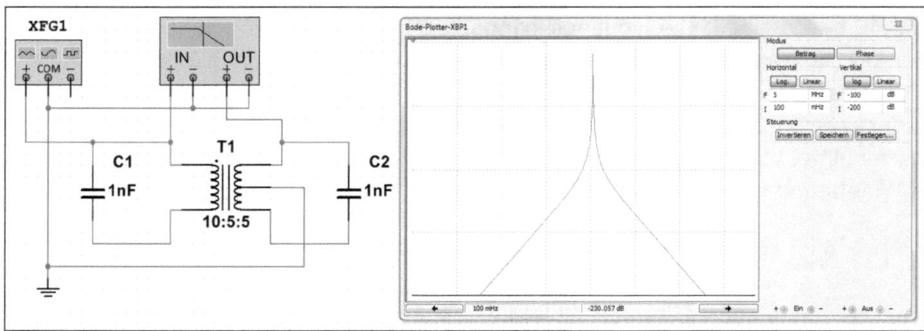

Abb. 8.41 • Induktive Kopplung für ein Bandfilter.

festlegen. Verwendet man für beide Schwingkreise identische Werte für die Kapazitäten und Induktivitäten, gilt

$$k = \frac{M}{L}$$

Die Mittenfrequenz errechnet sich nach der Schwingungsformel. Die Induktivität der primären und der sekundären Spule wurde auf 10 H eingestellt und die Frequenz ist dann f_m = 1,6 kHz. Die Rechnung ist mit dem Messergebnis der Simulation weitgehend identisch.

Im Fall der transformatorischen Kopplung erreicht man vier Möglichkeiten der Kopplungsgrade

- extrem lose Kopplung mit k = 0...0,01
- lose Kopplung mit k = 0,01...0,1
- feste Kopplung mit k = 0,1...0,3
- extrem feste Kopplung mit k = 0,3...0,5

In Abb. 8.41 wurde eine Kopplung mit k = 0,1 gewählt und man spricht von einer festen Kopplung. Für die Konstruktion eines Bandfilters gilt bei extrem loser oder nur loser Kopplung, dass ein großer Abstand zwischen der primären und der sekundären Spule besteht. Bei einer extrem losen Kopplung hat man den größeren Abstand und je geringer der Abstand, umso mehr kommt man zur losen Kopplung. Diese Werte lassen sich bei der Simulation beliebig einstellen und man erhält nach jeder Simulation eine andere Plotterkurve.

8.5.2 • Kapazitive Kopfpunktkopplung

Bei der kapazitiven Kopfpunktkopplung werden zwei identische Schwingkreise über den Koppelkondensator verbunden, wie Abb. 8.42 zeigt.

Aus der Schwingungsformel ergibt sich eine Mittenfrequenz von f_m = 472 kHz. Für die kapazitive Kopplung gilt, wenn C_K klein ist gegenüber C_1 und C_2:

$$k \approx \frac{C_K}{\sqrt{C_1 \cdot C_2}}$$

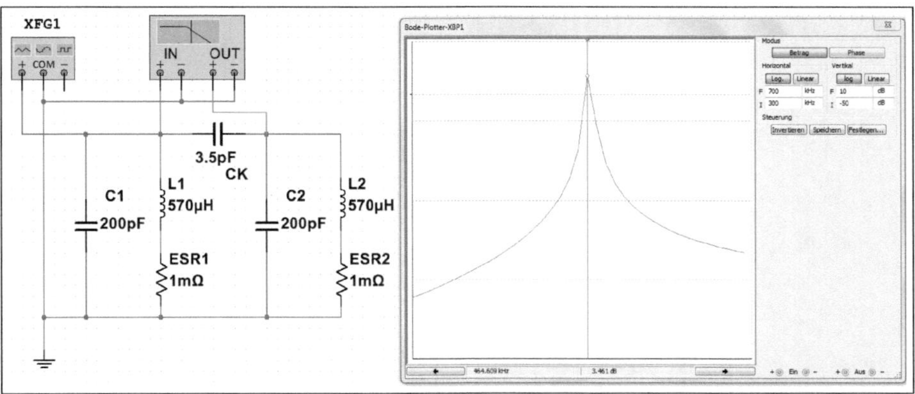

Abb. 8.42 • Bandfilter mit kapazitiver Kopfpunktkopplung.

Damit bestimmt die Kapazität des Koppelkondensators den Kopplungsgrad und erhält einen Wert von $k \approx 0{,}0175$, also eine lose Kopplung. Erhöht man die Kapazität des Koppelkondensators auf $C_K = 3{,}5$ pF, steigt der Kopplungsgrad auf $k \approx 0{,}175$ an und es ergibt sich eine feste Kopplung.

8.5.3 • Filter mit kapazitiver Fußpunktkopplung

Eine Besonderheit bei der Kopplung ist die kapazitive Fußpunktkopplung. Bei dieser Kopplung sind zwei Schwingkreise direkt verbunden und der Fußpunkt liegt über einen Kondensator an Masse. Abb. 8.43 zeigt die Schaltung.

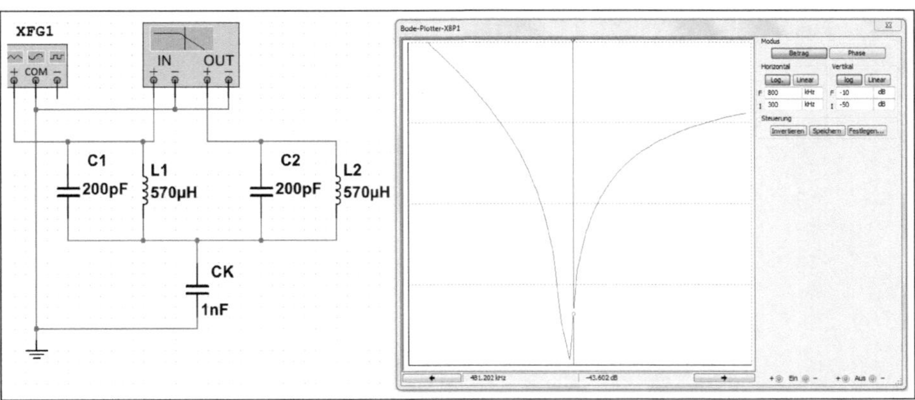

Abb. 8.43 • Bandfilter mit kapazitiver Fußpunktkopplung.

Die Kopplung arbeitet nur, wenn die Kapazität des Koppelkondensators groß gegenüber den beiden Schwingkreiskapazitäten ist. Der Kopplungsfaktor errechnet sich aus

$$k \approx \frac{\sqrt{C_1 \cdot C_2}}{C_F}$$

Man erhält je nach Bauteil einen Bereich zwischen loser und fester Kopplung.

Index

I

K

L

M

N

O

P

Q

Y

Z